普通高等教育"十三五"规划教材

基础化学实验

（无机化学实验、分析化学实验、有机化学实验）

刘翠格　杨述韬　主　编

敦惠娟　乔凤霞　副主编
王淑萍　王立平

化学工业出版社

·北京·

《基础化学实验》根据师范类院校化学和生命科学两个学科的基础化学实验内容组织编写，包括无机、分析和有机化学的基础实验。本着科学、实用、节约的原则，着眼于培养学生的两个能力，尽可能选择先进的实验技术、方法和理念，同时保留经典的实验内容。性质实验多采用微量或半微量方式（如采用小试管，体积以滴计等）；把不同实验中相同试剂的浓度进行了优化统一，这样既可节约实验成本、减少污染，又可降低实验室工作人员的劳动强度。无机化学实验和分析化学实验既相互联系又相互独立，将定性部分的实验内容统一为元素的性质实验，避免了实验内容的相互重复，符合实验教学的改革理念。对化学专业的学生，无机和分析两门实验课程选用本教材即可，本教材也满足生物及相关专业需要学习无机、分析和有机化学三科实验的要求。

《基础化学实验》（无机化学实验、分析化学实验、有机化学实验）教材的适用对象是高等师范类、综合性院校的化学专业、科学教育专业、生物专业及相关学科的本、专科学生。

图书在版编目（CIP）数据

基础化学实验/刘翠格，杨述韬主编. —北京：化学工业出版社，2017.7（2025.9重印）

普通高等教育"十三五"规划教材

ISBN 978-7-122-29920-8

Ⅰ. ①基… Ⅱ. ①刘…②杨… Ⅲ. ①化学实验-高等学校-教材 Ⅳ. ①O6-3

中国版本图书馆 CIP 数据核字（2017）第 133760 号

责任编辑：刘俊之　　　　　　　　　　装帧设计：韩　飞
责任校对：宋　玮

出版发行：化学工业出版社（北京市东城区青年湖南街 13 号　邮政编码 100011）
印　　装：北京科印技术咨询服务有限公司数码印刷分部
787mm×1092mm　1/16　印张 12　字数 316 千字　　2025 年 9 月北京第 1 版第 7 次印刷

购书咨询：010-64518888　　　　　　售后服务：010-64518899
网　　址：http://www.cip.com.cn
凡购买本书，如有缺损质量问题，本社销售中心负责调换。

定　　价：29.00 元

前　言

　　《基础化学实验》根据高等师范院校化学实验教学的相关大纲，选编了 37 个无机化学实验、32 个分析化学实验和 10 个有机化学基础实验。适用对象是高等师范及综合性院校化学专业、科学教育专业、生物专业及相关学科的本、专科学生。本着科学、实用、节约的原则进行编写，主要特点如下：

　　1. 紧密配合理论课教学，兼顾化学实验课程的独立性和完整性。实验内容注重启发学生对化学的学习兴趣；学习实验的基本操作技能；塑造良好的科学习惯；提高分析问题和解决问题的能力；培养化学工作者的综合素质。

　　2. 注重选择先进的实验方法和理念，同时保留经典实验内容，注意与中学实验内容的衔接，体现师范教学的特点。实验内容重点突出、难易适中、循序渐进、逻辑清晰、趣味性强，有利于学生的学习和提高。

　　3. 元素性质实验采用微量或半微量形式；在实验安排上考虑前后衔接及试剂浓度的优化统一等问题；将制备实验的产品用于测定或性质实验中；这样可以节约实验成本，减少环境污染，缩短实验时间，降低实验室工作人员的劳动强度。

　　4. 无机化学实验和分析化学实验既相互联系又相互独立，分析化学实验主要是定量分析和光度分析，将定性部分的实验内容统一为元素的性质实验，避免实验内容的相互重复，以适应新时期教学改革的要求。

　　5. 对化学专业的学生，无机化学和分析化学两门实验课程选用本教材即可。生物及相关学科的学生可选做无机、分析和有机化学三科实验，不必买多本教材，减轻了学生的经济负担。

　　《基础化学实验》（无机化学实验、分析化学实验、有机化学实验）由具有多年实验教学经验的一线教师编写，负责主要编写工作的有河北师范大学的刘翠格、杨述韬、王淑萍、敦惠娟，保定学院的王立平和乔凤霞。河北师范大学的王继业、齐建国、刘漫辉、闫俊英、何志民、默丽萍等老师也为编写教材提供素材并参加了部分内容的编写工作。最后由刘翠格、杨述韬负责修改统稿。本书得到河北师范大学及其化学与材料科学学院的热情支持，魏永巨教授认真审阅了书稿并提出宝贵意见，申金山、贾密英老师还为本书提供相关资料，在此谨致谢忱。

　　由于编写时间仓促和作者水平所限，书中不足或疏漏之处在所难免，恳请使用本书的老师和同学们给予批评指正。

编者

2017 年 5 月

目　录

第一章　基本知识 …………………… 1
　第一节　实验须知 ………………… 1
　　一、实验目的 …………………… 1
　　二、实验要求及学习方法 ……… 1
　　三、实验报告的要求及格式 …… 1
　　四、实验室安全守则 …………… 5
　第二节　实验室常规仪器和装置 … 6
　第三节　实验数据的记录与处理 … 13
　　一、误差的基本概念 …………… 13
　　二、有效数字及运算规则 ……… 14
　　三、实验结果的数据表达与处理 … 15
第二章　无机化学实验 …………… 17
　第一节　基本操作实验 …………… 17
　　实验 2-1　仪器的认领与洗涤 … 17
　　实验 2-2　灯的使用、玻璃管加工和塞子
　　　　　　　钻孔 ………………… 20
　　实验 2-3　试剂的取用和溶液配制 … 24
　　实验 2-4　酸碱滴定练习 ……… 30
　　实验 2-5　粗食盐的提纯 ……… 34
　　实验 2-6　由胆矾精制五水硫酸铜 … 39
　第二节　基本原理实验 …………… 40
　　实验 2-7　水合硫酸铜中结晶水的测定 … 40
　　　Ⅰ　热重法 …………………… 40
　　　Ⅱ　碘量法 …………………… 42
　　实验 2-8　镁相对原子质量的测定 … 43
　　实验 2-9　二氧化碳相对分子质量的测定 … 45
　　实验 2-10　凝固点降低法测摩尔质量 … 47
　　实验 2-11　过氧化氢分解热的测定 … 49
　　实验 2-12　化学反应速率和活化能 … 52
　　实验 2-13　$I_3^- \rightleftharpoons I^- + I_2$ 平衡常数的
　　　　　　　测定 ………………… 55
　　实验 2-14　醋酸电离度及电离常数的
　　　　　　　测定 ………………… 57
　　实验 2-15　电离平衡、盐类水解和沉淀
　　　　　　　平衡 ………………… 59
　　实验 2-16　氧化还原反应 ……… 60
　　实验 2-17　配合物的生成和性质 … 63
　第三节　元素及化合物性质实验 … 65
　　实验 2-18　卤素 ………………… 65
　　实验 2-19　氧和硫 ……………… 67
　　实验 2-20　氮和磷 ……………… 69
　　实验 2-21　碳、硅、硼 ………… 72

　　实验 2-22　锑、铋、锡、铅、铝 … 75
　　实验 2-23　碱金属和碱土金属 … 77
　　实验 2-24　铜、银 ……………… 79
　　实验 2-25　锌、镉、汞 ………… 81
　　实验 2-26　铬、锰、铁、钴、镍 … 82
　　实验 2-27　常见阳离子的分离与鉴定 … 86
　　实验 2-28　常见阴离子的分离与鉴定 … 89
　　实验 2-29　生物体中几种元素的定性
　　　　　　　鉴定 ………………… 92
　第四节　制备与综合设计实验 …… 93
　　实验 2-30　硝酸钾的制备与提纯 … 93
　　实验 2-31　硫酸亚铁铵的制备 … 95
　　实验 2-32　三草酸合铁(Ⅲ)酸钾的制备 … 96
　　实验 2-33　海带中提取碘 ……… 97
　　实验 2-34　明矾的制备及晶体的培养 … 98
　　实验 2-35　聚合硫酸铁的制备 … 100
　　实验 2-36　碱式碳酸铜的制备 … 102
　　实验 2-37　未知物的鉴别或鉴定 … 103
第三章　分析化学实验 …………… 105
　第一节　基本知识 ……………… 105
　第二节　基本操作实验 …………… 107
　　实验 3-1　分析天平的称量练习 … 107
　　实验 3-2　滴定分析基本操作练习 … 108
　第三节　酸碱滴定实验 …………… 110
　　实验 3-3　食用白醋中醋酸浓度的测定 … 110
　　实验 3-4　工业纯碱总碱度的测定 … 111
　　实验 3-5　有机酸摩尔质量的测定 … 112
　　实验 3-6　硫酸铵肥料中含氮量的测定
　　　　　　　（甲醛法） ………… 113
　第四节　络合滴定实验 …………… 114
　　实验 3-7　EDTA 标准溶液的配制和
　　　　　　　标定 ………………… 114
　　实验 3-8　自来水总硬度的测定 … 116
　　实验 3-9　铋、铅含量的连续测定 … 117
　　实验 3-10　胃舒平药片中铝和镁的
　　　　　　　测定 ………………… 118
　　实验 3-11　铝合金中铝含量的测定 … 119
　第五节　氧化还原滴定实验 …… 120
　　实验 3-12　高锰酸钾标准溶液的配制和
　　　　　　　标定 ………………… 120
　　实验 3-13　过氧化氢含量的测定 … 121
　　实验 3-14　水样化学耗氧量（COD）的

　　　　测定（高锰酸钾法）……… 122
　　实验 3-15　铁矿石中铁含量的测定 … 123
　　实验 3-16　碘和硫代硫酸钠标准溶液的
　　　　配制和标定 …………………… 125
　　实验 3-17　间接碘量法测定铜合金中铜
　　　　含量 …………………………… 126
　　实验 3-18　维生素 C 含量的测定（直接碘
　　　　量法）………………………… 128
　　实验 3-19　葡萄糖含量的测定（碘
　　　　量法）………………………… 129
第六节　沉淀滴定与重量分析实验 …… 130
　　实验 3-20　氯化物中氯含量的测定（莫
　　　　尔法）………………………… 133
　　实验 3-21　钡盐中钡含量的测定 …… 134
　　实验 3-22　可溶性硫酸盐中硫的测定 … 136
第七节　分光光度法分析实验 ………… 137
　　实验 3-23　邻二氮菲分光光度法测
　　　　定铁 …………………………… 139
　　实验 3-24　分光光度法测定邻二氮菲-铁
　　　　（Ⅱ）络合物的组成 ………… 141
　　实验 3-25　分光光度法测定碘三离子的稳
　　　　定常数 ………………………… 142
　　实验 3-26　水样中六价铬的测定 …… 143
　　实验 3-27　混合物中铬、锰含量的同时
　　　　测定 …………………………… 144
　　实验 3-28　食品中亚硝酸盐含量的
　　　　测定 …………………………… 145
第八节　分离与分析实验 ……………… 147
　　实验 3-29　纸色谱法分离氨基酸 …… 147
　　实验 3-30　离子交换树脂交换容量的
　　　　测定 …………………………… 148

第九节　方案设计实验 ………………… 150
　　实验 3-31　磷酸盐混合碱液的分析 … 151
　　实验 3-32　蛋壳中碳酸钙含量的测定 … 151
第四章　有机化学基础实验 …………… 152
　　实验 4-1　熔点的测定（毛细管法）… 152
　　实验 4-2　蒸馏和沸点的测定 ……… 154
　　实验 4-3　丙酮与水的分馏 ………… 156
　　实验 4-4　乙酰苯胺的重结晶 ……… 158
　　实验 4-5　醇和酚的性质 …………… 159
　　实验 4-6　醛、酮的制备和性质 …… 160
　　实验 4-7　糖类的化学性质 ………… 162
　　实验 4-8　氨基酸、蛋白质的性质 … 166
　　实验 4-9　从茶叶中提取咖啡因 …… 169
　　实验 4-10　乙酸乙酯的制备 ……… 171
附录 ………………………………………… 173
　　附录一　常用元素的相对原子质量 … 173
　　附录二　不同温度下水的饱和蒸气压 … 173
　　附录三　常见酸、碱、盐的溶解性
　　　　（20℃）………………………… 174
　　附录四　常用酸、碱的密度和浓度
　　　　（市售）………………………… 174
　　附录五　一些弱电解质的离解常数 … 175
　　附录六　一些难溶电解质的溶度积（18～
　　　　25℃）………………………… 175
　　附录七　常用标准电极电势（25℃）… 176
　　附录八　常见配离子的稳定常数 …… 178
　　附录九　滴定分析常用标准溶液的配制和
　　　　标定 …………………………… 179
　　附录十　常用指示剂 ………………… 180
　　附录十一　某些离子和化合物的颜色 … 182
参考文献 …………………………………… 185

第一章 基本知识

第一节 实验须知

化学是建立在实验基础上的学科，化学实验为科学理论的建立和发展提供了依据，因此实验课是学习化学的必修课。通过课程的学习实践，熟悉并掌握化学研究的方法和手段；在验证基本理论的同时，培养动手操作、观察记录、分析归纳、数据处理、撰写报告等多方面的技能与技巧；在实践中提高分析问题和解决问题的能力和化学工作者的综合素质。

一、实验目的

1. 通过实验获得感性知识，使理论知识得到验证，从而加深理解和掌握。
2. 严格基本操作训练，熟练掌握常规仪器的使用方法。
3. 通过实验的准备、操作、观察、记录、报告等过程，锻炼两个能力。
4. 提倡严谨的科学态度和良好的实验作风，积极培养自身的科学素养和习惯。

二、实验要求及学习方法

1. 实验前要认真预习，明确实验目的和要求，了解实验原理、步骤、方法以及安全注意事项。写出预习报告，做到心中有数，有的放矢地进行实验。
2. 进实验室要穿实验服。不允许光脚或穿拖鞋进实验室。
3. 实验操作要规范。认真观察实验现象，如实记录。发现问题要善于思考，认真讨论，积极解决。
4. 试剂的取用要规范，公用试剂用毕要放回原处，不得乱拿乱放；瓶塞、滴管、药勺要专用，不得互相替换。固体试剂取用后及时加塞，以防潮解、风化、氧化等影响实验效果。必须严格按照操作规程使用精密仪器，如发现仪器故障，应立即停止使用，并及时报告指导教师。
5. 保持实验台面的整洁有序。实验过程中的废液（少量多次的废液，可以先用大烧杯收集）要倒入废液桶，固体垃圾也要定点投放，不要倒入水槽，以防腐蚀和堵塞下水管。
6. 实验结束后，将仪器洗刷干净放回原处，如有破损要及时报损（按规定赔偿）补新。擦净实验台面、药品架、水槽等。值日生负责实验室的全面卫生，并检查水、电、煤气、门窗是否关好等安全事项，经老师检查批准后方可离开实验室。
7. 实验室的仪器、药品、材料等，未经允许不得带出室外。
8. 根据实验记录及相关资料，认真处理实验数据，独立完成并按时上交实验报告。
总之，学好实验课程要认真做到：预习→听讲→做实验（详细记录）→完成报告。

三、实验报告的要求及格式

实验报告是对实验内容的总结，也是重要的科学基础训练。通过撰写不同形式的实验报告，可以锻炼科学报告和学科论文的写作，提高化学工作者的综合能力。要以科学、严谨、真实、负责的态度，认真书写每一份实验报告。

（一）要求

1. 字迹工整，语言叙述精炼、简洁、准确，不使用模棱两可的词语。

2. 尽量用化学语言（方程式、流程图、图表等）进行描述，减少文字叙述。

3. 正确使用误差和有效数字，保证实验数据科学、准确、有效。

4. 根据实验内容选择书写格式。做到逻辑性强，条理清楚、书面整洁。

（二）格式

1. 制备、提纯实验报告格式

班级＿＿＿＿＿ 姓名＿＿＿＿＿ 同组人 ＿＿＿＿＿ 日期＿＿＿＿＿

实验内容＿＿例：粗食盐的提纯＿＿

一、实验目的

1. 通过沉淀反应，了解氯化钠的提纯方法；

2. 练习称量、溶解、过滤、蒸发、结晶、干燥等基本操作。

二、实验原理

粗食盐中含有不溶性杂质(如泥沙)和可溶性杂质(主要是 K^+、Ca^{2+}、Mg^{2+}、Fe^{3+} 和 Br^-、I^-、CO_3^{2-}、SO_4^{2-})。

不溶性杂质，可用溶解和过滤的方法除去。

Ca^{2+}、Mg^{2+}、Fe^{3+} 和 CO_3^{2-}、SO_4^{2-} 等可溶性杂质用沉淀法除去，如：

$$Ba^{2+} + SO_4^{2-} \longrightarrow BaSO_4 \downarrow$$

$$Ca^{2+} + CO_3^{2-} \longrightarrow CaCO_3 \downarrow$$

$$Mg^{2+} + 2OH^- \longrightarrow Mg(OH)_2 \downarrow$$

$$Fe^{3+} + 3OH^- \longrightarrow Fe(OH)_3 \downarrow$$

$$Ba^{2+} + CO_3^{2-} \longrightarrow BaCO_3 \downarrow$$

少量的 K^+、Br^-、I^- 等可溶性杂质留在 NaCl 结晶后的母液中，抽滤除去。

三、实验步骤(用流程图，减少文字叙述)

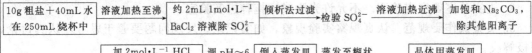

| 10g 粗盐＋40mL 水 在 250mL 烧杯中 | 溶液加热至沸 | 约 2mL 1mol·L^{-1} BaCl$_2$ 溶液除 SO$_4^{2-}$ | 倾析法过滤 | 检验 SO$_4^{2-}$ | 溶液加热近沸 | 加饱和 Na$_2$CO$_3$，除其他阳离子 |

→检验 Ba^{2+}→过滤→ 加 2mol·L^{-1} HCl 调 pH 除 CO$_3^{2-}$ → 调 pH～6 → 倒入蒸发皿 蒸发浓缩 → 蒸发至糊状 → 抽滤 → 晶体用蒸发皿 炒干后称重

四、实验结果

通过以上提纯过程，得到白色 NaCl 晶体。

计算产率：$= \dfrac{m_{纯}}{m_{粗}} \times 100\%$

经产品定性检验，没有检出 SO_4^{2-}、Ca^{2+} 和 Mg^{2+}。

五、注意事项及问题讨论

1. NaCl 晶体炒干时酒精灯上要加石棉网，以免炒黑晶体。

2. 分析产率过高或过低的原因。

3. 分析纯度检验不合格的原因。

……

---

2. 测定、测试实验报告格式

班级＿＿＿＿＿ 姓名＿＿＿＿＿ 同组人＿＿＿＿＿ 室温＿＿＿＿℃ 日期＿＿＿＿＿

实验内容＿＿例：蛋壳中碳酸钙含量的测定＿＿

一、实验目的

1. 了解试样的处理方法(如粉碎,过筛等)。

2. 掌握返滴定的方法原理。

续表

二、实验原理

蛋壳中主要成分 $CaCO_3$ 与已知浓度的过量 HCl 溶液发生如下反应：

$$CaCO_3 + 2H^+ = Ca^{2+} + CO_2\uparrow + H_2O$$

用已知浓度 NaOH 溶液返滴定过量的 HCl 溶液，由加入 HCl 的物质的量与返滴定所消耗的 NaOH 的物质的量之差，可求得试样中 $CaCO_3$ 的含量。

三、实验步骤

1. 将蛋壳去内膜洗净，烘干研碎后通过 80～100 目标准筛，得到粉末试样；

2. 准确称取 3 份 0.1g 试样，分别置于 250mL 锥形瓶中，用滴定管缓慢加入 HCl 标准溶液 40.00mL，放置 30min，让其充分反应；

3. 加几滴甲基橙指示剂，以 NaOH 标准溶液返滴定过量 HCl 至溶液由红色刚刚变为黄色即为终点。

四、数据处理与实验结果

蛋壳试样中 $CaCO_3$ 质量分数的测定

		1	2	3
蛋壳质量/g		0.1086	0.1017	0.1052
NaOH 浓度/mol·L^{-1}		0.09190		
NaOH 体积/mL		18.30	19.70	19.00
HCl 体积/mL		40.00	40.00	40.00
HCl 浓度/mol·L^{-1}		0.09200		
$CaCO_3$ 的质量分数/%	测定值	91.99	91.94	91.92
	平均值	91.95		
相对偏差/%		0.04	− 0.01	− 0.03
相对平均偏差/%		0.03		

五、注意事项及问题讨论

1. 装试样的锥形瓶要标好序号，以免弄错。

2. 分析误差较大的原因。

……

3. 性质、验证实验报告格式

班级_____ 姓名_____ 同组人 _____　　　　　日期_____

实验内容___例：电离平衡、盐类水解和沉淀平衡___

实验内容	实验现象	反应方程式	解释及结论
1. 电离平衡 (1)酸性比较 ① ↗1d① 甲基橙 5d 0.1mol·L^{-1} HCl	红色	$HCl = H^+ + Cl^-$	强酸性
↗1d 甲基橙 5d 0.1mol·L^{-1} HAc	橙色	$HAc \rightleftharpoons H^+ + Ac^-$	弱酸性

实验内容	实验现象	反应方程式	解释及结论
②pH 试纸检测 　0.1mol·L⁻¹ HCl 　0.1mol·L⁻¹ HAc	pH＝1 pH＝5		
(2)同离子效应 ① 固体 NH₄Ac 5d 0.1mol·L⁻¹ HAc 1d 甲基橙	红色变浅	$HAc \rightleftharpoons H^+ + \boxed{Ac^-}$ 　　　$\xleftarrow{}$ 　　　　　$\boxed{Ac^-}$	平衡左移，H^+ 减少
② 固体 NH₄Ac 5d 0.1mol·L⁻¹ NH₃·H₂O 1d 酚酞	红色褪去	$NH_3·H_2O \rightleftharpoons \boxed{NH_4^+} + OH^-$ 　　　　　$\xleftarrow{}$ 　　　　　$\boxed{NH_4^+}$	平衡左移，OH^- 减少
③ 2d 0.2mol·L⁻¹ KI 3d 饱和 PbI₂ 溶液	黄色沉淀	$Pb^{2+} + \boxed{I^-} \rightleftharpoons PbI_2 \downarrow$ 　　　$\boxed{I^-} \xrightarrow{}$	平衡右移，$PbI_2 \downarrow$
(3)缓冲溶液的性质 ①…… ②……	…… ……	…… ……	…… ……
2. 盐类水解 ①…… ② 2mL 水溶解 豆粒大小 Fe(NO₃)₃ 固体 a.参比　b.加热　c.加硝酸	…… a. 黄色溶液 b. 颜色变红 c. 颜色变浅黄	…… $Fe(NO_3)_3$ 溶液 $Fe(NO_3)_3 + 3H_2O \rightleftharpoons Fe(OH)_3 + 3HNO_3$ 　　　$\xleftarrow{}$	…… 有少量水解显黄色 加热促进水解 加酸抑制水解 使平衡左移
3. 沉淀溶解平衡 ①…… ②…… ③分步沉淀 逐滴加入 AgNO₃ 2d 0.2mol·L⁻¹ NaCl 2d 0.1mol·L⁻¹ K₂CrO₄	…… 先有白色↓ 后有砖红色↓	…… $Ag^+ + Cl^- = AgCl \downarrow$ $K_{sp(AgCl)} = 1.6 \times 10^{-10}$ $2Ag^+ + CrO_4^{2-} = Ag_2CrO_4 \downarrow$ $K_{sp(Ag2CrO4)} = 1.2 \times 10^{-12}$	…… 因为溶解度： $s_{AgCl} \approx \sqrt{K_{sp}} = 10^{-5}$ 　　　∧ $s_{Ag2CrO4} \approx \sqrt[3]{\dfrac{K_{sp}}{4}} = 10^{-4}$ 所以 AgCl 先沉淀

续表

实验内容	实验现象	反应方程式	解释及结论

4. 沉淀的溶解和转化
 	
  a. 1d 饱和草酸铵
  b. 几滴 6mol·L^{-1} HCl
 	
2d 0.5mol·L^{-1} BaCl$_2$
	a. 白色↓
	
	b. 沉淀溶解
		$Ba^{2+} + C_2O_4^{2-} = BaC_2O_4 \downarrow$
		$BaC_2O_4 + 2HCl = BaCl_2 + H_2C_2O_4$
			生成弱电解质草酸，使 BaC_2O_4 溶解

……	……	……	……

① d 表示"滴"。

注：1. 每一项内容完成后，用横线隔开；

2. 相应"内容"的"现象"、"方程式"、"解释及结论"要相互对齐；

3. 文字叙述简洁、清楚、准确，尽量用化学语言（方程式、流程图等）描述。

四、实验室安全守则

（一）安全须知

1. 对生成有刺激性或有毒气体（如 Cl_2、Br_2、HF、HCl、H_2S、SO_2、NO_2 等）的实验，都要在通风橱内进行。嗅闻某种气体时，要用手轻轻将少量气体扇向鼻孔，不能直接嗅闻。

2. 绝对不允许把各种化学药品任意混合，以免发生意外事故。对易燃、易爆品（如乙醇、乙醚、苯、氢气等）的操作要远离明火。点燃氢气等易燃气体必须先检验纯度后才能进行。钾、钠必须保存在煤油中，白磷保存在水中，绝不能暴露在空气中。不能用手直接接触任何化学药品。某些强氧化性药品（如氯酸钾、高锰酸钾等）不能混合研磨，以免引起爆炸。

3. 在加热、蒸发浓缩液体时，不要俯视液体，加热试管时，管口不准对人，以免爆沸喷出，发生意外。

4. 浓酸浓碱具有强腐蚀性，切勿溅在皮肤或衣服上。稀释时，特别是浓硫酸，应该在冷却容器的条件下，边搅动边慢慢地加入水中，不能相反，以免局部过热发生爆沸迸溅造成事故。

5. 不能在实验室饮食和吸烟。有毒药品严防进入口内和接触伤口，特别是氰化物、砷化物及重金属化合物等。金属汞容易挥发，汞蒸气进入体内富集会造成汞中毒，所以一旦洒落必须收集起来，无法收集的要用硫黄粉覆盖处理，使其转变为硫化物。每次实验后要认真洗手。

6. 实验中制备的产品和废液要回收。特别是有毒废液要经过处理才能排放。绝不允许将废液倒入水槽。要自觉保护环境，消除可能的污染隐患是化学工作者的必备素质。

7. 严禁用燃着的酒精灯做火种点燃其他酒精灯和物品，避免酒精溢出而失火。

8. 水、电、煤气用完后应立即关闭，遇到意外中断更应警惕，防止跑水、煤气泄漏等造成事故。实验结束后必须认真检查才能离开实验室。

（二）意外事故的处理

1. 割伤：伤口涂红药水或紫药水，用创可贴包扎，严重的按压止血后迅速到医院治疗。

2. 烫伤：伤口处涂抹烫伤药膏（京万红等）或凡士林，皮肤破了可涂紫药水。

3. 酸碱溅入眼内或皮肤上，要先用水冲洗，若溅酸用饱和碳酸氢钠溶液或稀氨水冲洗；溅碱用硼酸溶液冲洗。

4. Br_2 蚀伤，水洗后用甘油涂抹伤口。白磷灼伤可用 5% $CuSO_4$ 溶液冲洗。

5. 误食毒物后，将几毫升稀硫酸铜溶液倒入温水中内服，然后用手指抠咽部、打背促其呕吐，严重的速到医院就诊。

6. 不慎吸入有毒气体后，应迅速到室外或开窗呼吸新鲜空气。

7. 触电：立刻切断电源，必要时进行胸外按压和人工呼吸，禁止使用"强心针"。

8. 起火：要一面灭火，一面防止火势蔓延，如断开电闸、关闭煤气、移走易燃易爆物品等。灭火还要针对起因，小火用湿布、石棉布、沙子覆盖即可。大火可使用（泡沫）灭火器。若电器引起的火灾，只能使用 CO_2 或 CCl_4 灭火器，不能用泡沫灭火器，以免触电。衣服着火，切勿惊慌乱跑，赶快脱下衣服或就地打滚灭火。

实验室备用药箱：红药水、紫药水、碘酒（或碘酊）、烫伤药膏、创可贴、棉签、脱脂棉、绷带、橡皮膏等。

第二节　实验室常规仪器和装置

下表列出了实验常用仪器及配件简图、规格、用途及使用时的注意事项。

仪 器	规格、材质	用 途	注意事项
烧杯	规格以容积（mL）表示。由硬质玻璃制造，可用于加热	通常用于反应容器或配制溶液的容器	盛放液体不超过烧杯容量的 2/3 加热时应使用石棉网隔开热源
烧杯（瓶）夹	规格以前边夹烧杯部分的长度（cm）表示；材质有不锈钢、铝合金等	用于夹烧杯、烧瓶、锥形瓶等，特别是热容器，操作方便	注意不要夹得过紧，以免损坏玻璃仪器
滴管　搅棒	玻璃制。根据需要，长短可以自制（玻璃工）	滴管用于滴加水或溶液；搅棒用于反应液的搅拌	实验柜里往届同学制作的滴管和搅棒，可以留下使用
试管　离心试管	规格以试管口外径（mm）×长度（mm）表示 离心试管以毫升（mL）表示	试管是定性反应容器，离心试管还可用于定性分析中的沉淀分离	加热试管时，试管口不能对人，要防止骤冷 加热固体时，管口应略向下倾斜 离心试管只能水浴加热
试管夹	材质有竹制、铝制	加热试管用	加热时，手拿试管夹长柄

续表

仪　器	规格、材质	用　途	注意事项
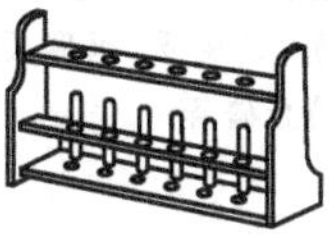 试管架	材质有木质、铝质和塑料制。根据需要，有不同大小和型号	放置试管。铝试管架如下图 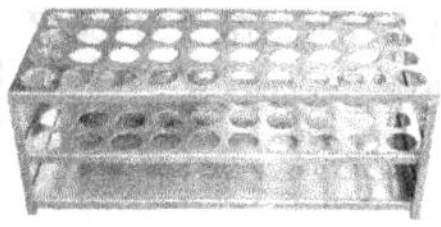 	加热后的试管应用试管夹夹住悬放试管架上，以免烫坏试管架 铝质的要防止酸碱锈蚀
 毛刷	有试管刷、烧杯刷、锥形瓶刷、容量瓶刷、滴定管刷等。根据需要，可选择不同大小和形状	洗刷常规玻璃仪器 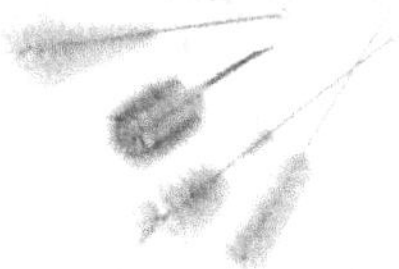 	小心旧毛刷顶端露出的铁丝扎坏玻璃仪器
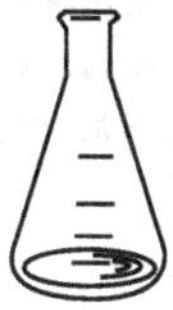 锥形瓶	规格以容积(mL)表示。材质通常是硬质玻璃，有普通、磨口、广口、细口等不同类型	反应和接收容器。振荡方便，适用于滴定操作  	盛放液体不超过容量的1/2 加热时应使用石棉网隔开热源
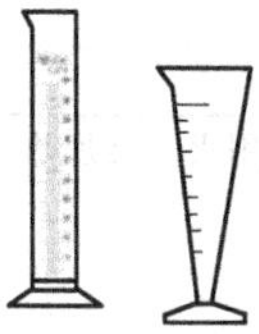 量筒　量杯	规格以容积(mL)表示。材质通常是软质玻璃或透明塑料	用于粗略地量取一定体积的液体。要正确读数： 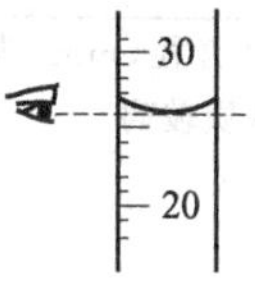 	为防止破裂，不可加热；为防止容积不准确，量取的液体应为室温；读数时，视线应和液面水平，读取与弯月底面相切的刻度
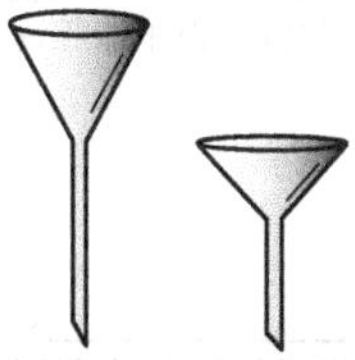 长颈漏斗　短颈漏斗	规格以广口直径大小(mm)表示。分长颈、短颈等类型。材质通常是软质玻璃	用于过滤操作。也可辅助加入小口径容器液体	不能用火直接加热；防止骤冷骤热
 漏斗架	通常为木质。根据需要，有双孔、四孔、多孔(多个漏斗同时使用)	用于架漏斗进行过滤操作	使用时可根据所需高度调整漏斗架，要拧紧螺丝以防滑落
 酒精灯	规格以容积(mL)表示	用于直接加热和间接加热	酒精容积应在1/5～2/3之间  熄火时用灯帽盖灭后再掀开盖一次，防止下次灯帽过紧打不开

仪 器	规格、材质	用 途	注意事项
 研钵	规格以直径大小表示；材质有玻璃质、瓷质、玛瑙质和铁质	用于研磨固体物质	研磨量不超过容积的1/3 瓷质、玻璃质、玛瑙质的研钵要防止碰碎
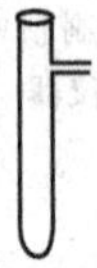 支管试管	规格按试管口外径(mm)×长度(mm)表示	用于小量气体的发生实验。装置如图： 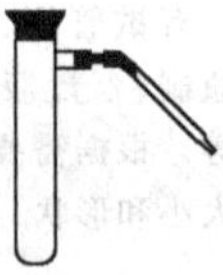	制备气体时，反应液容积应不超过1/4
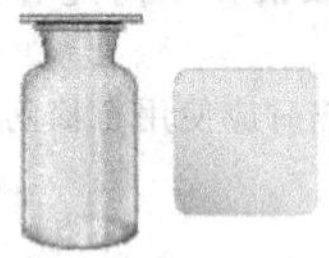 集气瓶、毛玻璃片  燃烧勺	集气瓶以容积(mL)表示 毛玻璃以直径(mm)表示，材质是软质玻璃 燃烧勺为铜质	用于收集气体和某些气体反应，如： 	为保证收集好的气体密闭性好，可事先在瓶口涂少量凡士林，用毛玻璃片盖住部分瓶口，气体集满后，快速平移毛玻璃片盖严
表面皿	规格以直径(mm)表示；材质是软质玻璃	可用作烧杯盖，防止液体挥发和迸溅；还可用于称量固体试剂、自然晾干固体药品的器皿	不能用火直接加热
 蒸发皿	以容积或直径表示；有瓷质、石英质、铂质等	用于蒸发、浓缩液体或小火炒干固体	能耐高温，但不能骤冷
 坩埚 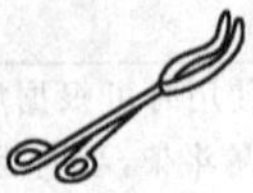 坩埚钳	坩埚以容积表示；有瓷质、石英质、镍质和铂质。坩埚钳以长度表示；有不锈钢、铁、铝合金等材质	坩埚用于熔化和灼烧固体坩埚钳用于夹热的坩埚或蒸发皿	灼烧后坩埚要放在石棉网上。瓷坩埚不能用于高温碱熔和焦硫酸盐熔，不可放入氢氟酸。坩埚钳沾水后要擦干，以免锈蚀
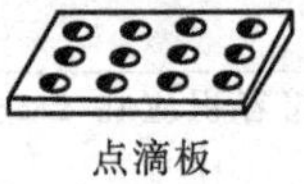 点滴板	瓷质	用于产生颜色或生成有色沉淀的点滴反应	不可加热，防止破裂
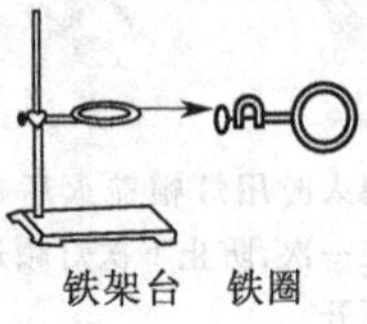 铁架台 铁圈	铸铁	固定或放置反应容器；铁圈可代替漏斗架用于过滤	安装时，拧紧固定铁圈的螺丝，以免放置反应容器后脱落

续表

仪 器	规格、材质	用 途	注意事项
钻孔器	钢或合金制,一套钻孔器中有不同孔径的钻孔杆	用于塞子钻孔	钻孔前用水蘸湿,起润滑作用。打孔时用力要均匀,防止打偏
单爪夹 万能夹	材质有钢、铝合金、铜等	用于铁架台上固定烧瓶、冷凝器及试管等容器。如:	用持夹(又称双十字夹)如: 把单爪夹或万能夹固定在铁架台的铁杆上,可调整上下高度
三角锉 圆锉	铸铁	三角锉用于截断玻璃管、棒;圆锉用于塞子钻孔后,圆滑及扩大孔径等工具	注意使用安全
三脚架 泥三角	三脚架为铸铁。泥三角是铁丝上套有瓷管后连接成的三角形	用于加热器皿的支架和支撑。如:	使用时注意选择合适高度的三脚架和大小配套的泥三角
石棉网	石棉加金属丝网制成;根据需要有大小号	与三脚架等配合使用,做加热器皿的隔垫。也可用于放置热器皿的垫板,防止烫坏试验台	
塑料洗瓶	塑料制,多为 500mL,可玻璃工自制出水管	通常盛装蒸馏水,挤压瓶体即可出水。用于冲洗试管、烧杯、锥形瓶、滴定管、移液管、搅棒等	远离火源或很烫的器皿,以免烫漏或塑料老化
吸耳球(洗耳球)	橡胶制,根据需要有大、小号	用于移液管移取溶液和蒸馏水的吸取气囊	注意使用前要先挤出空气

仪 器	规格、材质	用 途	注意事项
螺旋夹　弹簧夹	铜或铝合金制	做反应器、蒸馏水等的连接胶管的控制开关，可根据需要进行选择	螺旋夹旋转螺丝可固定打开、关闭的控制状态 弹簧夹只能人为地控制打开状态，松手后即关闭
吸滤瓶　布氏漏斗	吸滤瓶以容积(mL)表示布氏漏斗为陶瓷质，以口径(mm)表示	两者配套后连接真空泵，用于晶体或沉淀的减压过滤	注意，选择滤纸要略小于漏斗内径。停止抽滤时，应先打开安全瓶的安全活塞，放入空气，然后再关闭真空泵
保温漏斗	又称热滤漏斗，它是在普通漏斗外面装上一个中间可以充水的铜质外壳，加热外壳支管，因金属导热可保持所需温度	用于需要保温的过滤操作（如重结晶的趁热过滤）	使用时外壳加水不要过满，以免加热时体积膨胀使水逸出 若热滤液为易燃有机物，过滤前应先熄灭加热的酒精灯
托盘(方盘)	有不锈钢、马口铁、塑料、搪瓷等材质	盛放实验用品，如到天平室称量时盛装称量瓶、锥形瓶、记录本等，使携带方便	保持洁净、干燥
称量瓶	以外径×高表示。分高形和扁形两种	用于盛装需准确称量的固体容器	瓶和塞子是配套的，不能互换。使用前洗净，105℃烘干，放到干燥器中备用
容量瓶	以容积(mL)表示。常用的有：5mL、10mL、25mL、50mL、100mL、250mL、1000mL、2000mL等规格	配制准确浓度的溶液时用	每支容量瓶的磨口塞子都是配套的，要拴绳或皮筋以防丢失。容量瓶使用后，应及时洗净，并在磨口塞与瓶口之间夹衬纸条防止粘连
移液管　吸量管	以最大标度(mL)表示有吸量管(有刻度)和单刻度大肚移液管两种	精确移取一定体积的液体时用	用前洗净，再用少量移取液淋洗三次，保证浓度和体积的准确性

续表

仪 器	规格、材质	用 途	注意事项
 滴定台	有大理石底座、铸铁底座、烤漆底座等样式，如左图	与滴定管夹(蝴蝶夹,下图)同时使用,用于固定支撑滴定管,如右图 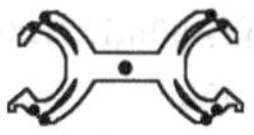	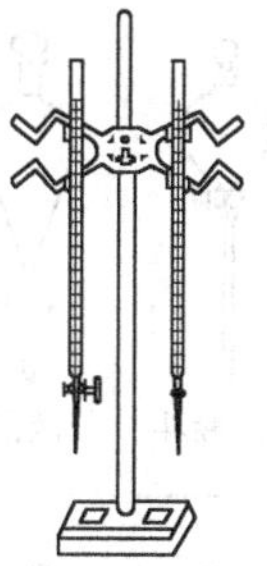
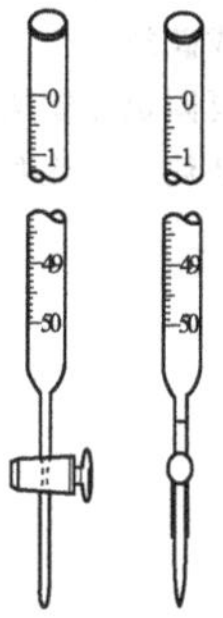 碱式滴定管、酸式滴定管	按最大标度(mL)表示。常用的有 50mL、25mL。分酸式、碱式两种。颜色有无色透明和棕色。棕色管用于盛装易光解或深颜色的溶液,如高锰酸钾或碘标准溶液等	滴定管用于滴定。也可用于准确量取液体的体积。注意要正确读取体积数	酸式滴定管、碱式滴定管不能互换使用。 为保证浓度的准确性,装液前用预装液淋洗三次。 滴定管使用前必须进行试漏。酸式滴定管塞子是一对一配套的,活塞处不能漏液,用时涂凡士林。长期不用时,应在塞子处夹衬纸条,以免粘连。盛装氧化性溶液时,应使用酸式滴定管
 药勺	有不锈钢、塑料、牛角质等	转移固体样品	牛角勺和塑料勺怕热
 干燥器	规格以直径(cm)表示。有普通干燥器和真空干燥器等	存放试剂及称量瓶等仪器,可以保持干燥。干燥器中要根据盛装物的性质,选择干燥剂,常用的如变色硅胶、无水氯化钙等。为保证其密闭性,要在盖与容器的接触部位涂抹凡士林	开关盖的方法(推或捻拉),见图2-47
 滴瓶	以容积(mL)大小表示。分棕色和无色两种	常用于性质实验,盛放少量液体试剂或溶液,方便取用	滴管专用,不能吸得太满,不能平放和倒置。长期不用时,应在滴管与瓶口之间夹衬纸条,以免粘连
 广口瓶　细口瓶	以容积(mL)大小表示。广口瓶有无塞和磨口塞两种,有无色透明和棕色两种颜色	细口瓶盛放液体药品,广口瓶盛放固体药品,不带磨口塞子的广口瓶可作为集气瓶	不能加热,瓶塞不能互换,不用时在磨口塞与瓶口之间夹衬纸条,以防粘连。盛放碱液要用橡胶塞

仪 器	规格、材质	用 途	注意事项
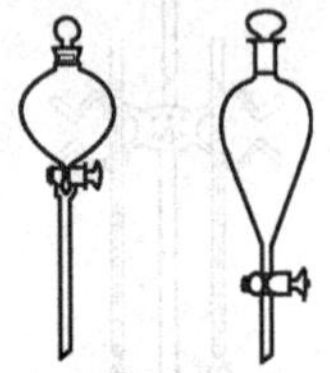 滴液漏斗　分液漏斗	以容积大小（mL）表示。常用的有：50mL、100mL、250mL、500mL	滴液漏斗用于滴加试料，可利用旋塞控制滴加速度 　分液漏斗用于互不相溶的液-液萃取分离	用滴液漏斗加料时，必须保持系统的压力平衡，否则影响试料的正常加入 　磨口仪器塞子都是配套的，长期不用时，应加衬纸条，以免粘连
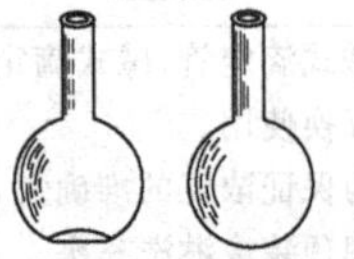 平底烧瓶　圆底烧瓶	以容积表示。常用的烧瓶容量有 2000mL、1000mL、500mL、250mL、100mL、50mL 等	圆底烧瓶可供试剂量较大的物质在常温或加热条件下反应，优点是受热面积大而且耐压 　平底烧瓶可配制溶液或加热用，因平底放置平稳	盛放液体的量不超过容量的 2/3，也不能太少，以免加热喷溅或破裂 　烧瓶要固定在铁架台上，垫石棉网加热或电热套加热
 b 形管	Thiele 管，又称 b 形管或熔点测定管	用于熔点测定和微量法沸点测定	
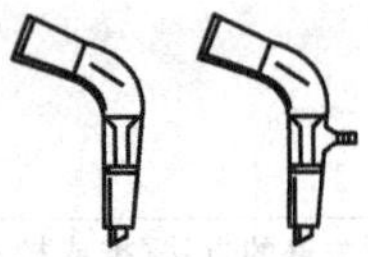 接引管　真空接引管	玻璃制。标准磨口	接引管与冷凝管相连，用于接引蒸馏冷凝液于接收容器中。接引管用于常压蒸馏，真空接引管用于减压蒸馏	按标准磨口配套。如： 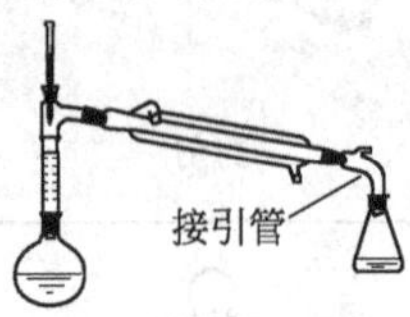 接引管
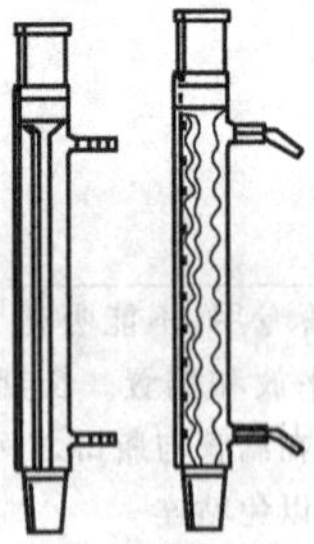 直、球形冷凝管	前为直形冷凝管，后为球形冷凝管。玻璃制，有长短之分。常用的长度为 300mm、200mm、120mm、100mm	直形冷凝管主要用于沸点在 140℃ 以下物质的蒸馏冷凝操作 　球形冷凝管内管冷却面积较大，对蒸气的冷凝效果好，适用于加热回流实验，故又称回流冷凝管	直形冷凝管沸点超过 140℃ 时，可能在内、外管接合处炸裂 　回流时若无球形冷凝管，可用直形冷凝管代替。但不能用球形冷凝管进行蒸馏冷凝操作，否则产物在球的凹处凝固难以回收
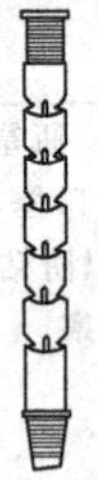 刺形（韦氏）分馏柱	玻璃制，标准磨口。有长短、粗细之分。与不同型号的磨口烧瓶配套使用	1. 用于分离沸点相差不大的液体（相差 25℃ 左右） 2. 也可用于有机化合物的制备	分馏装置如图： 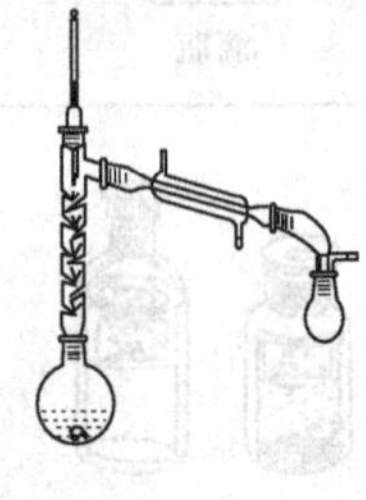

仪 器	规格、材质	用 途	注意事项
斜三颈烧瓶	以容积表示。常用容量为 1000mL、500mL、250mL、100mL	有机合成装置示例	盛放液体不超过容量的 2/3 加热时应放电热套内

第三节 实验数据的记录与处理

在化学实验中，为了获得准确的结果，不仅需要标准规范的测量，还需要正确有效的数据记录和数据处理方法，尽可能减少各种因素引起的误差。

一、误差的基本概念

1. 测量误差

任何测量过程都有误差。误差按其性质不同可分为三类。

（1）**系统误差** 是由某些比较确定的因素引起的。它对测量结果的影响比较固定，其大小有一定规律性，在重复测量时，会重复出现，因此也称可测误差。产生系统误差的主要原因有：实验方法不完善；所用仪器精度差；药品不纯以及操作不当等。系统误差可以用改进方法、校正仪器、提纯药品以及进行空白试验或对照试验等方法来减少，有时也可以采用校正值的方法对测定结果加以修正。

（2）**偶然误差** 是由某些难以预料的偶然因素引起的，对实验结果的影响不固定，也称随机误差。偶然误差的原因难以确定，似乎无规律可循，但如果多次测量，可以发现偶然误差遵从正态分布，即大小相近的正、负误差出现的概率相等，小误差出现的概率大，大误差出现的概率很小。通过多次测量取平均值和采用适当的数据处理方法可以减小偶然误差的影响。

（3）**过失误差** 是由分析过程中的错误所引起的，例如器皿不洁、加错试剂、错用样品、试样损失、仪器异常、读错数据、计算错误等。过失误差无规律可循，但只要加强责任心，认真细致地进行实验，可以避免过失误差。

2. 准确度与误差

准确度指在特定条件下获得的分析结果与真实值之间的符合程度。它能反映分析结果的可靠性。准确度用绝对误差和相对误差来表示。绝对误差指实验测得的数值与真实值之间的差值；相对误差指绝对误差与真实值的百分比。即：

$$绝对误差＝测定值－真实值$$

$$相对误差＝\frac{绝对误差}{真实值}\times100\%$$

绝对误差与被测量的大小无关，而相对误差却与被测量的大小有关。一般来说，被测量越大，相对误差越小。用相对误差来反映测定结果的准确度比用绝对误差更合理。

3. 精密度与偏差

精密度指在一定条件下，重复分析同一样品所得测定值的一致程度，即测量结果的再现性。精密度由分析的偶然误差决定。通常被测量的真实值很难准确知道，因此，一般只能用多次重复测量结果的平均值代替真实值。这时单次测量结果与平均值之间的偏离程度就称为偏差。偏差与误差一样，也有绝对偏差与相对偏差。

（1）绝对偏差　等于个别测定结果（x_i）与 n 次重复测定结果的平均值（$\bar{x}$）之差。即：

$$d_i = x_i - \bar{x}$$

（2）相对偏差　等于绝对偏差值在平均值中所占的百分率，即

$$相对偏差 = \frac{d_i}{\bar{x}} \times 100\%$$

（3）标准偏差　是一种用统计学理论来表示测定精密度的方法。当平行测量次数 $n < 20$ 时，标准偏差 s 由下式计算：

$$s = \sqrt{\sum_{i=1}^{n} \frac{(x_i - \bar{x})^2}{n - 1}}$$

（4）相对标准偏差　又称为变异系数（CV），计算公式为：

$$CV = \frac{s}{\bar{x}} \times 100\%$$

标准偏差 s 能够较好地表明数据的分散程度，因而在实验结果的表示中经常采用。

二、有效数字及运算规则

1. 有效数字

在实验中记录的测量数据，不仅表示测量值的大小，而且表示测量值的精度。因此，测量值的数据位数要与测量所用仪器的精度相一致，记录下来的数字应为有效数字。所谓有效数字就是实际能测量到的数字。测量数据中应包含全部确定的数字，最后保留一位可能存在误差的不确定数字。对有效数字的位数不能任意增删。

化学实验中常用仪器的精度与实测数据有效数字位数的关系列于表 1-1 中。

任意超出或低于仪器精度的数字都是错误的。例如上述分析天平的读数为 12.3456g，既不能读作 12.345g，也不能读作 12.34567g，因为前者降低了实验的精度，后者则夸大了实验的精度。

表 1-1　常用仪器的精度与实测值有效数字位数

仪器名称	仪器精度	真实值举例	有效数字位数	错误举例
托盘天平	0.1g	12.3g	3	12.30g
分析天平	0.0001g	12.3456g	6	12.345g
10mL 量筒	0.1mL	7.2mL	2	7mL
100mL 量筒	1mL	72mL	2	72.5mL
滴定管	0.01mL	23.00mL	4	23.0mL
移液管	0.01mL	25.00mL	4	25mL
容量瓶	0.01mL	50.00mL	4	50mL

关于有效数字位数的确定，还应注意以下几点。

① 在有效数字中，最后一位是可疑数字。

② 数字"0"在数据中具有双重意义。若作为普通数字使用，它就是有效数字；若它只起定位作用，就不是有效数字。例如在分析天平上称得重铬酸钾的质量为 0.0758g，此数据有三位有效数字，前面的"0"只起定位作用，不是有效数字。又如某盐酸溶液的浓度（0.2100mol·L^{-1}）准确到小数点后第三位，第四位可能有 ± 1 的误差，所以这两个"0"是有效数字，数据 0.2100 具有四位有效数字。

③ 改变单位并不改变有效数字的位数，如滴定管读数 12.34mL，若该读数改用升为单

位，则是 0.01234 L，这时前面的两个零只起定位作用，不是有效数字，0.01234 L 与 12.34mL 一样都是四位有效数字。当需要在数的末尾加"0"作定位作用时，最好采用指数形式表示，否则有效数字的位数含混不清。例如，质量为 25.08g 若以 mg 为单位，则可表示为 2.508×10^4 mg；若表示为 25080mg，就易误解为五位有效数字。

④ 对数值的有效数字位数仅由小数部分的位数决定，首数（整数部分）只起定位作用，不是有效数字。因此对数运算时，对数小数部分的有效数字位数应与相应的真数的有效数字位数相同。例如：pH = 2.38，$[H^+] = 4.2 \times 10^{-3}$ mol·L^{-1}，有效数字为二位，而不是三位。

2. 有效数字的运算规则

在分析测定过程中，往往要经过几个不同的测量环节，例如先用减量法称取试样，经过处理后进行滴定。在此过程中最少要取四次数据，但这四个数据的有效数字位数不一定相等，在进行运算时，应按照下列计算规则，合理地取舍各数字的有效数字的位数，确保运算结果的正确。

① 对有效数字进行修约时，可采用"四舍六入五成双"原则。即当尾数 ≤4 时舍去，当尾数 ≥6 时进位；当尾数 =5 时，若 5 后面还有不为零的数字则一律进位，若 5 后面的数字为零则按"成双"规则修约（即若 5 前面一位是奇数则进位，若前一位是偶数则舍去）。这样可部分抵消由 5 的舍、进所引起的误差。

② 在加减法运算中，以小数点后位数最少的数为依据来确定有效数字的位数。例如 1.2379+12.46=13.6979，两个数据中小数点后位数最少的数为 12.46，是四位有效数字，故正确答案应为 13.70。

③ 在乘除法运算中，计算结果的有效数字应以参与运算的各数中有效数字位数最少者为准，而与小数点的位置无关。例如 $1.23 \times 0.012 = 0.01476$，有效数字位数最少的为 0.012，故正确答案应为 0.015。进行数值乘方或开方时，保留原来的有效数字的位数。

④ 测定平均值的精度应优于个别测定值，在计算不少于四个测定值的平均值时，平均值的有效数字的位数可以比单次测定值的有效数字增加一位。

⑤ 在所有计算式中，常数以及乘除因子的有效数字的位数可认为是足够的，应根据需要确定有效数字的位数。如配制的溶液浓度为原溶液浓度的 1/10。这里的"10"是自然数，非测量得到的数据，可视为足够有效，不影响运算结果的有效数字位数，因此可看作是无限多位有效数字。

⑥ 对于高含量（>10%）组分的测定，一般要求分析结果保留 4 位有效数字；对中等含量（1%～10%）的组分，一般保留 3 位有效数字；对于微量（<1%）组分，一般只保留两位有效数字即可。凡涉及化学平衡的计算结果，一般保留 2 位或 3 位有效数字。

⑦ 数据的首数 ≥8 时，可多看作一位有效数字，如 8.95 可看作 4 位有效数字。

⑧ 表示分析方法的精密度和准确度时，大多取 1～2 位有效数字。

三、实验结果的数据表达与处理

实验测得的数据需要经过归纳和处理，才能得到满意的结果。实验数据的处理一般有列表法、作图法、数学方程法和计算机数据处理等方法。

1. 列表法

列表法是将实验数据按自变量与因变量，一一对应列入表中，并把相应的计算结果填入表格中，此法简单清楚。列表时需注意如下事项：

① 列出的表格必须写清名称和单位；

② 自变量与因变量要一一对应；

③ 表格中所记录的数据应符合有效数字规则；

④ 表格中也可以记录实验方法、实验现象与反应方程式等。

2. 作图法

若实验数据较多，则可以用作图法来处理实验数据。作图法可以更直观地表达实验结果及发展趋向。常用坐标纸和计算机绘图软件作图。作图时需注意如下事项：

① 以自变量为横坐标，因变量为纵坐标。

② 选取的坐标轴比例要适当，应使实验数据的有效数字与相应坐标轴分度精度的有效数字相一致，以免作图处理后得到的结果的有效数字发生变化。坐标轴的标值要易读，必须注明横坐标和纵坐标所代表的量的名称、单位和数值，注明图的编号和名称。

③ 在曲线绘制时，首先把测得数据以坐标点的形式画在坐标上，然后根据坐标点的分布情况，将它们连接成直线或曲线，所描的曲线（直线）应尽可能接近大多数的坐标点，使各坐标点均匀分布在曲线（直线）两侧。在同一坐标上画多条曲线，则可以用不同符号和不同颜色来表示不同的坐标点及曲线。

3. 数学方程和计算机数据处理

此法是按一定的数学方程式，用特殊的计算机语言来编制计算程序，由计算机完成数据处理的方法。

第二章　无机化学实验

第一节　基本操作实验

实验 2-1　仪器的认领与洗涤

一、实验目的

认识实验室常用仪器，熟悉其名称、规格、主要用途和使用注意事项；练习并掌握常用玻璃仪器的洗涤和干燥方法；学习绘制仪器及实验装置简图。

二、基本操作

1. 常用仪器的洗涤

为了保证实验结果的准确性，实验仪器必须洗涤干净。实验仪器上的污物一般分为可溶性、不溶性、油污及有机物等。应根据污物的性质和污垢的程度不同，选择适宜的洗涤方法。

（1）水洗　仪器上的可溶性污物用水冲洗即可溶解除去。为加速溶解，还需进行振荡。一般先用自来水冲洗仪器外部，然后向内部注入少量（少于容量的1/3）的水，稍用力振荡后把水倒出，如此反复冲洗数次。对于不易冲掉的污物，可选用大小适当的毛刷刷洗。需要注意的是，手握毛刷的位置和用力要适当。刷试管时，要防止露出毛刷头的铁丝捅破试管。

（2）肥皂液或合成洗涤剂洗　对于不溶性及用水刷洗不掉的污物，特别是仪器被油脂等有机物污染或实验准确度要求较高时，需要用毛刷蘸取肥皂液或合成洗涤剂来刷洗。然后用自来水冲洗，最后用蒸馏水冲洗2～3遍。

（3）洗液洗　对于用肥皂液或合成洗涤剂也刷洗不掉的污物，或因仪器口小，管细不便用毛刷刷洗的仪器（如移液管、容量瓶、滴定管等），可用少量铬酸洗液❶洗。方法是，往仪器中倒入（或吸入）少量洗液，将仪器倾斜并慢慢转动，使仪器内壁全部被洗液湿润，再转动仪器使洗液在内壁流动。转动几圈后，将洗液倒回原瓶。对污染严重的仪器可用洗液浸泡一段时间。倒出洗液后用自来水冲洗干净，最后用少量蒸馏水冲洗2～3遍。

用铬酸洗液洗涤仪器时，应注意以下几点。

① 用洗液前，先用水冲洗仪器，并将仪器内的水尽量倒净。用洗液时不能使用毛刷。

② 洗液用后倒回原瓶，可重复使用。洗液应密闭存放，以防浓硫酸吸水。洗液经多次使用后由棕红色变成绿色，说明洗液失效，不能再用。

③ 洗液有强腐蚀性，会灼伤皮肤和破坏衣服，使用时要特别小心！如不慎溅到衣服或皮肤上，应立即用大量水冲洗。

---

❶　铬酸洗液的配制方法：称取工业用 $K_2Cr_2O_7$ 固体25g，溶于50mL水中，加热溶解。冷却后向溶液中缓慢加入450mL浓 H_2SO_4，边加边搅拌（注意：切勿将溶液倒入浓 H_2SO_4 中）。冷却至室温，转入试剂瓶中密闭备用。

④ 洗液中的 Cr(Ⅵ) 有毒，用过的废液以及清洗残留在仪器壁上的洗液时，第一、二遍洗涤水都不能直接倒入下水道，以防腐蚀管道和污染水环境。应回收或倒入废液缸，最后集中处理。简便的处理方法是在回收的废洗液中加入硫酸亚铁，使 Cr(Ⅵ) 还原成无毒的 Cr(Ⅲ) 后再排放。

由于洗液成本高而且有毒性和强腐蚀性，因此能用其他方法洗涤干净的仪器，就不要用铬酸洗液洗。

（4）其他洗涤方法　根据器壁上附着物化学性质的不同可"对症下药"，选择适当的试剂进行化学处理。例如，器壁上的二氧化锰、氧化铁等，可用草酸溶液或浓盐酸洗涤；硫黄可用煮沸的石灰水清洗；难溶的银盐可用硫代硫酸钠溶液洗；附在器壁上的铜或银可用硝酸洗涤；装过碘溶液或装过奈氏试剂的瓶子常有碘附着在瓶壁上，可用 KI 溶液或 $Na_2S_2O_3$ 溶液洗涤等。用合适的化学方法去除污垢非常有效。

玻璃仪器洗净的标准是，清洁透明，水沿器壁流下，形成水膜而不挂水珠。最后用蒸馏水冲洗仪器 2～3 遍，要遵循"少量多次"的原则节约蒸馏水。洗净的仪器，不要用布或纸擦干，以免引入新的污染。

2. 常用仪器的干燥

实验用的仪器除要求洗净外，有时还要求干燥。例如，用于精密称量中的盛载器皿，用于盛放准确浓度溶液的仪器及用于非水环境的仪器等。视情况不同，可采用以下方法干燥。

（1）晾干法　不急用的仪器可采用自然晾干。将仪器洗净后倒出积水，挂在晾板上或倒置于干燥无尘处（试管倒置在试管架上），任其自然干燥。

（2）烘干法　需要干燥大量的仪器时可用烘箱烘干。烘箱内温度一般控制在 110～120℃，烘干 1h。注意事项如下：

① 带有刻度的计量仪器不能用加热的方法进行干燥，以免影响精度；

② 烘干前要倒去积存的水；

③ 带有玻璃塞的仪器要拔出塞子一同干燥，但木塞和橡胶塞不能放入烘箱烘干，应在干燥器中干燥。

（3）吹干法　马上使用而又要求干燥的仪器可用电吹风或气流烘干器吹干。

（4）快干法　此法一般只在实验中临时使用。将仪器洗净后倒置稍控干，然后，注入少量能与水混溶且易挥发的有机溶剂（如乙醇），将仪器倾斜并转动，使器壁全部浸湿后倒出溶剂（回收），少量残留在仪器中的混合液很快挥发而使仪器干燥。此法尤其适用于不能烤干、烘干的计量仪器。

3. 常用仪器和实验装置简图的绘制

在实验报告中，有关于仪器、实验装置和操作的叙述，如果绘出清晰、规范的示意图不仅能大大减少文字叙述，而且更加形象、直观。正确绘制仪器和实验装置示意图是高师学生必须掌握的一项基本技能。

（1）常用仪器的分步画法　顺序是：先画左，次画右，再封口，后封底（或再封底，后封口）。如图 2-1 所示。

（2）成套反应装置的画法　应先画主体，后画配件。例如，画实验室制取和收集氧气的装置图，先画带塞的试管、导管、集气瓶；后画铁架台、水槽、酒精灯、木垫等。如图 2-2所示。

（3）一些常用仪器的简易画法　如图 2-3 所示。

（4）绘图注意事项

① 在同一幅图中必须采用同一透视法。一般有平面图和立体图（见图 2-4）之分。在立体图中各部分透视方向必须一致。

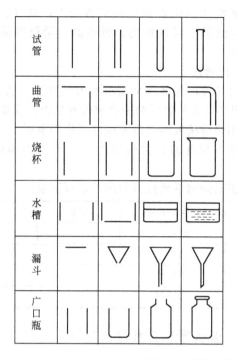

图 2-1　常见仪器的分步画法

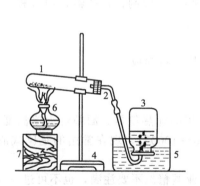

图 2-2　成套装置图的画法
1—试管；2—导管；3—集气瓶；4—铁架台；
5—水槽；6—酒精灯；7—木垫

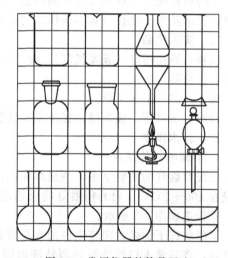

图 2-3　常用仪器的简易画法

② 图中各部分的相对位置和彼此比例要与实际相符。

③ 线条要简洁，图形要逼真。

三、实验内容

1. 认真预习第一章内容。

2. 按学生"实验仪器配置清单"逐一认识、检查并清点，补领缺少或破损的仪器。

3. 将自己实验橱中常用的玻璃仪器（试管、烧杯、锥形瓶、量筒、蒸发皿等）先用洗衣粉（加去污粉）或肥皂液刷洗，再用自来水冲洗干净后，用洗瓶装蒸馏水冲洗。

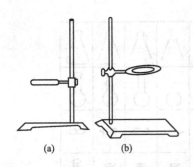

(a)　　　　(b)

图 2-4　平面图（a）和立体图（b）

4. 将洗净的试管倒置在试管架上；烧杯、表面皿、蒸发皿等倒置于仪器柜内，锥形瓶、量筒等放在柜中，自然晾干。

四、思考题

1. 常用玻璃仪器可采用哪些方法洗涤？选择洗涤方法的原则是什么？怎样判断玻璃仪器是否已洗涤干净？

2. 用铬酸洗液洗仪器时应注意哪些事项？

3. 带有刻度的计量仪器为什么不能用加热的方法干燥？

4. 正确画出下列仪器简图并填写下表。

仪器名称和简图	规格	用途	仪器名称和简图	规格	用途
试管			烧瓶		
烧杯			漏斗		
锥形瓶			蒸发皿		
量筒			容量瓶		

实验 2-2　灯的使用、玻璃管加工和塞子钻孔

一、实验目的

了解酒精喷灯（或煤气灯）的构造，掌握正确的使用方法；练习玻璃管的截断、熔光、弯曲、拉细及塞子钻孔等基本操作；制作滴管、玻璃搅棒，练习装配洗瓶。

二、实验用品

仪器：酒精喷灯（或煤气灯），锉刀（或小砂轮片），石棉网，钻孔器，塑料瓶，烧杯，直尺，量角器。

液体药品：工业酒精。

材料：玻璃管，玻璃棒，橡胶塞，乳胶头，方木块，石棉板。

三、基本操作

1. 酒精喷灯的使用

在没有煤气的实验室中，酒精灯和酒精喷灯是常用的加热仪器。酒精灯火焰温度较低，一般在 400～500℃，而酒精喷灯的火焰温度可达 700～1000℃，现在常用的是座式酒精喷灯，其构造如图 2-5 所示。

使用前拧下铜帽，向灯壶内加入总容量 2/3 的工业酒精。不要注满，也不可过少（稍倾斜灯体，在酒精入口处能看到酒精液面即可）。拧紧铜帽，灯管朝下，在石棉板上轻轻磕出管内残留灰烬，酒精同时浸湿灯芯。向预热盘中添满酒精并点燃，预热壶内的酒精，使其变成蒸气从灯嘴处喷出。当预热盘中的酒精快要燃尽时，燃着的火焰就会将喷出的酒精蒸气点燃（必要时用火柴点燃），此时调节空气调节阀，使火焰稳定。用毕，关闭空气调节阀或上移空气调节阀加大空气进入量，同时用石棉网或木板快速拍盖燃烧管口，即可将灯拍灭。如不熄灭，可反复拍盖。

安全注意事项如下：

① 喷灯下要垫上石棉板，以免烫坏实验台。

② 经两次预热，喷灯仍不能点燃时，应暂时停止使用，

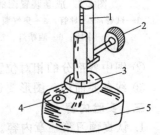

图 2-5　座式酒精喷灯的构造

1—灯管；2—空气调节阀；3—预热盘；4—铜帽；5—酒精壶

报告指导老师，检查接口是否漏气，喷口是否堵塞（用捅针疏通），以及灯芯是否完好（烧焦，变细时应更换）。修好后方可使用。

③ 若不慎将酒精洒在石棉板上，或预热盘逸出的酒精着火，可迅速移动石棉板，远离易燃物品和电源插座，让其自然烧完或用湿布覆盖灭火。

④ 喷灯连续使用时间不能超过 30min（使用时间过长，容易烧焦灯芯）。如需继续加热，每隔 30min 就要熄火降温，补充酒精。也可用两个喷灯轮换使用。

2. 煤气灯的使用

煤气灯是实验室常用的加热仪器之一，使用比较方便，它的加热温度可达 1000℃左右（所用煤气的组成不同，加热温度也有差异）。其构造如图 2-6 所示，主要由灯管和灯座组成，二者以螺旋扣连接。灯管下部还有几个空气入口，旋转灯管可使其完全关闭或不同程度地开启，以调节空气的进入量。灯座的侧面有煤气入口，可接上橡胶管将煤气引入灯内。灯座下面（或侧面）有一螺旋阀，用于调节煤气进入量。

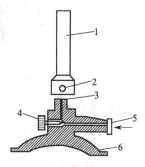

图 2-6　煤气灯的构造
1—灯管；2—空气入口；
3—煤气出口；4—螺旋阀；
5—煤气入口；6—灯座

使用煤气灯时，先将灯管空气入口完全关闭，点燃进入灯内的煤气。此时，火焰呈黄色，煤气燃烧不完全。逐渐加大空气进入量，煤气的燃烧也逐渐完全，火焰随之正常（分三层）。正常火焰的构成如图 2-7(a) 所示。其各部分的性质及温度分布为：内层（焰芯）——煤气与空气的混合气尚未完全燃烧，温度较低；中层（还原焰）——煤气不完全燃烧，还原为含碳产物，所以称为"还原焰"；外层（氧化焰）——外层氧气充足可以使煤气完全燃烧，故称"氧化焰"，温度较高。最高温度点是在还原焰顶端的氧化焰中，呈淡紫色火焰。实验中多用氧化焰加热。

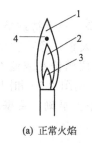　　

(a) 正常火焰　　　　(b) 凌空火焰　　　　(c) 侵入火焰

图 2-7　各种火焰
1—氧化焰；2—还原焰；3—焰芯；4—最高温度点

如果空气或煤气的进入量调节不合适，会产生不正常火焰。当煤气和空气的进入量都很大时，火焰就临空燃烧，产生"凌空火焰"，如图 2-7(b)。当煤气进入量小，而空气进入量大时，则煤气会在灯管内燃烧而不是在管口燃烧，这时能听到"嘶嘶"的声音和看到一根细长的火焰，叫"侵入火焰"如图 2-7(c)，"侵入火焰"会很快把灯管烧红。如遇不正常火焰，可通过空气调节阀来调节。若灯管过热，可熄灭、冷却后重新点燃调节。

四、实验内容

1. 调试酒精喷灯（或煤气灯）

观察酒精喷灯（或煤气灯）的各部分构造。酒精喷灯灌酒精（达灯壶的 2/3），磕出灯灰后备用（待需加工的玻璃管、棒都准备好后再点燃喷灯）。

2. 玻璃管（棒）的加工

（1）截断 取玻璃管一根，平放在实验台上，以直尺量出需要的长度，用左手拇指按住，右手拿三角锉刀（或小砂轮片），锉刀压紧需截断的部位，用力向前（切勿来回锉！）划一道凹痕。然后，双手持玻璃管，凹痕向外，两手拇指缝对准划痕的背面，向前推，同时双手分别向外拉，即可将玻璃管截断。截玻璃棒时锉痕要深一点，其他操作同玻璃管，如图 2-8 和图 2-9 所示。

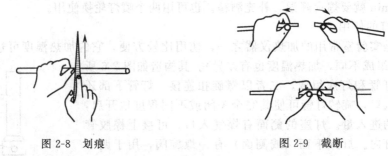

图 2-8 划痕   图 2-9 截断

注意事项如下：

① 划痕应与玻璃管垂直，这样截断面才平整。

② 锉痕时，按紧用力，但用力不能太大，以防把玻璃管压碎。

③ 若刻痕不明显，可把锉刀置于刻痕上再划一次，但锉刀运动方向必须与前一次相同。锉痕只允许有一条，并保持与玻璃管垂直（不能斜），否则截断后得不到平齐的断面。

（2）熔光 玻璃管（棒）断口很锋利，易割破手指，在安装使用时也容易出事故。使用前必须熔光。将玻璃管截口斜插入喷灯氧化焰中加热，并不断转动，使玻璃管受热均匀，直至管口变得平滑为止。加热后的玻璃管应放在石棉网上冷却，切不可直接放在实验台上，以免烫焦台面或误触玻璃管把手烫伤。

作业：截取三段玻璃棒，将两头熔成光滑球面，分别用做 100mL、250mL、500mL 烧杯的搅棒。交老师检查后，留作以后实验用。

（3）弯曲 截取适当长度玻璃管一根，先将玻璃管擦净，双手持玻璃管在火焰上旋转，使玻璃管均匀受热。加热到玻璃管可以弯动的程度（不要太软，像弯竹签一样，有一定力度），两手持玻璃管两端向上弯一个小角度。然后在弯曲部位稍偏左或偏右处加热，加热到能弯动时再弯一点。这样反复进行，逐步达到所需的角度（见图 2-10 和图 2-11）。弯好后稍停片刻，再置于石棉网上冷却。弯曲合格的玻璃管，要求角度准确，管壁均匀平滑（不扁不鼓），整个玻璃管处于同一平面内（见图 2-12）。

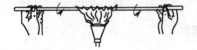

图 2-10 加热玻璃管   图 2-11 弯玻璃管   图 2-12 弯曲对错比较

作业：截取 $\phi6\sim8mm$，长约 180mm 的玻璃管三根，分别弯成 120°、90°、60° 的导气管各一支，交老师检查。

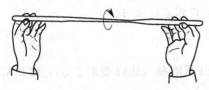

图 2-13 玻璃管拉尖嘴

（4）拉尖嘴 取一段玻璃管，在酒精喷灯上旋转加热，当玻璃管烧至红软时（软到不需费力就能改变形状，此时应尽量保持玻璃管水平，切勿扭曲或弯曲），将玻璃管从火焰中取出，一次拉成所需尖嘴形状。待稍冷后放在石棉网上冷却（见图 2-13）。

作业：截取长 150mm，$\phi6\sim8mm$ 的玻璃管两根，

按图 2-14(a) 或图 2-14(b) 的规格各制作 2 支滴管。先用以上方法拉尖嘴，冷却后截断尖嘴。先将尖嘴处在酒精灯上稍微烧一下（注意容易烧熔封口），使之熔光。再把粗的一端在喷灯上烧至红色变软时取出，垂直放在石棉网上按压一下，使管口略向外翻，冷却后套上乳胶头即成滴管。交老师检查后，留作以后实验用。

(a) 普通滴管   (b) 毛细滴管

图 2-14　普通滴管和毛细滴管

3. 塞子钻孔

在化学实验中，常需要将瓶子或仪器口配上合适的塞子。有时为了组成一套实验装置，还需要在塞子中插入玻璃管或温度计、漏斗等。因此，塞子钻孔操作十分必要。塞子钻孔常用工具是钻孔器（打孔器）。它是一组口径不同的金属管和一个圆头细铁条（捅棒）组成的（见图 2-15），一端有手柄，另一端是环形锋利刀刃，捅棒用来捅出留在钻孔器中的橡胶芯或软木芯。

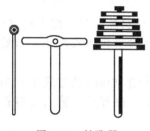

图 2-15　钻孔器

图 2-16　钻孔手法

（1）钻孔的方法　选取一个与容器口径合适的橡胶塞，通常以塞子能塞入瓶口的 1/3～1/2 为宜。塞入过多或过少均不合要求。将选好的橡胶塞小头朝上，放在实验台上的小木板上（不要放在试验台上，以免钻坏桌面），选一个直径与要插入的温度计或玻璃管相近且略粗的钻孔器，若为软木塞则选略细的钻孔器。

将钻孔器端部蘸取少量甘油或水做润滑剂，左手按住塞子，右手握住钻孔器手柄，在选定的位置上垂直向下用力，旋转压钻（见图 2-16），直到钻透。若玻璃管毫不费力就能插入塞孔，说明塞孔太大，容易造成漏气，不能用。若塞孔稍小或不光滑，可用圆锉打磨修整，打磨的方向应与装玻璃管的方向相同。

（2）玻璃管插入橡胶塞的方法　将玻璃管端部蘸取少量水或甘油，左手持塞，右手握住管的前半部（为了安全，可用布包住玻璃管），将玻璃管慢慢旋入塞孔（见图 2-17），切勿用力过猛或手离塞子太远，否则易折断玻璃管和刺伤手掌。若不好安装，需继续用圆锉修磨胶塞孔。

图 2-17　玻璃管插入塞子的方法

图 2-18　塑料洗瓶

4. 实验装置练习

（1）给试管（15mm×150mm）配一合适胶塞，中心钻孔，安装一 60°弯管。参考图 2-48。

（2）洗瓶的装配（选作）

按图 2-18 要求装配一只塑料洗瓶。其喷水管的制作顺序如下。

① 拉尖嘴和弯 60°角　取 φ6～8mm，长 320mm 玻璃管 1 支。在一端 70mm 处拉成尖嘴，再距尖嘴 60mm 处弯 60°角，然后按需要长度截去多余的玻璃管，熔光，备用（见图 2-19）。

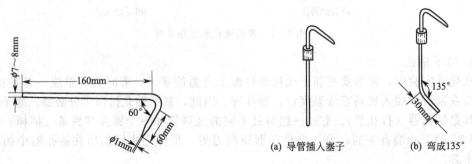

图 2-19　喷水管图

(a) 导管插入塞子　　(b) 弯成135°

图 2-20　喷水管装配

② 配塞、钻孔、将喷水管插入塞孔　取 500mL 细颈塑料瓶一只，配上适宜的橡胶塞，按所制喷水管直径选适宜的钻孔器钻一个孔，然后将所制喷水管插入塞孔，如图 2-20(a)，注意胶塞朝向要正确。

③ 弯 135°角、装配洗瓶　把已插入橡胶塞的喷水管下端 30mm 处弯成 135°角，要求此角和上面的 60°角在同一方向和同一平面上，如图 2-20(b)。冷却后，装入塑料瓶即成如图 2-18 的洗瓶。

五、思考题

1. 使用酒精喷灯（或煤气灯）时要注意哪些事项？

2. 截断、熔光、弯管和制滴管的技术要领是什么？

3. 塞子钻孔时，如何选择钻孔器孔径？如何正确操作？

实验 2-3　试剂的取用和溶液配制

一、实验目的

掌握固体和液体试剂的取用，试管的振荡操作及加热方法；学习电子天平的使用；熟悉粗配溶液和精配溶液体系，掌握溶液的配制方法；练习移液管、容量瓶的使用。

二、实验用品

仪器：试管，试管夹，药匙，研钵，滴管，量筒，酒精灯，电子天平，烧杯，移液管（25mL），容量瓶（50mL、250mL），吸量管（5mL），洗耳球。

固体药品：KNO_3，$CuSO_4 \cdot 5H_2O$，锌粒（片），$NaCl$，$NaOH$。

液体药品：HCl（$0.1mol \cdot L^{-1}$、$2mol \cdot L^{-1}$），HAc（$2.00mol \cdot L^{-1}$），NaOH（$0.1mol \cdot L^{-1}$），甲基橙，酚酞。

三、基本操作

（一）天平的使用

1. 电光天平

（1）天平的结构　见图 2-21。

（2）称量前的检查与准备　拿下防尘罩，叠平后放在天平箱上方。检查天平是否正常，天平是否水平，秤盘是否洁净，圈码指数盘是否在 "000" 位，圈码有无脱位，吊耳有无脱落、移位等。

检查和调整天平的空盘零点。用平衡螺丝（粗调）和投影屏调节杠（细调）调节天平零点。

（3）称量　将待称量物置于天平左盘的中央，关上天平左门。按照"由大到小，中间截取，逐级试重"的原则在右盘加减砝码。试重时应半开天平，观察指针偏移方向或标尺投影移动方向，以判断左右两盘的轻重和所加砝码是否合适及如何调整。注意：指针总是偏向质量轻的盘，标尺投影总是向质量重的盘方向移动。先确定克以上的砝码（应用镊子取放），关上天平右门。再依次调整百毫克组和十毫克组圈码，每次都从中间量（500mg 和 50mg）开始调节。确定十毫克组圈码后，再完全开启天平，准备读数。

（4）读数　砝码确定后，全开天平旋钮，待标尺停稳后即可读数。称量物的质量等于砝码总量加标尺读数（均以克计）。标尺读数在 9~10mg 时，可再加 10mg 圈码，从屏上读取标尺负值，记录时将此读数从砝码总量中减去。

（5）复原　称量数据记录完毕，即应关闭天平，取出被称量物质，用镊子将砝码放回砝码盒内，圈码指数盘退回到"000"位，关闭两侧门，盖上防尘罩，并在天平使用登记本上登记。

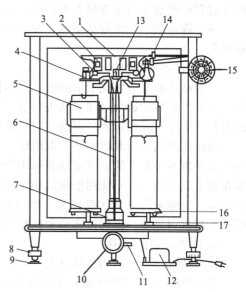

图 2-21　电光天平

1—横梁；2—平衡螺丝；3—支柱；4—吊耳；
5—阻尼器；6—指针；7—投影屏；8—螺旋脚；
9—垫脚；10—升降旋钮；11—调屏拉杆；
12—变压器；13—刀口；14—圈码；15—圈
码指数盘；16—秤盘；17—盘托

2. 电子天平

电子天平利用电子装置完成电磁力补偿的调节，使物体在重力场中实现力的平衡，或通过电磁力矩的调节，使物体在重力场中实现力矩的平衡。用电子天平称量全程不需砝码，放上被称物后，在几秒内即达到平衡，显示读数。电子天平具有使用寿命长、性能稳定、操作简便和灵敏度高的特点。此外，电子天平还具有自动校准、自动去皮、超载显示、故障报警等功能。

电子天平按精确度不同分为 1/100、1/1000 和 1/10000 等模式（见图 2-22），其使用方法大同小异，可参考具体的使用说明书。下面简要介绍电子天平的一般使用方法。

图 2-22　电子天平外形图

（1）水平调节　在使用前观察水平仪，若水平仪水泡偏移，需调整水平调节脚，使水泡位于水平仪中心。

（2）预热　接通电源，预热 30 min 以上。

（3）开启显示器　轻按一下 ON 键，显示屏全亮，很快出现称量模式（如 0.0000g 等）。如果显示不正好是"0.0000g"，则按一下 TAR 键清零。注意读数时应关上天平门。

（4）称量　按 TAR 键，显示为零后，置被称物于秤盘上，待数字稳定即显示器左下角的"0"标志消失后，即可读出称量物的质量值。

（5）去皮称量　按 TAR 键清零，置容器于秤盘上，天平显示容器质量，再按 TAR 键，显示零，即去皮重。再置被称物于容器中，待显示器左下角的"0"标志熄灭后，这时显示的是被称物的净质量。将秤盘上的所有物品拿开后，天平显示负值，按 TAR 键清零。注意称量过程中秤盘上的总质量不要超过最大载荷，否则天平仅显示上部线段。

（6）称量结束　称量结束后，按 OFF 键关闭显示器。若当天不再使用天平，应拔下电源插头。

（二）试剂的取用

一般在实验室分装化学试剂时，将固体试剂装在广口瓶中。液体试剂盛在细口瓶或滴瓶中。见光易分解的试剂（如硝酸银）盛在棕色瓶中。每一试剂瓶上都要贴标签，以表明试剂的名称、浓度，并在标签外面涂一层蜡进行保护。

取用试剂前，应看清标签。取用时，先打开瓶塞，将瓶塞反放在实验台上。如果瓶塞上端不是平顶而是扁平的，可用食指和中指将瓶塞夹住（或放在清洁的表面皿上），不可将其放在桌上以免沾污。不能用手接触化学试剂。应根据用量取用试剂，不必多取，这样既能节约药品，又能取得好的实验结果。取完试剂后，立刻把瓶塞盖好（要避免瓶塞张冠李戴），把试剂瓶放回原处，以保持实验台面整洁有序。

1. 液体试剂的取用

（1）从细口瓶中取用液体试剂

① 用倾注法：打开瓶塞，反放在桌面上，用手握住试剂瓶上贴标签的一面，倾出试剂，让其沿试管壁流入试管或沿着洁净的玻璃棒注入烧杯中（见图 2-23）。倾出所需用量后，将试剂瓶口在容器上靠一下，再竖起瓶子，以免遗留在瓶口的液滴流到瓶的外壁。

② 如用滴管从试剂瓶中取液体试剂时，则需滴管专用。装有药品的滴管不得横置或滴管尖嘴朝上，以免液体流入滴管的橡皮帽中，造成试剂污染。

（2）从滴瓶中取用液体试剂

① 滴瓶要定位，不要随便拿走。

② 滴管加液时不能伸入所用的容器中（见图 2-24），以免接触器壁而沾污药品。

③ 放回滴管时，不要插错滴瓶。

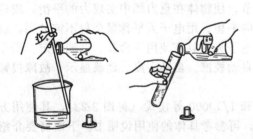 

图 2-23　倾注法　　　　　　　　　　　　　图 2-24　滴管加液的正确方法

（3）试管内进行的性质实验　通常不需要准确用量，只要学会估计液体的体积即可。例如用滴管取用液体，1mL 相当多少滴，5mL 液体占一个试管容量的几分之几等。加入试管里的溶液体积，一般不超过其容积的 1/3。

（4）定量取用液体时　用量筒或移液管。当量取液体体积要求较粗时用量筒，若精确量取时用移液管。读取体积时，要按图 2-25 所示，视线与量器中液体的弯月面底部切线保持水平，偏高或偏低都会读不准而造成误差。

2. 固体试剂的取用

① 要用清洁、干燥的药匙取试剂。药匙的两端为大小两个匙，分别用于取大量或少量固体。每种试剂配有专用药匙，不能拿错或混用。用过的药匙必须洗净擦干。

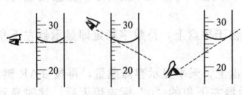

图 2-25　读取液体的体积

② 注意不要超过指定用量取药,多取的不能放回原瓶,可放在指定的容器中供他人使用。

③ 要求取用一定质量的固体试剂时,可把固体放在干燥的纸上称量。具有腐蚀性或易潮解的固体应放在表面皿上或玻璃容器内称量。

④ 往试管(特别是湿试管)中加入固体试剂时,为防止粘在试管壁上,可将取出的药品放在对折的纸片上,伸进试管约 2/3 处(见图 2-26)。加入块状固体时,应将试管倾斜,使其沿管壁慢慢滑下(见图 2-27),以免砸破管底。

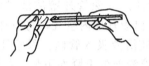 

图 2-26　用纸槽往试管里送入固体试剂　　　图 2-27　块状固体沿管壁慢慢滑下

⑤ 固体的颗粒较大时,可在清洁而干燥的研钵中研碎。研钵中所盛固体的量不要超过研钵容量的 1/3。

⑥ 有毒药品要在教师的指导下取用。

(三)试管操作

试管是少量试剂反应的容器,操作方便,便于观察实验现象,是无机化学实验中最常用的仪器,要求熟练掌握。

(1)振荡试管　用拇指、食指和中指拿住试管的中上部,试管略倾斜,手腕用力振荡试管。这样既有利于试管中的液体混合,试管中的液体又不会溅出来。

(2)液体试剂的加热　盛液体的试管可直接在酒精灯上加热。用试管夹夹住试管的中上部,稍微倾斜,如图 2-28 所示。试管口切勿对人对己,以免溶液煮沸时喷出造成烫伤事故。先预热试管,然后上下慢慢移动试管,使液体各部分受热均匀,避免因局部过热迸溅造成烫伤。

 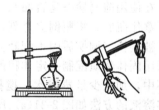

图 2-28　试管中液体的加热　　　　　　图 2-29　试管中固体的加热

(3)固体试剂的加热　若直接加热试管中的固体,首先将固体试剂装入试管底部,管口略向下倾斜(见图 2-29),以免生成的冷凝水倒流入炙热的试管底部,导致试管炸裂。首先来回预热试管,然后固定在有固体物质的部位强热。

(四)容量仪器的使用

1. 量筒的使用

量筒是用来量取一定体积液体的量具。根据不同需要有不同的规格,如 5mL、10mL、100mL、1000mL 等。实验中可根据所量取液体的体积不同来选用不同规格的量筒。量取液体时,应左手持量筒,并以大拇指尖指示所需体积的刻度处,右手持试剂瓶(试剂瓶标签应握在手心),瓶口紧靠量筒口边缘,慢慢注入液体至所需刻度,用滴管调整液面。读取刻度时应手拿量筒上部无刻度处,让量筒自然下垂(或将其平放桌上),使视线与量筒内的弯月面底部水平相切,偏高或偏低都会造成误差(见图 2-25)。

2. 移液管和吸量管的使用

移液管和吸量管都是准确量取一定体积液体的仪器。二者的区别是移液管只有单刻度，只能量取整数体积的液体，可量取的容量较大，常用的有 10mL、25mL、50mL 等规格。而吸量管（又叫刻度吸管）是有分刻度的内径均匀的玻璃尖嘴管，有 10mL、5mL、2mL、1mL 等规格，可以量取非整数体积的少量液体。

使用前，应依次用洗液、自来水、蒸馏水洗至内部不挂水珠，再用吸水纸将尖端内外的水吸去（防止残留的蒸馏水稀释被取液造成误差）。最后用少量被量取的液体洗 2~3 遍。

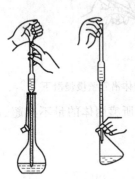

吸取溶液时，用左手拿吸耳球，右手拇指和中指拿住管颈标线以上部位，使管的下端伸入液面下约 1cm（不可太深或太浅。太深管外壁沾液过多；太浅，液面下降后易吸入空气）。左手挤出吸耳球内空气，将吸耳球尖端对准移液管口，慢慢放松吸耳球，使溶液吸入管内，眼睛注意管内液面上升情况，同时将移液管随溶液液面的下降而下伸，如图 2-30 所示。当管内液面上升到刻度线以上时，移去吸耳球，同时用右手食指按紧管口（不能用大拇指）。将移液管从溶液中取出，下端尖嘴仍靠在容器内壁上，稍微放松食指，用拇指和中指轻轻捻转管身，使液面平稳下降，直至溶液的弯月面与刻度线相切时，迅速压紧管口，使溶液不再流出。在容器的外壁上蹭掉移液管尖端多余的液体，将移液管下端尖嘴移入承接溶液的容器中，承接容器要倾斜，而移液管保持垂直，尖嘴靠在承接容器的内壁上。松开食指，使管内溶液自然沿器壁流出，如图 2-30 所示。待溶液流尽后等 10~15s，取出

图 2-30　移液管吸取和放出液体

移液管。注意，如果移液管上未标有"吹"字，则残留在移液管尖端的溶液就不要吹出，也不要用外力使之流出，因移液管的有效体积并不包括尖嘴处留有的液滴。

3. 容量瓶的使用

容量瓶是一种细颈梨形的平底玻璃瓶，带有磨口塞子，是用来精确配制一定体积和一定浓度溶液的量器，瓶颈上有刻度线，一般表示在 20℃ 时溶液的体积。容量瓶的磨口塞都是配套的，在使用前要检查是否漏水。方法是：将瓶中加水至刻线附近盖好塞子，左手按紧塞子，右手拿住瓶底，将瓶倒立片刻，观察瓶塞周围有无渗水现象。不漏水时，方可使用。为避免塞子被调换（调换后因不配套会漏水）或打碎，应用细绳或橡皮筋把塞子系在瓶颈上。

如果用固体物质配制一定体积的准确浓度的溶液，应先将准确称取的固体物质放一洁净的小烧杯中，加入少量蒸馏水，搅拌使其溶解。然后将溶液定量转移到预先洗净的容量瓶中，转移溶液的方法如图 2-31(a) 所示，转移完溶液后，将烧杯嘴沿玻璃棒轻轻上提，同时将烧杯直立，使附着在玻璃棒和烧杯嘴之间的液滴回到烧杯中（该过程若有液滴流到烧杯外，则转移失败）。再用洗瓶以少量蒸馏水冲洗烧杯 3~4 次，洗涤液全部转入容量瓶中（此为溶液的定量转移）。然后加蒸馏水稀释至容积 2/3 处时，直立摇动容量瓶，使溶液初步混合（但此时切勿加塞倒置容量瓶）。继续加水稀释至接近刻度线下 1cm 处时，等 1~2 min，使附在瓶颈上的水流下，然后用滴管或洗瓶逐滴加水至弯月面最低点与刻度线相切（如加过标线，则定量转移失败）。盖好瓶塞，用食指压住瓶塞，另一只手托住容量瓶底部，如图 2-31(b)，倒转容量瓶，摇动。如此反复多次，使瓶内溶液充分混匀，如图 2-31(c)。最后将瓶直立，轻轻地开启一下瓶塞，稍停片刻后再将其盖好。配制溶液过程完毕，得准确浓度的溶液。

如需准确稀释溶液，则用移液管移取一定体积的浓溶液，放入适当的容量瓶中，按上述定容方法冲稀至容量瓶刻度线，摇匀即可。

注意：容量瓶是量器，而不是容器，不宜长期存放溶液，配好的溶液应转移到试剂瓶中

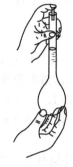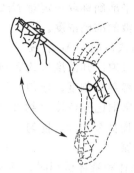

(a) 溶液转移入容量瓶　　(b) 容量瓶的拿法　　(c) 振荡容量瓶

图 2-31　容量瓶的使用

贮存（为了保证溶液浓度不变，试剂瓶应先用少量溶液洗 2～3 遍，并贴好标签）。容量瓶用后应立刻洗净，在瓶口与塞之间垫上纸片，以防下次使用时打不开瓶塞。

容量瓶不能加热，也不能在容量瓶里盛放热溶液，如固体是经过加热溶解的，则必须冷至室温后，才能转入容量瓶中定容，否则影响准确度。

四、实验内容

（一）试剂的取用及试管操作练习

1. 用水反复练习估量液体体积的方法直到熟练掌握为止。

2. 酸、碱的定性检测

在两支试管中各注入 1mL 蒸馏水，在第一支试管中加入 1 滴甲基橙溶液，第二支试管中加入 1 滴酚酞溶液，记下它们在水中的颜色。然后以 $0.1mol \cdot L^{-1}$ HCl 和 $0.1mol \cdot L^{-1}$ NaOH 代替蒸馏水进行同样实验，观察并记录颜色的变化。

介　质	指示剂的颜色	
	甲基橙	酚　酞
中性(纯水)		
$0.1mol \cdot L^{-1}$ HCl		
$0.1mol \cdot L^{-1}$ NaOH		

3. 取二支试管分别放入一小粒锌，并分别注入约 10 滴 $2mol \cdot L^{-1}$ 的盐酸和醋酸溶液。观察哪支试管反应快，哪支试管反应慢。

4. 在一支试管中加入少量 KNO_3 固体，加入 1mL 水（手摸试管有什么感觉？），加热使其溶解，再加入 KNO_3 固体制成饱和溶液。把清液倾入另一试管中，冷至室温，观察晶体的析出。

5. 在干燥试管内放入几粒 $CuSO_4 \cdot 5H_2O$ 晶体，按固体试剂的加热方法加热（见图 2-29），等所有晶体变为白色时，停止加热。注意加热后不要马上竖起试管，以免冷凝水回流试管炸裂。当试管冷却至室温后，加入 3～5 滴水，注意颜色的变化，用手摸一下试管有什么感觉。

（二）粗配溶液

1. 配制 $0.1mol \cdot L^{-1}$ NaOH 溶液 500mL（留作酸碱滴定练习用）

2. 配制 $0.1mol \cdot L^{-1}$ HCl 溶液 500mL（留作酸碱滴定练习用）

（三）精配溶液

1. 准确配制 50mL NaCl 溶液

用电子天平准确称取一定量 NaCl（0.3g 左右）固体，练习定容在 50mL 容量瓶中，摇匀。计算该溶液的准确浓度。

2. 用稀释法精配 HAc 溶液

用移液管吸取已知浓度（约 2.00mol·L^{-1}）的 HAc 溶液 25.00mL，放入 50mL 容量瓶中，用蒸馏水稀释至刻度，摇匀。计算该溶液的准确浓度。

用吸量管吸取已知浓度（约 2.00mol·L^{-1}）的 HAc 溶液 5.00mL，放入 50mL 容量瓶中，用蒸馏水稀释至刻度，摇匀。计算该溶液的准确浓度。

五、思考题

1. 取用固体和液体试剂时，各需要注意什么事项，为什么？

2. 用容量瓶精配溶液时，要不要先把容量瓶干燥？要不要用被稀释溶液洗三遍？为什么？

3. 用容量瓶稀释溶液时，能否用量筒取浓溶液？

4. 用移液管移取液体前，为什么要用被取液涮洗？

5. 试述粗配溶液和精配溶液所用仪器有什么不同，为什么？

六、附注

常用化学试剂根据纯度不同分为不同的级别，目前常用试剂一般分四个级别，其标签及适用范围见表 2-1。

表 2-1　试剂的规格与适用范围

级别	名称	代号	瓶标颜色	适用范围
一级	优级纯	G. R.	绿色	痕量分析和科学研究
二级	分析纯	A. R.	红色	定性、定量分析实验
三级	化学纯	C. P.	蓝色	一般的化学制备和教学实验
四级	实验试剂	L. R.	棕色或其他颜色	一般化学实验辅助试剂

根据实验的不同要求要选用不同级别的试剂。一般无机化学实验，化学纯级别的试剂就已经符合要求。定量分析实验应使用分析纯试剂。

实验 2-4　酸碱滴定练习

一、实验目的

学习滴定管的使用方法，练习滴定操作；巩固移液管的使用。

二、实验用品

仪器：滴定管（酸式、碱式均为 50mL），移液管（25mL），锥形瓶，铁架台，滴定管夹，洗瓶，吸耳球。

液体药品：HCl（0.1mol·L^{-1}），NaOH（0.1mol·L^{-1}），酚酞溶液，甲基橙溶液。

三、实验原理

酸碱滴定是利用酸碱中和反应测定酸或碱浓度的一种定量分析方法，中和反应的实质是：$H^+ + OH^- \longrightarrow H_2O$

当中和反应到达终点时，根据酸给出质子的物质的量与碱接受质子的物质的量相等的原则可求出酸或碱的浓度。

酸碱滴定的终点是借助指示剂的颜色变化来确定的，一般强碱滴定强酸或强碱滴定弱酸，常以酚酞为指示剂；而用强酸滴定强碱，或强酸滴定弱碱时，常以甲基橙为指示剂。

四、基本操作

滴定管是具有精确刻度而内径均匀的细长玻璃管，主要用于定量分析。通常滴定管的容量为 25.00mL 或 50.00mL，最小刻度为 0.10mL，读数可估计到 0.01mL。

滴定管分为酸式和碱式两种。酸式滴定管用来装酸性、中性及氧化性溶液，但不能装碱性溶液，因为碱性溶液腐蚀玻璃的磨口和旋塞。碱式滴定管用来装碱性溶液及无氧化性的溶液。酸式滴定管下端有玻璃旋塞用来控制溶液的流速，碱式滴定管下端有一段装有玻璃珠的乳胶管控制溶液的流出。

1. 滴定前的准备

滴定管一般用自来水冲洗，如果仍有污垢可用滴定管刷蘸洗涤剂刷洗。最后用自来水、蒸馏水冲净。

酸式滴定管使用前，必须在塞子和塞槽内壁涂少许凡士林，保证玻璃旋塞转动灵活。涂凡士林时可用下面两种方法进行（如图 2-32 所示）：①用手指将凡士林均匀涂润在旋塞的大头一端（A 部），另用火柴杆或细玻璃棒将凡士林涂润在相当于旋塞 B 部的滴定管旋塞槽内壁部分；②用手指蘸上凡士林后，均匀地在旋塞 A、B 两部分涂上薄薄的一层（注意滴定管旋塞槽内壁不涂凡士林）。将旋塞插入塞槽中，使旋塞孔与滴定管平行。沿同一方向不断转动旋塞，直到

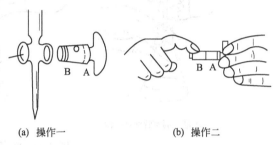

(a) 操作一 (b) 操作二

图 2-32 旋塞涂凡士林

旋塞全部呈均匀透明为止。如果仍旋转不灵或出现纹路，表示涂油不够，如有凡士林溢出或被挤进出液孔，表示涂油太多。凡出现上述情况，均应将旋塞取出擦净，重新涂凡士林。然后再检查滴定管是否漏液。最后把橡皮圈套在旋塞的小头沟槽上来固定旋塞，防止旋塞移动造成漏液甚至脱落打碎。

碱式滴定管使用前，应检查乳胶管是否老化变质，检查玻璃珠是否合适，玻璃珠过大不便操作，过小则会漏水。如不合要求，应及时更换。

2. 滴定操作

(1) 溶液的装入 混合均匀的溶液应直接倒入滴定管中（不得借用漏斗、烧杯等其他容器，以免引入杂质或改变浓度）。先用少量溶液润洗滴定管内壁三次（每次 5～10mL），最后将操作液直接倒入滴定管，直至充满至"0.00"刻度线以上。

(2) 气泡的检查及排除 滴定管充满溶液后，先检查尖嘴出口或胶管部位是否留有气泡。排除酸管尖嘴部分的气泡，可将滴定管倾斜，猛然打开旋塞，将气泡随溶液冲出去。排除碱管中的气泡，可用左手拇指和食指捏住玻璃珠部位，让胶管稍向上弯曲翘起，捏挤乳胶管玻璃珠，使溶液缓缓逸出，即可排出气泡（见图 2-33），然后边挤压玻璃珠边将乳胶管放直。

图 2-33 碱式滴定管排气泡

(3) 滴定管调零 将滴定管中多余的溶液放出（不满的装满），调节管内液面在"0.00"刻度附近，稍等 1～2min，待液面位置无变化时，调节液面在"0"刻度处（每次滴定时都要从 0.00 刻度开始，这样可以减少滴定误差）。

(4) 滴定操作 将滴定管用滴定管夹固定在滴定台上。使用酸式滴定管时，左手握滴定管控制开关，无名指和小指向手心弯曲，大拇指在前、食指和中指在后控制旋塞的转动，如图 2-34(a) 所示。手心悬空，不要向外用力，以免推出旋塞造成漏液。滴定时，右手持锥形

瓶颈部，滴定管尖嘴伸入锥形瓶口的 $1\sim2cm$，瓶底下放一块白瓷板或衬一白纸，以便于清楚观察滴定过程的颜色变化。慢慢开启旋塞使溶液滴入锥形瓶，同时右手腕不断向一个方向旋摇锥形瓶（做圆周运动，不要前后振动，以防溶液溅出），眼睛注意观察锥形瓶中的颜色变化。

使用碱式滴定管时，仍用左手操作，拇指在前，食指在后，其他三个手指辅助夹住出口胶管。轻轻向一边挤压玻璃珠稍上部位的乳胶管，使胶管与玻璃珠之间形成一条缝隙，溶液即可流出。注意，不要挤压玻璃珠下部的胶管，以防松开手时吸进空气，形成气泡，影响读数，如图 2-34(b) 所示。

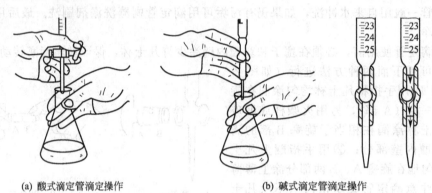

(a) 酸式滴定管滴定操作　　　　　　(b) 碱式滴定管滴定操作

图 2-34　滴定管的操作

滴定过程中，要学会控制滴定管流速，让流出的液体成流、成串、成滴、成半滴（半滴是滴定管尖嘴处液滴悬而不落，用锥形瓶内壁蹭下悬液）。滴定时，开始流速可稍快些；当液体中心颜色变化时，放慢流速，控制成串或快滴；当接近终点时，出现颜色褪去较慢，这时要控制流速，放慢为滴加或半滴，并用洗瓶冲洗锥形瓶内壁，摇匀，直到最后颜色突变，不再褪色，即为终点。稍等片刻，读数。

3. 读数

滴定管读数不准是滴定误差的主要因素之一，因此滴定前应先进行读数练习。读数时一般要遵守下列原则。

① 滴定管出口尖嘴外没有挂液珠，尖嘴内没有气泡。

② 读数时滴定管垂直。一般是用大拇指和食指捏住滴定管上部无刻度处，使滴定管自然下垂，眼睛与液面刻度线水平，然后读数。

③ 由于水的附着力和内聚力的作用，滴定管内的液面呈弯月形。无色或浅色溶液的弯月面比较清晰，读数时应读弯月面下缘实线的最低点。对有色溶液，如高锰酸钾、碘水溶液等，其弯月面不够清晰，视线应与液面两侧的最高点相切。如图 2-35 所示。

④ 为了准确读数，在装液或放出溶液后，必须等 $1\sim2\ min$，使附着在内壁的溶液流下

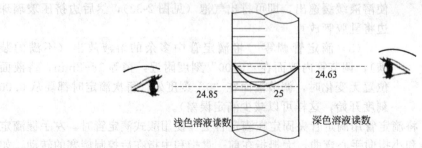

浅色溶液读数　　　　　　深色溶液读数

图 2-35　滴定管读数

来后再读数，以免造成误差。

⑤ 读数必须读到小数点后第二位，最后一位是估计值。

滴定结束后，将管内溶液倒出，如果继续使用，则将管内装满蒸馏水，用小烧杯或纸筒将滴定管上口罩好。如不再继续使用，则应将滴定管洗净，酸式滴定管取下旋塞擦净后在塞和槽之间垫上纸条，以防旋塞和槽粘在一起。

五、实验内容

酸碱溶液的相互滴定

1. 用 $0.1mol \cdot L^{-1}$ NaOH 溶液（实验 2-3 自己配制）润洗碱式滴定管 2～3 次，每次用 5～10mL 溶液。然后注入 NaOH 溶液至"0"刻度以上，赶出胶管和尖嘴内的气泡，调液面在"0"刻度处。

2. 用 $0.1mol \cdot L^{-1}$ 的盐酸溶液（实验 2-3 自己配制）润洗酸式滴定管 2～3 次，每次用 5～10mL 溶液。然后注入盐酸溶液至"0"刻度以上，赶走尖嘴内的气泡，调液面在"0"刻度处。

3. 从碱式滴定管准确放出 20.00mL NaOH 溶液于锥形瓶中，加入 2 滴甲基橙指示剂。用酸式滴定管中的盐酸溶液进行滴定操作练习，当锥形瓶内溶液颜色恰好由黄色变为橙色时，即为终点。练习过程中，可不断补充 NaOH 和 HCl 溶液，反复进行，直到操作熟练后，再进行下面的操作步骤。

4. 从碱式滴定管中准确放出 NaOH 溶液 25.00mL 于锥形瓶中，加入 2 滴甲基橙指示剂。用酸式滴定管中的 HCl 溶液滴定至溶液恰好由黄色变为橙色，记下读数。平行滴定三份，数据记入表 2-2 中，要求三次消耗 HCl 溶液体积的最大差值不超过 0.04mL。

5. 用移液管移取 25.00mL $0.1mol \cdot L^{-1}$ 的 HCl 溶液于 250mL 锥形瓶中，加 2～3 滴酚酞指示剂，用 $0.1mol \cdot L^{-1}$ NaOH 溶液滴定溶液至浅红色，此红色保持 30s 不褪色即为终点。平行滴定三份，数据记入表 2-3 中，要求三次消耗 NaOH 溶液体积的最大差值不超过 0.04mL。

六、数据记录与结果处理

表 2-2 HCl 溶液滴定 NaOH 溶液（指示剂：甲基橙）

记录与结果　　实验序号		1	2	3
V_{NaOH}/mL				
V_{HCl}/mL	初读数			
	终读数			
	实用体积			
V_{HCl}平均值/mL				

表 2-3 NaOH 溶液滴定 HCl 溶液（指示剂：酚酞）

记录与结果　　实验序号		1	2	3
V_{HCl}/mL				
V_{NaOH}/mL	初读数			
	终读数			
	实用体积			
V_{NaOH}平均值/mL				

七、思考题

1. 下列情况对实验结果有何影响？应如何排除？

① 滴定完后，滴定管尖嘴外留有液滴。

② 滴定完后，滴定管尖嘴内留有气泡。

③ 滴定过程中，锥形瓶内壁上部溅有碱（酸）液。

2. 滴定分析中，滴定管和移液管为什么要用溶液润洗几次？锥形瓶是否也要用溶液润洗？

3. 同一条件下，取 10.00mL 盐酸溶液用 NaOH 溶液滴定所得结果与取 25.00mL 盐酸溶液相比哪个相对误差大？

4. 为什么以酚酞为指示剂用碱滴定酸时，达终点后，放置一段时间溶液颜色会消失？

5. 两种滴定所得到的体积比 V_{HCl}/V_{NaOH} 是否接近？差别大吗？分析原因。

八、附注

指示剂的加入量为 2 滴或 3 滴，但平行实验加入量应相同。否则会因终点颜色的深浅不同引入误差。

实验 2-5　粗食盐的提纯

一、实验目的

通过氯化钠的提纯实验，练习并掌握溶解、过滤、蒸发、结晶等基本操作。

二、实验用品

仪器：试管，烧杯，量筒，普通漏斗，漏斗架，吸滤瓶，布氏漏斗，三脚架，石棉网，台秤（或电子天平），表面皿，真空泵，离心机，铁架台。

固体药品：NaCl（粗）。

液体药品：Na_2CO_3（饱和），$BaCl_2$（$1mol \cdot L^{-1}$、$0.2mol \cdot L^{-1}$），$Na_2C_2O_4$（饱和），HCl（$6mol \cdot L^{-1}$），H_2SO_4（$3mol \cdot L^{-1}$），NaOH（$6mol \cdot L^{-1}$），对硝基偶氮间苯二酚（镁试剂）。

材料：滤纸。

三、实验原理

粗盐水溶液中的主要杂质有 K^+、Ca^{2+}、Mg^{2+}、Fe^{3+}、SO_4^{2-}、CO_3^{2-} 等，用 Na_2CO_3、$BaCl_2$ 和盐酸等试剂就可以使 Ca^{2+}、Mg^{2+}、Fe^{3+}、SO_4^{2-} 等生成难溶化合物的沉淀而除去。首先，在食盐溶液中加入 $BaCl_2$ 溶液，除去 SO_4^{2-}，此时溶液中引入了 Ba^{2+}，再往溶液中加入 Na_2CO_3 溶液，可除去 Ca^{2+}、Mg^{2+}、Fe^{3+} 和引入的 Ba^{2+}。过量的 Na_2CO_3 溶液用盐酸中和。由于 KCl 等可溶物在粗盐中的含量少，所以在蒸发和浓缩食盐溶液时，NaCl 先结晶出来，而 KCl 等未达饱和则留在母液中，从而达到提纯 NaCl 的目的（自己写出各步相应的反应方程式）。

四、基本操作

（一）固体物质的溶解

选择溶解某固体物质的溶剂时，首先需要考虑固体物质的溶解度、性质等。水是最常用的溶剂。

（1）加热　加热可加速溶解，根据物质对热的稳定性可选用直接加热或水浴等间接加热手段。

（2）搅拌　搅拌可以使溶解速度加快。搅拌时，手持搅棒旋转手腕在溶液中转动，不要用力过猛，不要让搅棒碰在器壁上，以免损坏容器。

如果固体颗粒太大不易溶解时，应先在洁净干燥的研钵中将固体研细，研钵中盛放固体的量不要超过其容量的 1/3。

（二）固液分离

溶液与沉淀的分离方法有三种：倾析法、过滤法和离心分离法。

1. 倾析法

当沉淀的相对密度较大或晶体的颗粒较大，静置后能很快沉降至容器的底部时，常用倾析法进行分离和洗涤。倾析法操作如图 2-36 所示，将沉淀上部的溶液倾入另一容器中使沉淀与溶液分离。

2. 过滤法

过滤是最常用的分离方法之一。当浑浊液经过过滤器时，沉淀留在过滤器上，滤液通过过滤器进入容器中。常用的过滤方法有常压过滤（普通过滤）、减压过滤（抽滤）和热过滤三种。

图 2-36　倾析法

（1）常压过滤　此法最为简便和常用。过滤器为贴有滤纸的漏斗。滤纸有定性和定量两种，按直径大小有不同型号，除了重量分析外，一般选用定性滤纸。先把滤纸沿直径对折，压平，然后再对折。为保证滤纸与漏斗密合，第二次对折先不要折死，如果滤纸放入漏斗后上边缘不十分密合，可以稍微改变滤纸的折叠角度，直到与漏斗密合，再把第二次的折边折死。将滤纸打开成圆锥状（一边三层，一边一层），从三层滤纸一边撕去外面两层的一小角，如图 2-37，把滤纸的尖端向下，放入漏斗中，使滤纸边缘比漏斗口低 5mm，用少量水润湿滤纸，使它与漏斗壁贴在一起，不能留气泡，否则将会影响过滤速度。

把漏斗放在漏斗架上，调整高度，把漏斗下端出口紧贴在烧杯内壁上，如图 2-38 所示，玻璃棒下端与三层处的滤纸接触，让要过滤的液体从烧杯嘴沿着玻璃棒慢慢流入漏斗，滤液的液面应保持在滤纸边缘以下。当停止加液时，应将烧杯嘴沿玻璃棒向上滑，蹭掉余液避免烧杯嘴上的液体流出杯外。放置时搅棒不要靠在烧杯嘴处，以免玻璃棒沾上沉淀。若滤液仍显浑浊，应再过滤一次。

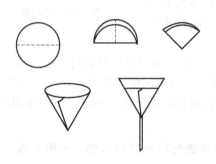

图 2-37　过滤准备

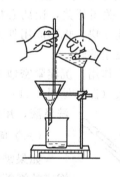

图 2-38　过滤操作

（2）减压过滤（抽滤）装置由吸滤瓶、布氏漏斗、安全瓶和真空泵组成（如图 2-39 所示）。真空泵减压造成吸滤瓶内与布氏漏斗液面上的压力差，使过滤速度加快，并把沉淀抽吸得比较干燥。减压过滤不宜用于过滤胶状沉淀和颗粒太小的沉淀。因为胶状沉淀在快速过滤时易穿透滤纸，颗粒太小的沉淀物易在滤纸上形成紧密层，使滤液不易透过。

吸滤瓶用来承接滤液，其支管与抽气系统相连。漏斗颈插入单孔橡胶塞，与吸滤瓶相连。橡胶塞插入吸滤瓶内的部分不能超过塞子高度的 2/3（也可用橡胶垫圈代替橡皮塞连接吸滤瓶与布氏漏斗）。漏斗颈下端的斜口要对着吸滤瓶的支管口。在吸滤瓶和真空泵之间需安装安全瓶，以防止意外关闭真空泵时，由于吸滤瓶内压力低于外界大气压而使真空泵中的循环水倒吸入吸滤瓶，污染滤液。安装时，注意安全瓶上的短管连接吸滤瓶，长管连接真空泵，不要接反。

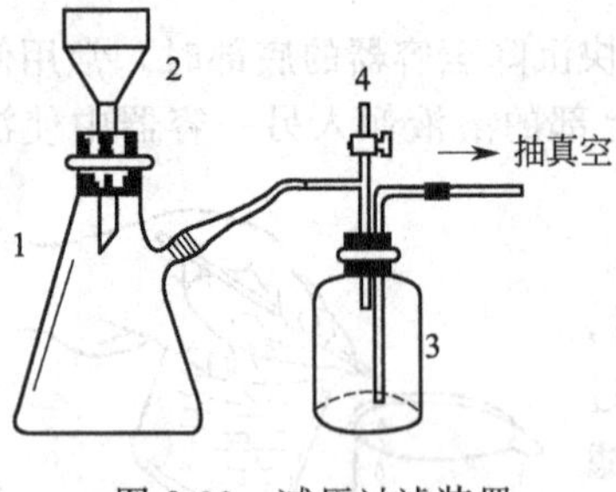

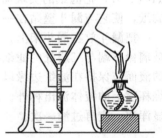

图 2-39　减压过滤装置
1—吸滤瓶；2—布氏漏斗；
3—安全瓶；4—安全阀

减压过滤操作步骤及注意事项如下。

① 按图 2-39 装好仪器后，剪一圆形滤纸平放在布氏漏斗内，滤纸应略小于漏斗的内径又能覆盖全部瓷孔。用少量蒸馏水润湿滤纸后，打开真空泵，抽气，使滤纸紧贴在漏斗内瓷板上。

② 用倾析法先转移溶液，溶液量不得超过漏斗容量的 2/3。待溶液快流尽时再转移沉淀至滤纸的中间部分。

③ 在布氏漏斗内洗涤沉淀时，应停止抽滤（先使体系与大气相通，再关真空泵），用少量洗涤剂将沉淀全部浸润，然后再打开真空泵进行抽滤（此过程可反复进行）。

④ 过滤完后，应先让体系与大气相通（打开安全瓶上的安全阀，或将吸滤瓶支管的橡皮管拔下），再关闭真空泵，以防倒吸。

⑤ 用玻璃棒轻轻揭起滤纸边缘，取出滤纸和沉淀。滤液从吸滤瓶上口倒出。吸滤瓶的支管只用于连接减压装置，不能用于倒出溶液。

（3）热过滤　有些溶质在溶液温度降低时很容易析出结晶。因此必须趁热过滤。热过滤是通过漏斗外部的铜套加热保持温度进行过滤的，如图 2-40 所示。

3. 离心分离法

当被分离的沉淀量很少时，应采用离心分离法。操作时，把盛有混合物的离心管（或小试管）放入离心机的套管内，为保持平衡，在该套管的相对位置上放一同样大小的试管，内装与混合物等体积的水。然后开启离心机由低向高逐渐加速，1～2min 后，关闭开关，让离心机自然停下。注意启动离心机和加速都不能太快，也不能用外力强制停止，否则会损坏离心机，还容易发生危险。

图 2-40　热过滤

由于离心作用，沉淀紧密地聚集于离心管的尖端，上方的溶液是澄清的。可用滴管小心吸出上层清液（操作见图 2-41），也可将上层清液倾出。如果沉淀需要洗涤，可加入少量的洗涤液，用玻璃棒充分搅动，再进行离心分离，如此重复操作即可。

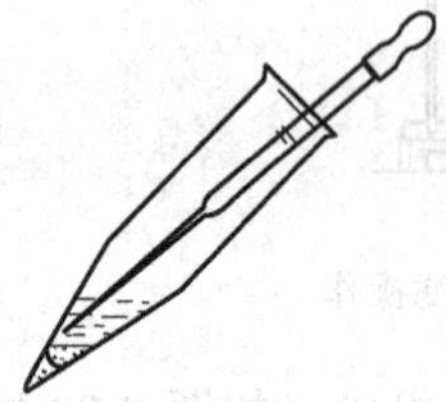

图 2-41　离心液的
转移（吸出法）

（三）间接加热法

如果需要在一定温度范围内进行较长时间加热，可用水浴、蒸气浴或沙浴等间接加热法。

（1）水浴　当被加热的物质要求受热均匀，而温度又不能超过 100℃时，可用水浴或蒸气浴，如图 2-42。水浴锅上放置大小不同的金属圈，用以承载不同规格的器皿。如果加热的容器是锥形瓶或小烧杯等，可直接浸入水中，但不能接触容器底部。若需蒸发浓缩溶液，可将蒸发皿放在水浴锅的金属圈上，用水蒸气加热（称蒸气浴）。蒸发皿底部的受热面积尽可能增大但又不能浸入水中。水浴锅内盛水量不要超过其容量的 2/3，长时间使用时，要随时添加热水，切勿烧干。无机实验中常用大烧杯代替水浴锅（水量为烧杯容量的 1/3）。

（2）沙浴　当被加热的物质要求受热均匀，而温度又需高于 100℃时，可用沙浴。沙浴是铺有均匀细沙的铁盘（热源可以是电炉或酒精灯），被加热容器的下部埋在热沙中，如图 2-43 所示。因为沙的热传导能力较差，故沙浴温度不均匀，若需测量加热温度，需把温度计插入沙中，水银球应紧靠反应容器才能测得真实的加热温度。

图 2-42 水浴加热

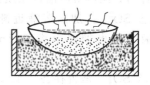
图 2-43 沙浴加热

（四）蒸发（浓缩）

为了使溶质从溶液中析出，常采用加热的方法使水分蒸发，直到溶液浓缩析出晶体。蒸发一般在蒸发皿中进行，因为它的表面积较大，蒸发速度较快。

蒸发皿中所盛液体的量不得超过其容量的 2/3。若液体较多，蒸发皿一次盛不下，可随蒸发浓缩体积减小而逐渐添加。如果物质对热是稳定的，可以直接加热（如图 2-44 所示），否则需用水浴间接加热。当物质的溶解度较大时，必须蒸发到溶液表面出现晶膜时才可停止加热。当物质的溶解度较小或高温溶解度大而室温溶解度小时，不必蒸发至液面出现晶膜就可以冷却。注意蒸发皿不可骤冷，以免炸裂。

（五）结晶（重结晶）

当溶液浓缩到一定程度后冷却，就会析出溶质的晶体。析出晶体颗粒的大小与结晶条件有关。如果溶液的浓度高，溶质的溶解度小，溶液冷却得快，析出的晶粒就细小。反之，可得到较大颗粒的晶体。不断搅动和静置会有不同的结晶效果，前者有利于细晶体的生成，后者有利于大晶体的生成。从纯度来说，由于大晶体生成较慢易裹入母液或杂质，因而纯度不高；而细小的晶体由于生成较快，纯度较高。

图 2-44 蒸发操作

当溶液出现过饱和现象时，可以通过振荡容器、用玻璃棒摩擦器壁、或投入晶种（在干净的表面皿上滴几滴溶液，放在冰上迅速冷却而获得），促使晶体析出。

如果第一次得到的晶体纯度不符合要求，可以将所得晶体溶解于适量的溶剂中，再重新蒸发、结晶、分离，便可得到较纯净的晶体，这种操作称为重结晶。若重结晶后纯度仍不符合要求时，可进行重复重结晶，当然产率会降低一些。

（六）干燥

干燥是用来除去晶体表面少量水分的操作，常用的方法有如下几种。

（1）晾干 把含有少量水分的晶体放在滤纸上铺薄，再用一张滤纸盖好，放置使其自然晾干。

（2）烘干 如果晶体对热是稳定的，可把晶体放在表面皿上，在电烘箱中烘干。也可以把晶体放在蒸发皿内，用水浴或酒精灯加热烘干。

（3）有机溶剂干燥 有些带结晶水的晶体，可以用能与水混溶的低沸点有机溶剂（如酒精、丙酮）洗涤后晾干，有机溶剂容易挥发，所以干燥速度快。

（4）在干燥器内干燥 含有微量水分的晶体，可放在干燥器内（有吸水的干燥剂）进行干燥。

五、实验内容

(一) 粗食盐的提纯

1. 粗盐的溶解：称取 10g 粗盐于 250mL 烧杯中，加 40mL 蒸馏水。加热搅拌，使粗盐溶解。放置后，泥沙等不溶性杂质沉于烧杯底部。

2. 除去 SO_4^{2-}：加热溶液近沸，充分搅拌，并逐滴加入 1mL (约 20 滴) $1mol \cdot L^{-1}$ $BaCl_2$ 溶液，小火加热至微沸 2min，使沉淀颗粒长大并易于沉降。停止加热，溶液静置。

3. 检验 SO_4^{2-} 是否存在：取 2 滴上层清液于试管中，向其中加入 1 滴 $6mol \cdot L^{-1}$ HCl 溶液和 1 滴 $1mol \cdot L^{-1}$ $BaCl_2$ 溶液，如出现浑浊表示溶液中尚存在 SO_4^{2-}，需要再补加 $BaCl_2$ 溶液，直至溶液中检验不出 SO_4^{2-} 为止。稍冷，倾析法将上层清液倒出保留，弃去沉淀。

4. 除 Ca^{2+}、Mg^{2+}、Ba^{2+}、Fe^{3+}：将上面清液加热近沸，边搅拌边滴加饱和的 Na_2CO_3 溶液，用 pH 试纸测试，直至 $pH=8 \sim 9$ 为止，再过量 5 滴饱和 Na_2CO_3 后静置。

5. 检查 Ba^{2+} 是否除尽：取上层清液 2 滴，加 1 滴 $3mol \cdot L^{-1}$ H_2SO_4 溶液，如出现浑浊，表示 Ba^{2+} 未除尽。继续滴加饱和 Na_2CO_3 溶液，直至检验不出 Ba^{2+} 的存在为止。过滤，弃去沉淀保留滤液。

6. 用盐酸溶液调节酸度，除去多余的 CO_3^{2-}：往溶液中逐滴加入 $6mol \cdot L^{-1}$ HCl 溶液，加热搅拌，中和至 $pH=3 \sim 4$ 为止。为什么？

7. 结晶，除去 KCl：将溶液转移至蒸发皿中，蒸发至出现晶膜后，小火加热，不断搅拌，防止迸溅。浓缩到粥状 (勿蒸干)，冷却、减压过滤。将得到的 NaCl 晶体放在蒸发皿中，微火加热炒干。冷却后称量，计算产率。

(二) 产品纯度的检验 (与粗盐对比)

取少量粗盐和提纯后的 NaCl，分别溶于少量蒸馏水中，检验比较它们的纯度。

1. SO_4^{2-} 的检验：往盛有粗盐溶液和纯 NaCl 溶液的两支试管中，分别滴加 $0.2mol \cdot L^{-1}$ $BaCl_2$ 溶液，观察现象并说明。

2. Ca^{2+} 的检验：往两种试液的试管中，分别加入几滴饱和的 $Na_2C_2O_4$ 溶液，充分搅拌后，观察现象并加以说明。

3. Mg^{2+} 的检验：往两种试液中，分别滴入 $6mol \cdot L^{-1}$ NaOH 溶液，使呈碱性，再滴入几滴镁试剂溶液，溶液呈蓝色时，表示 Mg^{2+} 存在。试比较粗盐和提纯的 NaCl 中 Mg^{2+} 含量有何不同？

六、实验作业和思考题

1. 在除去 Ca^{2+}、Mg^{2+}、SO_4^{2-} 等时，为什么要先加入 $BaCl_2$ 溶液，然后再加入 Na_2CO_3 溶液？

2. 检查 SO_4^{2-} 是否存在时，要在试液中先加 HCl 溶液，然后加 $BaCl_2$，只加 $BaCl_2$ 为什么不行？

3. 用 Na_2CO_3 除去阳离子杂质后，为什么只检查 Ba^{2+} 除尽了没有？

4. 如果 NaCl 的回收率过高，可能的原因是什么？

七、附注

镁试剂是对硝基偶氮间苯二酚，它在碱性环境中是红色或红紫色溶液，当它被 $Mg(OH)_2$ 沉淀吸附后，便呈天蓝色，是检验 Mg^{2+} 的灵敏试剂。

实验 2-6　由胆矾精制五水硫酸铜

一、实验目的

学习重结晶提纯物质的原理和操作方法；熟练和巩固常压过滤、减压过滤、蒸发浓缩等基本操作；掌握水解反应及抑制水解进行的条件。

二、实验用品

仪器：电子天平，研钵，漏斗及漏斗架，抽滤装置一套，蒸发皿。

固体药品：工业硫酸铜（胆矾）。

液体药品：NaOH（2mol·L^{-1}），H$_2$O$_2$（3％，新配制），H$_2$SO$_4$（3mol·L^{-1}），乙醇（95％），氨水（2mol·L^{-1}、6mol·L^{-1}），KSCN（1mol·L^{-1}），HCl（2mol·L^{-1}）。

材料：pH 试纸，滤纸。

三、实验原理

本实验是以工业硫酸铜（俗名胆矾）为原料，精制五水硫酸铜。工业硫酸铜常含有一些不溶性杂质和可溶性杂质（主要为硫酸亚铁和硫酸铁），以及少量的其他可溶盐。首先将试样溶解，过滤除去胆矾中的不溶性杂质，用 H$_2$O$_2$ 将溶液中的 Fe^{2+} 氧化为 Fe^{3+}，并使其在 pH≈4.0 时全部水解为 Fe(OH)$_3$ 沉淀而被除去，反应方程式为

$$2Fe^{2+} + H_2O_2 + 2H^+ = 2Fe^{3+} + 2H_2O$$
$$Fe^{3+} + 3H_2O = Fe(OH)_3 \downarrow + 3H^+$$

溶液中的其他可溶性杂质通过重结晶法留在母液中，从而得到纯净的五水硫酸铜晶体。

四、实验步骤

1. 初步提纯

（1）称取 8.0g 粗硫酸铜于 250mL 烧杯中，加入 30mL 蒸馏水，加热、搅拌，使其充分溶解后，静置，用倾析法分离，保留溶液，弃去不溶物。

（2）用 2mol·L^{-1}NaOH 将溶液调至 pH＝4.0，在不断搅拌下慢慢滴加 2mL 3％H$_2$O$_2$ 溶液（应视 Fe^{2+} 含量高低调节 H$_2$O$_2$ 用量）。检验溶液的酸度，若酸度升高则需再次调整 pH＝4。小火加热溶液至沸腾，3min 后趁热过滤。

（3）将滤液转入蒸发皿内，加入 2～3 滴 3mol·L^{-1} H$_2$SO$_4$，使溶液酸化至 pH≈1.5，轻轻搅拌下加热，蒸发浓缩到溶液表面出现一层薄膜时，停止加热，观察晶体析出，冷至室温后抽滤，抽干后放入干净的烧杯内，称重。

2. 重结晶

（1）将上述产品放入烧杯中，按每克产品加 1.2mL 蒸馏水的比例加入蒸馏水，加热搅拌，使产品全部溶解，趁热过滤。

（2）将滤液冷至室温，析出晶体后再次抽滤。

（3）用少量乙醇洗涤晶体 1～2 次，取出晶体，晾干或用滤纸吸干，称重，计算产率。产品放入试剂瓶中待用。

3. CuSO$_4$·5H$_2$O 纯度检验

（1）称 0.5g 研细的粗硫酸铜放入小烧杯中，用 5mL 水溶解，加入 10 滴 3mol·L^{-1} H$_2$SO$_4$ 酸化，然后加入 1mL 3％H$_2$O$_2$，煮沸片刻，使其中 Fe^{2+} 被氧化成 Fe^{3+}。待溶液冷却后，在搅拌下滴加 6mol·L^{-1} 氨水，直至最初生成的蓝色沉淀完全溶解，溶液呈深蓝色。此时 Fe^{3+} 成为 Fe(OH)$_3$ 沉淀，而 Cu^{2+} 则成为 [Cu(NH$_3$)$_4$]$^{2+}$ 配离子。将此深蓝色溶液分多次加到漏斗内过滤，然后用滴管以 2mol·L^{-1} 氨水洗涤沉淀，直到蓝色洗去为止，此时 Fe(OH)$_3$ 黄色沉淀留在滤纸上，以少量纯水冲洗。拿开铜氨溶液的烧杯，改用洁净的试管接收滤液，用滴管将 1.5mL 热的 2mol·L^{-1} HCl 滴在滤纸上，溶解 Fe(OH)$_3$

沉淀，然后向滤液中加 2 滴 $1mol \cdot L^{-1}$ KSCN 溶液，观察血红色配合物的产生。保留溶液供下面比较用。

（2）用新提纯的 $CuSO_4 \cdot 5H_2O$ 晶体，重复上述操作，比较两种溶液颜色的深浅，评价工业粗硫酸铜的提纯效果，确定产品的纯度。

五、注意事项

1. 注意实验过程中各步骤溶液 pH 的调节。

2. 在 $CuSO_4 \cdot 5H_2O$ 纯度检验中，尽量用小规格的滤纸，过滤时可用自制的滴管将溶液滴在漏斗底部，避免滤纸过多吸附蓝色 $[Cu(NH_3)_4]^{2+}$ 难于洗净，并使 $Fe(OH)_3$ 集中，有利于用少量盐酸完全溶解。若残留 $[Cu(NH_3)_4]^{2+}$，被盐酸将其与 $Fe(OH)_3$ 一起洗至试管中，生成的 Cu^{2+} 遇到 SCN^- 时生成黑色 $Cu(SCN)_2$ 沉淀而影响检验结果。

六、思考题

1. 提纯过程中为什么首先要把 Fe^{2+} 转化为 Fe^{3+}？在除去 Fe^{3+} 时，pH 为什么要控制在 4.0 左右？加热溶液的目的是什么？

2. 如果用烧杯代替水浴锅进行水浴加热时，怎样选用合适的烧杯？

3. 蒸发溶液时，为什么加热不能过猛？为什么不可将滤液蒸干？

第二节　基本原理实验

实验 2-7　水合硫酸铜中结晶水的测定

Ⅰ　热　重　法

一、实验目的

了解结晶水合物中结晶水含量的测定原理和方法；掌握干燥器等仪器的使用；学习沙浴加热、恒重等基本操作。

二、实验用品

仪器：坩埚，坩埚钳，泥三角，干燥器，铁架台，铁圈，温度计（300℃），沙浴盘，酒精喷灯，分析天平。

固体试剂：$CuSO_4 \cdot 5H_2O$。

三、实验原理

当五水合硫酸铜晶体受热时，随温度升高按下列反应逐步脱水：

$$CuSO_4 \cdot 5H_2O \xrightarrow{48℃} CuSO_4 \cdot 3H_2O + 2H_2O$$

$$CuSO_4 \cdot 3H_2O \xrightarrow{99℃} CuSO_4 \cdot H_2O + 2H_2O$$

$$CuSO_4 \cdot H_2O \xrightarrow{218℃} CuSO_4 + H_2O$$

温度超过 650℃时，$CuSO_4$ 开始分解：

$$CuSO_4 \xrightarrow{650℃} CuO + SO_3$$

利用 $CuSO_4 \cdot 5H_2O$ 的上述性质，控制加热温度在 260～280℃，脱去全部结晶水，根据脱水前后样品质量的变化，从而计算出结晶水的含量。

四、基本操作

干燥器的使用　干燥器是一种具有磨口盖子的厚质玻璃器皿，磨口上涂有一层凡士林，使其能很好地密合。底部放适当的干燥剂，上面有洁净的带孔瓷板，用于放置坩埚和称量瓶等，见图 2-45。使用干燥器前应用干的洁净抹布擦净内壁和瓷板，一般不用水洗，以免不能很快干燥。按图 2-46 的方法放入干燥剂。干燥剂应装至干燥器下室一半为宜，太多容易污染坩埚。开启干燥器时，应用左手按住下部，右手握住盖的圆顶，向前小心推开器盖，见图 2-47。取下盖时，应倒置在安全处。放入物体后，应及时加盖。加盖时，要拿住盖上圆顶，平推盖严。当放入温热的坩埚时，应将盖留一缝隙，稍等几分钟再盖严。也可前后推动器盖稍稍打开 2~3 次。搬动干燥器时，应用两手的拇指按住盖子，以防盖子滑落。

图 2-45　干燥器　　　　　　　图 2-46　装干燥剂　　　　　　图 2-47　启盖方法

五、实验内容

1. 恒重坩埚

将一洁净的坩埚置于泥三角上，小火烘干后，用氧化焰灼烧至红热，稍冷后（但要高于室温），用坩埚钳将其移入干燥器中，冷却至室温（注意：热坩埚放入干燥器后，一定要在短时间内将干燥器盖子打开 1~2 次，以免内部压力降低，难以打开盖子）后取出，用分析天平称量。然后重复以上操作，直至恒重。

2. $CuSO_4 \cdot 5H_2O$ 脱水

（1）将 2.0~2.5g 研细的 $CuSO_4 \cdot 5H_2O$ 晶体粉末，均匀铺在已恒重的坩埚底部，再用分析天平准确称量，记录称量结果。

（2）将已称量的装有 $CuSO_4 \cdot 5H_2O$ 晶体粉末的坩埚置于沙浴盘中，使其 3/4 体积埋入沙内。在靠近坩埚的沙浴中插入一支量程为 300℃ 的温度计，其末端应与坩埚底部大致处于同一水平。

（3）先加热沙浴至约 210 ℃，再慢慢升温至 280℃ 左右，控制沙浴温度在 260~280℃ 之间，当粉末由蓝色全部变为白色时停止加热，将坩埚移入干燥器内，冷却至室温后，用软纸将坩埚外壁的沙尘揩干净，在分析天平上称量坩埚和脱水硫酸铜的总质量，记录数据。

（4）重复以上操作，直到恒重（本实验要求两次称量之差≤0.001g）。实验后将无水硫酸铜倒入回收瓶中。

3. 数据记录与处理

恒重后坩埚质量/g	恒重后(坩埚＋五水合硫酸铜)质量/g	恒重后(坩埚＋硫酸铜)质量/g

$CuSO_4 \cdot 5H_2O$ 的质量 $m_1 = $ _____ g；

$CuSO_4 \cdot 5H_2O$ 的物质的量 $n_1 = m_1/249.7g \cdot mol^{-1} = $ _____ mol；

$CuSO_4$ 的质量 $m_2 = $ _____ g；

$CuSO_4$ 的物质的量 $n_2 = m_2/159.6g \cdot mol^{-1} = $ _____ mol；

结晶水的质量 $m_3 = m_1 - m_2 = $ _____ g－ _____ g＝ _____ g；

结晶水的物质的量 $n_3 = m_3/18.0g \cdot mol^{-1} = $ _____ mol；

$n(CuSO_4) : n(H_2O) = $ _____ : _____；

水合硫酸铜的化学式 _____ 。

六、思考题

1. 在五水合硫酸铜结晶水的测定中，为什么沙浴加热并控制温度在 280℃ 左右？
2. 加热后的坩埚能否未冷却至室温就去称量？
3. 为什么要进行重复的灼烧操作？

Ⅱ 碘 量 法

一、实验目的

掌握碘量法测定水合硫酸铜结晶水含量的原理；进一步熟练和巩固滴定操作；练习并掌握分析天平的使用和精确称量操作。

二、实验用品

仪器：分析天平（精度 0.0001g），碱式滴定管（50.00mL），锥形瓶（250mL）。

固体药品：水合硫酸铜。

液体药品：1mol·L^{-1} H_2SO_4 溶液，10% KI 溶液，0.1mol·L^{-1} 标准 $Na_2S_2O_3$ 溶液，0.5% 淀粉溶液，10% KSCN 溶液。

三、实验原理

溶液中 $CuSO_4$ 与 KI 反应：$2CuSO_4 + 4KI =\!=\!= 2CuI\downarrow + 2K_2SO_4 + I_2$

I_2 与 $Na_2S_2O_3$ 反应：$\quad 2Na_2S_2O_3 + I_2 =\!=\!= 2NaI + Na_2S_4O_6$

因所取水合硫酸铜物质的量与滴定消耗的 $Na_2S_2O_3$ 的物质的量相同，所以根据滴定时所消耗的标准 $Na_2S_2O_3$ 溶液的体积和浓度，以及水合硫酸铜的质量就可求算其摩尔质量，进而求出结晶水的含量。

假定水合硫酸铜的化学组成为 $CuSO_4·xH_2O$，质量为 m g，滴定所用标准 $Na_2S_2O_3$ 溶液的浓度为 c（mol·L^{-1}），消耗体积为 V（mL），则水合硫酸铜的物质的量 n 为：

$$n = n(Na_2S_2O_3) = \frac{cV}{1000} \text{ mol}$$

水合硫酸铜的摩尔质量 M 为：$\qquad M = \dfrac{m}{n} = \dfrac{1000m}{cV} = 159.60 + 18.015x$

而 $\qquad M = M(CuSO_4) + x·M(H_2O) = 159.60 + 18.015x$

则 $\qquad x = \dfrac{\dfrac{1000m}{cV} - 159.60}{18.015}$

四、实验步骤

准确称取水合硫酸铜晶体 0.4～0.6g 于 250mL 锥形瓶中，加入 5mL 1mol·L^{-1} H_2SO_4 和 60mL 蒸馏水使之完全溶解，加入约 10mL 10% KI 溶液，立即用标准 $Na_2S_2O_3$ 溶液滴定至浅黄色，然后再加入 5mL 淀粉溶液，摇匀后继续滴定至呈浅蓝色，加入 10mL 10% KSCN 溶液，振荡数秒后再用标准 $Na_2S_2O_3$ 溶液滴定至蓝色恰好消失即为终点，此时溶液为浅灰色或白色悬浊液。平行滴定 2 份。

五、数据记录与处理

序号	m	c	V	M	x	$\bar{x}$
1						
2						

注意：由于碘有挥发性，且碘离子有还原性，所以滴定过程应尽可能快速进行。由于 CuI 对 I_2 有一定的吸附作用，加入 KSCN 的目的是转化为溶解度更小的 CuSCN，减小对 I_2 的吸附。因 KSCN 具有还原性，所以不能过早加入。

六、思考题

1. 哪些因素影响硫酸铜结晶水的含量？
2. 实验中为什么要加入过量的 KI 溶液？

实验 2-8 镁相对原子质量的测定

一、实验目的

了解置换法测定镁的相对原子质量的原理和方法，掌握理想气体状态方程式和气体分压定律。学会正确使用量气管和检验仪器装置气密性的方法。学习气压计的使用。

二、实验用品

仪器：天平，量气管（可用 50mL 碱式滴定管代替），气压计，长颈玻璃漏斗，试管（15mm×150mm），铁架台，蝶形夹。

固体药品：镁条。

液体药品：H_2SO_4（3mol·L^{-1}）。

材料：砂纸，带有玻璃管的小胶塞，胶管。

三、实验原理

金属镁能从稀硫酸中置换出 H_2：$Mg + H_2SO_4(稀) = MgSO_4 + H_2\uparrow$

将已知质量的镁条与过量稀硫酸作用，在一定温度和压力下，可置换出一定体积的氢气（含水蒸气）。测得氢气的体积，根据理想气体状态方程式（近似看成理想气体）就可以计算出氢气的物质的量：$n_1 = \dfrac{p_{H_2}V}{RT}$

从化学反应方程式可知产生氢气的物质的量等于与酸作用的镁的物质的量，镁的物质的量是：$n_2 = \dfrac{m}{M}$，由于 $n_1 = n_2$，可计算镁的相对原子质量：

$$M = \frac{mRT}{p_{H_2}V}$$

式中，M 为 Mg 的摩尔质量；m 为镁条的质量；p_{H_2} 为氢气的分压（环境压力减去该温度下水的饱和蒸气压）；V 为氢气和水蒸气的混合体积；T 为实验室热力学温度。

四、实验内容

1. **准备镁条**

截取长度约 3cm 的两段镁条，用细砂纸擦去镁条表面的氧化膜，直到表面全部露出金属光泽。在分析天平上准确称其质量（要求每份质量均在 0.0300～0.0350g 之间）。

2. **安装仪器**

（1）按图 2-48 装配好仪器并排出气泡。松开试管的塞子，由长颈漏斗往量气管内注水至略低于量气管"0.00"刻度的位置；将漏斗移近量气管的"0.00"刻度处，漏斗中水的液面应在漏斗颈中，不要太高以预留出气体逸出后所需空间。上下移动漏斗使量气管和胶管内的气泡逸出。

（2）检查装置气密性。将试管的塞子塞紧，固定漏斗，使漏斗与量气管之间存在一定液面差，保持 2～3min，如果量气管中水面只在开始时稍有移动，以后即保持不变，表明装置不漏气；如果液面持续变化直至两液面水平，说明装置漏气，需要检查各接口是否

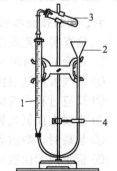

图 2-48 实验仪器装置
1—量气管；2—长颈漏斗；
3—试管；4—铁环

严密，重新安装，直到不漏气为止。

3. 装入镁条和稀硫酸

取下试管，使量气管内液面保持在刻度"0.00～5.00mL"范围内，用一长颈漏斗伸入试管底部，将 4mL 浓度为 $3mol \cdot L^{-1}$ 的稀硫酸注入试管（注意勿使酸沾在试管内壁的上部），把镁条用水稍微湿润后贴在试管内壁并确保镁条不与酸接触。将试管倾斜固定在铁架台上，塞紧胶塞，再次检查装置气密性。把漏斗移近量气管，使两边液面处于同一水平面，记下量气管中的液面刻度。

4. 开始反应

把试管底部略抬高（或小心转动试管），让镁条与酸接触直至落入酸中，这时反应产生的 H_2 进入量气管中，把管中的水压入漏斗内，为防止管内压力过大造成漏气，在管内液面下降的同时向下移动漏斗，使其液面与管内液面基本保持在同一水平面。

镁条反应完后，待试管冷至室温（约 10min），将漏斗移近量气管，使两者液面处于同一水平面，记下量气管的刻度。稍等 2～3min，记录液面读数。多次读数，直至两次读数相等，说明管内温度与室温相同。

5. 记录数据

记录好量气管初始和反应完毕后的两次数据，读取实验室气压计的温度、压力数据。

6. 用第二根镁条重复以上实验。

五、数据记录和结果处理

实验序号 项　目	1	2
镁条质量 m/g		
反应前量气管内液面位置/mL		
反应后量气管内液面位置/mL		
得到的气体总体积 V/mL		
室温 $t/℃$		
大气压力 p/Pa		
该温度下的水的饱和蒸气压 p_{H_2O}/Pa		
氢气的分压 p_{H_2}/Pa		
镁的相对原子质量 A_r		
镁的相对原子质量（平均值）$\overline{A_r}$		
相对误差/%		

六、实验作业和思考题

1. 检查实验装置是否漏气的原理是什么？你知道哪些检查仪器气密性的方法？

2. 讨论下列情况对实验结果有何影响？

① 量气管内气泡没有赶净；

② 反应过程中实验装置漏气；

③ 金属表面氧化物未除净；

④ 装酸时，酸沾到了试管内壁上部，使镁条提前接触到了酸；

⑤ 记录液面读数时，量气管和漏斗的液面不在同一水平面；

⑥ 反应过程中，从量气管压入漏斗的水过多，造成水从漏斗中溢出；

⑦ 量气管中，气体温度没有冷却到室温就读取量气管刻度。

3. 提高本实验准确程度的关键何在？

七、附注

1. 在反应过程中试管塞上的玻璃管与量气管之间的连接胶管可能折叠或扭转，妨碍气体顺利到达量气管内，导致试管内压力增大，塞子崩开，实验失败。

2. 大气压力

包围在地球表面的大气层，以其本身的重量对地球表面产生一定的压力，称为大气压力。在纬度 $45°$ 的海平面，当温度为 $0℃$ 时，气压为 $101.325kPa$，称为一个大气压或一个标准大气压。气压的国际法定计量单位是帕（斯卡），符号用 Pa 表示。

标准大气压 $1atm = 101325Pa = 101.325kPa$

不同海拔高度的地区，大气的压力显著不同。海拔高度越高，大气的压力越低。

环境大气压力可由实验室装备的气压计读出。实验室用气压计型号不同，传统的有定槽水银气压计，即福廷式气压计，现多用数字气压计，如 DYM-3A 型、DP-A（YWS）型等。在老师的指导下正确读取环境大气压力。

实验 2-9　二氧化碳相对分子质量的测定

一、实验目的

了解利用气体相对密度法测定二氧化碳相对分子质量的原理和方法；学会使用启普发生器，掌握制备、净化和收集二氧化碳气体的操作；进一步熟悉分析天平和气压计的使用。

二、实验用品

仪器：电子天平，启普发生器，台秤，洗气瓶，锥形瓶（250mL）。

固体药品：大理石（颗粒）。

液体药品：HCl（$6mol·L^{-1}$），H_2SO_4（浓），$NaHCO_3$（饱和）。

材料：玻璃棉，玻璃导管，橡胶塞，胶管，橡皮筋。

三、实验原理

根据阿伏加德罗定律，同温、同压、同体积的气体物质的量相同。所以在同温同压下，只要测定相同体积的两种气体的质量，若其中一种气体的相对分子质量为已知，即可求另一种气体的相对分子质量。本实验是把同体积的二氧化碳与空气（平均相对分子质量为 29.0）的质量相比，二氧化碳的相对分子质量可根据下式计算：

$$M_{CO_2} = \frac{m_{CO_2}}{m_{空气}} \times 29.0$$

式中，m_{CO_2} 和 $m_{空气}$ 分别为测得的二氧化碳和空气的质量。

四、实验内容

1. 按图 2-49 装好气体的发生、净化和收集装置。打开启普发生器的旋塞，使反应开始，持续 5min 以赶出仪器中的空气。然后关闭旋塞备用。注意：两个洗气瓶中的溶液以浸过导气管口 1～1.5cm 为宜，否则压力太大会使启普发生器停止反应。

2. 取一个洁净、干燥的 250mL 锥形瓶，选合适的塞子塞紧，用圆珠笔在锥形瓶口与塞子接触部位画一条线，以标记塞子的位置，每次操作都塞到这一位置。注意：在此后的操作中不要用手直接触摸锥形瓶，应垫上洁净的纸片再拿锥形瓶。

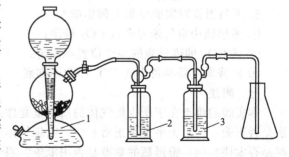

图 2-49　CO_2 气体的发生、净化和收集装置
1—启普发生器；2—饱和 $NaHCO_3$；3—浓硫酸

3. 在电子天平上准确称量"锥形瓶＋塞子＋空气"的质量之和 m_1，称准到第四位小数。

4. 将锥形瓶的塞子放在一干净的纸片上。把导气管插入锥形瓶底部，打开启普发生器的旋塞，收集 CO_2 气体 1~2min（注意：CO_2 的流速不宜过小，若气流不足，通气时间过长，反而不易装满二氧化碳。产生 CO_2 的速度与使用的 $CaCO_3$ 有关，可通过洗气瓶的鼓泡情况观察 CO_2 的生成速度）。然后缓慢取出导气管，用原塞子塞紧瓶口（注意：应与原来塞入瓶口的位置相同）。在电子天平上准确称量"锥形瓶＋塞子＋CO_2"的质量 m_2。

5. 重复 4 的操作，直至两次称重相差不超过 1mg。

6. 向锥形瓶中注满水，然后将瓶塞塞至记号位置（必要时将一细金属丝放入瓶口，按压橡胶塞放出多余的水后再抽出金属丝。切勿直接用力按压，以防将锥形瓶压碎），用吸水纸擦干瓶外各处的水，在台秤上称其质量 m_3。将实验结果记录在表 2-4 中。

五、数据记录与结果处理

表 2-4　实验数据记录与处理

项　目	数　据
室温 $t/℃$	
大气压力 p/Pa	
（锥形瓶＋塞子＋空气）的质量 m_1/g	
（锥形瓶＋塞子＋CO_2）的质量 m_2/g	
（锥形瓶＋塞子＋水）的质量 m_3/g	
锥形瓶的容积 $V=\dfrac{m_3-m_1}{1.00}/mL$	
（锥形瓶＋塞子）的质量 m_4/g	
锥形瓶内空气的质量 $m_{空气}/g$	
CO_2 气体的质量 m_{CO_2}/g	
CO_2 的相对分子质量 M_{CO_2}	
相对误差/%	

六、思考题

1. 用启普发生器制取 CO_2 时，为什么产生的气体要通过 $NaHCO_3$ 溶液和浓 H_2SO_4，顺序能否颠倒？

2. 为什么充满 CO_2 的锥形瓶和塞子的质量用分析天平称量，而充满水的锥形瓶和塞子的质量可以在台秤上称量？

3. 下列因素对实验结果有何影响？
① 锥形瓶中空气未完全被 CO_2 赶净；
② 盛 CO_2 的锥形瓶的塞子位置不固定；
③ 启普发生器制备出的 CO_2 净化不彻底。

七、附注

本实验的难点在于所收集气体的质量重复性差，如果几次相差太大，就应停下来检查方法是否正确：（1）天平是否正常？（2）收集气体时气体发生的速度是否太慢？（3）导管取出时是否太快？（4）锥形瓶的拿取是否用纸条？塞子是否放在洁净的地方？（5）上一次收集完气体后导管放在哪儿了，是否洁净？检查以上注意点后，两次实验就能得到重复性较好的数据。

实验 2-10　凝固点降低法测摩尔质量

一、实验目的

掌握凝固点降低法测定溶质摩尔质量的原理和方法，加深对稀溶液依数性的认识；巩固移液管和分析天平的使用，学习精密温度计的使用。

二、实验用品

仪器：分析天平，精密温度计（量程为 $0\sim50℃$，分度值为 $0.1℃$），搅拌棒，移液管（25mL），大试管，大烧杯。

固体药品：萘。

液体药品：苯。

材料：冰，试管塞。

三、实验原理

难挥发非电解质稀溶液的凝固点下降值与溶液的质量摩尔浓度（b）成正比：

$$\Delta T_f = T_f^* - T_f = K_f b \tag{2-1}$$

式中，ΔT_f 为凝固点降低值；T_f^* 为纯溶剂的凝固点；T_f 为溶液的凝固点；K_f 为溶剂的摩尔凝固点降低常数（单位为 $K\cdot kg\cdot mol^{-1}$）。式(2-1) 可表示为

$$\Delta T_f = K_f \frac{m_2}{M m_1} \times 1000 \tag{2-2}$$

式中，m_1 和 m_2 分别为溶液中溶剂和溶质的质量（单位为 g）；M 为溶质的摩尔质量。将式(2-2) 整理可得：

$$M = K_f \frac{1000 m_2}{\Delta T_f m_1} \tag{2-3}$$

通过实验测得溶剂和溶液的凝固点，求得 ΔT_f，即可根据式(2-3) 计算溶质的摩尔质量 M。

凝固点的测定可采用过冷法。将纯溶剂逐渐降低至过冷，促其结晶。当晶体生成时，放出凝固热，使体系温度保持相对恒定，直至全部凝成固体后温度才会再下降。相对恒定的温度即为该纯溶剂的凝固点（见图 2-50）。

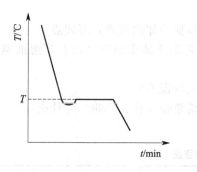

图 2-50　纯溶剂的冷却曲线

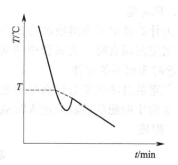

图 2-51　溶液的冷却曲线

图 2-51 是溶液的冷却曲线，它与纯溶剂的冷却曲线有所不同。当溶液达到凝固点时，随着溶剂成为晶体从溶液中析出，溶液的浓度不断增大，其凝固点会不断下降，所以曲线的水平段向下倾斜。可将斜线反向延长使与过冷前的冷却曲线相交，交点的温度即为此溶液的凝固点。

为了保证凝固点测定的准确性，每次测定要尽可能控制在相同的过冷程度。

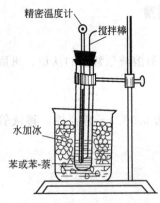

图 2-52　测定凝固点的装置

精密温度计
搅拌棒
水加冰
苯或苯-萘

四、实验内容

1. 纯苯凝固点的测定

实验装置如图 2-52。用干燥移液管吸取 25.00mL 苯置于干燥的大试管中，插入温度计和搅拌棒，调节温度计高度，使水银球距离试管底 1cm 左右，记下苯液的温度。然后将试管插入装有冰水混合物的大烧杯中（试管液面必须低于冰水混合物的液面）。开始记录时间并上下移动试管中的搅拌棒，每隔 30s 记录一次温度。当冷至比苯的凝固点（5.4℃）高出 1～2℃时，停止搅拌，待苯液过冷到凝固点以下约 0.5℃再继续搅拌。当开始有晶体出现时，由于有热量放出，苯液温度将略有上升，然后一段时间内保持恒定，一直记录至温度明显下降。

2. 萘-苯溶液凝固点的测定

在分析天平上称取纯萘 1～1.5g（精确至 0.01g），倒入装有 25.00mL 苯的大试管中，插入温度计和搅拌棒，用手温热试管并充分搅拌，使萘完全溶解。按上述实验方法和要求，测定萘-苯溶液的凝固点。回升后的温度并不像纯苯那样保持恒定，而是缓慢下降，一直记录到温度明显下降。

五、数据记录及结果处理

1. 求纯苯和萘-苯溶液的凝固点

（1）纯苯

时间/min	0.5	1	1.5	2	2.5	…
温度/℃						

（2）萘-苯溶液

时间/min	0.5	1	1.5	2	2.5	…
温度/℃						

2. 萘摩尔质量的计算

由式(2-3)计算萘的摩尔质量 M。

六、思考题

1. 为什么纯溶剂和溶液的冷却曲线不同？如何根据冷却曲线测定凝固点？

2. 测定凝固点时，大试管中的液面必须低于还是高于冰水浴的液面？当溶液温度在凝固点附近时为何不能搅拌？

3. 严重的过冷现象为什么会给实验结果带来较大的误差？

4. 实验中所配的溶液浓度太浓或太稀会给实验结果带来什么影响？为什么？

七、附注

苯在不同温度时的密度

温度/℃	密度/g·mL⁻¹	温度/℃	密度/g·mL⁻¹	温度/℃	密度/g·mL⁻¹
10	0.887	17	0.881	24	0.876
11	0.887	18	0.880	25	0.875
12	0.886	19	0.879	26	0.874
13	0.885	20	0.879	27	0.874
14	0.884	21	0.879	28	0.873
15	0.883	22	0.878	29	0.872
16	0.882	23	0.877	30	0.871

实验 2-11 过氧化氢分解热的测定

一、实验目的

了解测定反应热效应的一般原理和实验方法，测定过氧化氢稀溶液的分解热；学习精密温度计、秒表的使用，练习用作图法进行数据处理。

二、实验用品

仪器：温度计两支（量程为 0～50℃、分度值为 0.1℃ 的精密温度计和量程为 100℃ 的普通温度计），保温杯，量筒，烧杯，秒表。

固体药品：二氧化锰。

液体药品：H_2O_2（0.3%）。

材料：泡沫塑料塞，吸水纸。

三、实验原理

过氧化氢浓溶液在温度高于 150℃ 或混入 Fe^{2+}、Cr^{3+} 等金属离子时，由于这些离子的催化作用，会发生爆炸性分解：

$$H_2O_2(l) \Longrightarrow H_2O(l) + \frac{1}{2}O_2(g)$$

但在常温且无催化性杂质存在的情况下，过氧化氢相当稳定。对于过氧化氢稀溶液来说，升高温度或加入催化剂，都不会引起爆炸性分解，其分解反应速率适中且进行得较彻底。可设计以下实验来测定过氧化氢的分解热。

本实验以二氧化锰为催化剂，用保温杯式简易量热计测定过氧化氢稀溶液的催化分解反应热效应。

保温杯式简易量热计如图 2-53 所示，包括普通保温杯，自制泡沫塑料塞，中心插一分度值为 0.1℃，量程为 0～50℃ 的精密温度计。

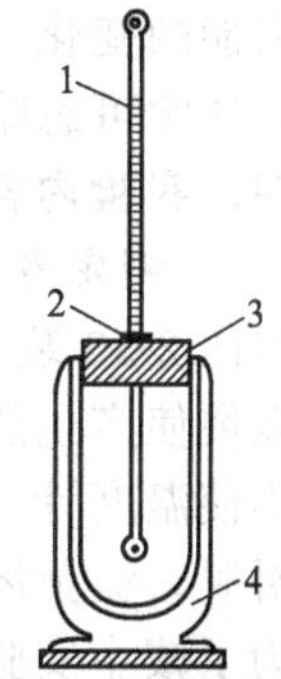

在一般的测定实验中，溶液的浓度很稀，因此溶液的比热容（符号 c_{aq}，为 1g 物质升温 1℃ 所需热量）近似等于溶剂的比热容（c_{solv}），并且溶液的质量 m_{aq} 近似地等于溶剂的质量 m_{solv}。整个量热系统的热容 C（系统升温 1℃ 所需热量）表示为：

$$C = c_{aq}m_{aq} + C_p \approx c_{solv}m_{solv} + C_p$$

式中，C_p 为量热计（包括保温杯、温度计等部件）的热容。

化学反应放出的热量使量热计和反应液的温度都升高。要测定整个量热系统的热容 C，就得分别测定量热计和溶液的热容。本实验采用的稀过氧化氢水溶液，可认为与水的比热容近似相等，所以量热系统的热容 C 近似为溶剂的热容与量热计的热容之和，表示为：

$$C \approx c_{H_2O}m_{H_2O} + C_p$$

式中，c_{H_2O} 为水的比热容，为 4.184 $J \cdot g^{-1} \cdot K^{-1}$；$m_{H_2O}$ 是水的质量，在室温附近水的密度约等于 1.00 $g \cdot mL^{-1}$，因此 $m_{H_2O} \approx V_{H_2O}$（水的体积）。而量热计的热容 C_p 可用下述方法测得：

往盛有质量为 m 的水（温度为 T_1）的量热计装置中，迅速加入相同质量的热水（温度为 T_2），测得混合后的水温为 T_3，则

$$热水失热 = c_{H_2O}m_{H_2O}(T_2 - T_3)$$

$$冷水得热 = c_{H_2O}m_{H_2O}(T_3 - T_1)$$

$$量热计得热 = (T_3 - T_1)C_p$$

根据热量平衡原理，热水失热减去冷水得热等于量热计得热

图 2-53 保温杯式简易量热装置
1—温度计；2—橡皮圈；
3—泡沫塑料塞；
4—保温杯

则
$$C_p = \frac{c_{H_2O} m_{H_2O}(T_2 + T_1 - 2T_3)}{T_3 - T_1}$$

严格地说，简易量热计并非绝热体系。因此，在测量温度变化时会遇到一些问题，如当冷水温度上升时，体系和环境已发生了热量交换，使得实验很难观测到最高温度点。通过数据处理，用作图外推法可消除这一误差。根据实验所测数据，以温度对时间作图，在所得各点间作一最佳直线 AB，延长 BA 与纵轴相交于 C，C 点所表示的温度就是体系上升的最高温度（见图 2-54）。如果量热计的隔热性能好，在温度升到最高点时，数分钟内温度并不下降，则不用作图外推法处理，直接读出最高温度即可。

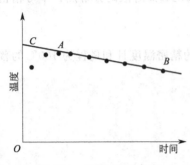

图 2-54　温度-时间曲线

实验数据处理时的作图方法如下：

① 选取坐标轴　选择适当比例的坐标纸，画两条相互垂直的直线，分别为横坐标和纵坐标，以自变量为横坐标，应变量为纵坐标。坐标轴需标明所代表的变量和单位。

② 标注坐标点　根据数据的两个变量确定坐标点，符号可用"·"或"△"等符号表示。

③ 画线　用光滑的曲线（或直线）连接坐标点，这条曲线要能通过较多的点。没有被连上的点，也要均匀分布在曲线的两边。

应当指出的是，由于过氧化氢分解时有氧气放出，所以本实验的反应热 ΔH，不仅包括体系内能的变化，还应包括体系对环境所作的膨胀功，但因后者所占的比例很小，在近似测量中，通常可忽略不计。

四、实验内容

（一）测定量热计热容

按图 2-53 装配好量热计装置。保温杯盖用泡沫塑料，杯盖上的小孔要比温度计直径稍大，以便使产生的氧气逸出（不必刻意扩大温度计插孔，泡沫塑料塞本身就不会很严密）。为了不使温度计与杯底接触，避免损坏温度计或保温杯内胆，在温度计上套一胶圈，避免温度计滑脱。测量溶液温度时，温度计的位置以碰不到保温杯底为宜。

为了减小实验误差，两支温度计要先进行校正，方法是，把保温杯上的温度计和另一支温度计（测热水温度用）放在同一盛冷水的烧杯中，静置片刻，以某一支温度计的读数为标准，另一支温度计计数时加上校正值即可。

两个人一组，准备工作做好后，一人负责温度计读数，另一人负责读秒表并记录。

用量筒量取 50mL 的水倒入干净的保温杯中，盖好塞子，用双手握住保温杯轻轻摇动（尽量不使液体溅到塞子上）。几分钟后，精密温度计的温度若连续 2~3min 不变，记下温度 T_1。

再量取 50mL 水倒入 100mL 烧杯中，加热至高于 T_1 20℃左右。用精密温度计准确记录热水温度 T_2。迅速将温度为 T_2 的热水倒入保温杯中，盖好塞子后边摇动边读取温度，另一同学同时按动秒表记录时间（注意时间是连续的，一定要准确记录对应时间的温度值，为作图提供准确数据），开始每隔约 10s 记录一次，记录 3~4 次后，当温度变化较慢时，可约 20s 记录一次，直到体系温度不再下降为止。

重复实验时要把保温杯用自来水冲凉，并用吸水纸擦干，以免影响 C_p 测定的准确性。

（二）测定过氧化氢稀溶液的分解热

取 100mL 已知准确浓度的过氧化氢溶液，倒入保温杯中，塞好塞子，缓缓摇动保温杯，用精密温度计观测温度 3min，当溶液温度不变时，记下温度 T_1'，迅速加入约 0.5g 研细过的二氧化锰粉末，盖好塞子后，立即摇动保温杯，同时按动秒表，记录温度计读数和时间（与上面操作相同）。若相当一段时间（例如 3min）内温度最高点保持不变，T_2' 可视为该反应达到的最高温度，若温度不断下降就需用外推法求出反应的最高温度。

为保证实验的成功率，实验前要熟悉秒表和温度计的使用。因为要连续准确记录温度和时间的对应值，所以要练习秒表和温度计的水银柱跑动时快速准确读数。实验时，要边摇动保温杯，边读数，同时还要控制时间节奏。可以多练几次测定量热计热容，技术熟练后再测分解热。两个人一组配合好，是实验成功的关键。

（三）数据记录和处理

1. 量热计装置热容 C_p 的计算

冷水温度 T_1/K		冷（热）水的质量 m/g	
热水温度 T_2/K		水的比热容 $c_{H_2O}/J \cdot g^{-1} \cdot K^{-1}$	
冷热水混合后温度 T_3/K		量热计装置热容 $C_p/J \cdot K^{-1}$	

2. 分解热的计算

$$Q = C_p(T_2' - T_1') + c_{aq} m_{aq}(T_2' - T_1')$$

由于过氧化氢稀溶液的密度和比热容与水的近似相等（水的密度为 $1.00g \cdot mL^{-1}$），所以：

$$m_{H_2O} \approx m_{aq} \approx V_{aq} \qquad c_{aq} \approx c_{H_2O} = 4.184 J \cdot g^{-1} \cdot K^{-1}$$

$$Q = C_p \Delta T + 4.184 V_{aq} \Delta T = (C_p + 4.184 V_{aq}) \Delta T$$

$$\Delta H = \frac{(C_p + 4.184 V_{aq}) \Delta T}{c(H_2O_2) \dfrac{V_{aq}}{1000}} = \frac{(C_p + 4.184 V_{aq}) \Delta T \times 1000}{c(H_2O_2) V_{aq}}$$

式中，c_{aq} 为过氧化氢的物质的量浓度。过氧化氢分解热实验值与理论值的相对百分误差应在 $\pm 10\%$ 以内（理论值可由标准摩尔生成焓来计算）。

反应前温度 T_1'/K		量热计吸收的总热量 Q/J	
反应后温度 T_2'/K		分解热 $\Delta H/kJ \cdot mol^{-1}$	
$\Delta T/K$		与理论值比较百分误差/%	
H_2O_2 溶液的体积 V/mL			

五、思考题

1. 实验中二氧化锰的作用是什么？MnO_2 对反应所放出的总热量有无影响？

2. 分析本实验结果产生误差的原因，你认为影响本实验结果的主要因素是什么？

六、附注

1. 过氧化氢溶液（约 0.3%，相当于物质的量浓度 $0.088mol \cdot L^{-1}$）使用前可用碘量法或高锰酸钾准确测定其浓度。

2. 二氧化锰要尽量研细，并在 110℃ 烘箱中烘 $1 \sim 2h$ 后，保存于干燥器中待用。

3. 一般市售保温杯的容积为 250mL 左右，故过氧化氢的实际用量可取 150mL 为宜。为了减少误差，应尽可能使用较大的保温杯（例如 400mL 或 500mL 的保温杯），取用较多量的过氧化氢做实验（注意此时 MnO_2 的用量亦应相应按比例增加）。

4. 重复实验时，一定要使用干净的保温杯，保温杯温度要冷却至室温。

实验 2-12　化学反应速率和活化能

一、实验目的

测定过二硫酸铵与碘化钾反应的反应速率，并计算反应级数、反应速率常数和反应的活化能；掌握浓度、温度和催化剂对反应速率影响的规律；学习正确使用秒表和温度计。

二、实验用品

仪器：烧杯，大试管，量筒，秒表，温度计，酒精灯。

液体药品：$(NH_4)_2S_2O_8$（$0.20\,mol \cdot L^{-1}$），KI（$0.20\,mol \cdot L^{-1}$），$Na_2S_2O_3$（$0.01\,mol \cdot L^{-1}$），KNO_3（$0.20\,mol \cdot L^{-1}$），$(NH_4)_2SO_4$（$0.20\,mol \cdot L^{-1}$），$Cu(NO_3)_2$（$0.020\,mol \cdot L^{-1}$），淀粉溶液（0.2%）。

材料：冰。

三、实验原理

在水溶液中，过二硫酸铵与碘化钾发生如下反应：

$$(NH_4)_2S_2O_8 + 3KI \Longrightarrow (NH_4)_2SO_4 + K_2SO_4 + KI_3$$

或写成：

$$S_2O_8^{2-} + 3I^- \Longrightarrow 2SO_4^{2-} + I_3^- \tag{2-4}$$

根据速率方程，该反应的反应速率可表示为：

$$v = kc^m(S_2O_8^{2-})c^n(I^-)$$

式中，v 表示在此条件下反应的瞬时速率，若 $c(S_2O_8^{2-})$ 和 $c(I^-)$ 是起始浓度，则 v 表示起始速率；k 是反应速率常数，m 与 n 之和为反应级数。

实验能测定的速率是在一段时间 Δt 内反应的平均速率 $\bar{v}$，如果在 Δt 时间内 $S_2O_8^{2-}$ 浓度的改变为 $\Delta c(S_2O_8^{2-})$，则平均速率为：

$$\bar{v} = -\frac{\Delta c(S_2O_8^{2-})}{\Delta t}$$

本实验在 Δt 时间内反应物浓度的变化很小，则可近似地用平均速率代替起始速率，即：

$$\bar{v} = -\frac{\Delta c(S_2O_8^{2-})}{\Delta t} \approx kc^m(S_2O_8^{2-})c^n(I^-)$$

为了能够测出反应在 Δt 时间内 $S_2O_8^{2-}$ 浓度的改变值，需要在混合 $(NH_4)_2S_2O_8$ 和 KI 溶液的同时，加入一定体积已知浓度的 $Na_2S_2O_3$ 溶液和淀粉（指示剂）溶液。这样在反应（2-4）进行的同时，也进行着如下反应：

$$2S_2O_3^{2-} + I_3^- \Longrightarrow S_4O_6^{2-} + 3I^- \tag{2-5}$$

反应（2-5）进行得非常快，几乎瞬间完成，而反应（2-4）却慢得多。于是由反应（2-5）生成的 I_3^- 立刻与 $Na_2S_2O_3$ 反应，生成了无色的 $S_4O_6^{2-}$ 和 I^-。当 $Na_2S_2O_3$ 耗尽，由反应（2-4）生成的 I_3^- 就与淀粉作用，使溶液呈现蓝色。因此溶液中蓝色的出现即为 $Na_2S_2O_3$ 反应完的标志。

由反应（2-4）和反应（2-5）的关系可以看出，$S_2O_8^{2-}$ 浓度减少的量等于 $S_2O_3^{2-}$ 浓度减少量的一半，所以 $S_2O_8^{2-}$ 在 Δt 时间内的减少量可以从下式求得：

$$\Delta c(S_2O_8^{2-}) = \frac{\Delta c(S_2O_3^{2-})}{2}$$

这样，只要记下从反应开始到溶液出现蓝色所需要的时间（Δt），就可以求算在各种不同浓度下的反应速率。

四、实验内容

1. 浓度对化学反应速率的影响

实验前首先将干净的量筒和滴管定位在表 2-6 所示的六种溶液的边上，不可混淆。依次按表中实验编号进行实验。如 1 号实验，分别量取 20.0mL 0.20mol·L^{-1} KI 溶液、4.0mL 0.010mol·L^{-1} Na$_2$S$_2$O$_3$ 溶液和 2.0mL 0.2% 淀粉溶液，均倒入 100mL 烧杯中混匀。最后用量筒量取 20.0mL 0.20mol·L^{-1} (NH$_4$)$_2$S$_2$O$_8$ 溶液迅速倒入烧杯中，同时按动秒表并用玻璃棒不断搅动溶液。当溶液刚一出现蓝色时，立即按停秒表，将反应时间和室温记入表 2-5 中。

表 2-5　浓度对化学反应速率的影响　　　　　　室温：＿＿＿＿＿℃

	实 验 编 号	1 号	2 号	3 号	4 号	5 号
试剂用量/mL	0.20mol·L^{-1}(NH$_4$)$_2$S$_2$O$_8$	20.0	10.0	5.0	20.0	20.0
	0.20mol·L^{-1} KI	20.0	20.0	20.0	10.0	5.0
	0.010mol·L^{-1} Na$_2$S$_2$O$_3$	4.0	4.0	4.0	4.0	4.0
	0.2% 淀粉溶液	2.0	2.0	2.0	2.0	2.0
	0.20mol·L^{-1} KNO$_3$	0	0	0	10.0	15.0
	0.20mol·L^{-1}(NH$_4$)$_2$SO$_4$	0	10.0	15.0	0	0
反应物的起始浓度/mol·L^{-1}	(NH$_4$)$_2$S$_2$O$_8$					
	KI					
	Na$_2$S$_2$O$_3$					
反应时间 Δt/s						
S$_2$O$_8^{2-}$ 的浓度变化 Δc(S$_2$O$_8^{2-}$)/mol·L^{-1}						
反应速率 v						

用同样方法，按表 2-5 中的用量依次进行编号 2~5 的实验。注意加其他试剂的前后顺序无所谓，只有最后加入 (NH$_4$)$_2$S$_2$O$_8$ 时才启动反应。

2. 温度对化学反应速率的影响

按表 2-5 实验 4 中的用量，把 KI、Na$_2$S$_2$O$_3$、KNO$_3$ 和淀粉溶液加到烧杯中，把 (NH$_4$)$_2$S$_2$O$_8$ 溶液加到一只大试管中，然后将烧杯和大试管同时放在冰水浴中冷却，待两种试液的温度均冷却到低于室温 10℃ 时，把试管中的 (NH$_4$)$_2$S$_2$O$_8$ 溶液迅速加到盛 KI 等混合液的烧杯中，同时立即计时并搅拌溶液，注意保持温度。当溶液刚出现蓝色时迅速按停秒表，将反应时间和温度记入表 2-6（编号 6 中）。

表 2-6　温度对化学反应速度的影响

实验编号	6 号	4 号	7 号
反应温度/℃			
反应时间 Δt/s			
反应速率 v			

用热水浴在高于室温 10℃ 下重复上述实验，将数据填入表 2-6（编号 7）中。

3. 催化剂对化学反应速率的影响

按表 2-5 中实验 4 的用量，把 KI、Na$_2$S$_2$O$_3$、KNO$_3$ 和淀粉溶液加到烧杯中，再滴入 2 滴 0.020mol·L^{-1} Cu(NO$_3$)$_2$ 溶液（催化剂）搅匀，然后迅速加入 (NH$_4$)$_2$S$_2$O$_8$ 溶液，同时计时和搅拌，至溶液刚出现蓝色时为止。将此实验的反应速率与表 2-5 中实验 4 的反应速率进行比较，可得出什么结论？

总结以上三部分的实验结果，说明浓度、温度、催化剂对化学反应速率的影响。

五、数据处理

1. 反应级数和反应速率常数的计算

反应速率表达式　　　　　　　$v = kc^m(S_2O_8^{2-})c^n(I^-)$

两边取对数得：　　　　　$\lg v = m\lg c(S_2O_8^{2-}) + n\lg c(I^-) + \lg k$

当固定 $c(I^-)$ 浓度不变时，以 $\lg v$ 对 $\lg c(S_2O_8^{2-})$ 作图，可得斜率为 m 的一条直线，这样就可求得 m 值。同理，将 $c(S_2O_8^{2-})$ 浓度固定不变，以 $\lg v$ 对 $\lg c(I^-)$ 作图，可求出 n 值。$(m+n)$ 即为此反应的级数。

将求得的 m 和 n 值代入式 $v = kc^m(S_2O_8^{2-})c^n(I^-)$，即可求得反应速率常数 k 值。将数据填入表 2-7 中。

表 2-7　反应级数及反应速率常数

实验编号	1 号	2 号	3 号	4 号	5 号
$\lg v$					
$\lg c(S_2O_8^{2-})$					
$\lg c(I^-)$					
m					
n					
k					

2. 反应活化能的计算

由阿仑尼乌斯公式，反应速率常数 k 与反应温度 T 有下面的关系式：

$$\lg k = A - \frac{E_a}{2.303RT}$$

式中，E_a 为反应活化能；R 为气体常数，$8.314\text{J}\cdot\text{mol}^{-1}\cdot\text{K}^{-1}$；$T$ 为热力学温度；A 是指前因子（对同一反应，A 值不变）。测出几个不同温度下的 k 值，以 $\lg k$ 对 $1/T$ 作图，可得一直线，其斜率 $= -\dfrac{E_a}{2.303R}$，计算出 E_a。将数据填入表 2-8 中。

表 2-8　反应活化能

实验编号	6 号	4 号	7 号
反应速率常数 k			
$\lg k$			
$\dfrac{1}{T}/\text{K}^{-1}$			
反应活化能 $E_a/\text{kJ}\cdot\text{mol}^{-1}$			

六、思考题

1. 实验中为什么要必须迅速加入 $(NH_4)_2S_2O_8$ 溶液？

2. $Na_2S_2O_3$ 溶液的用量多少，对实验结果有什么影响？

3. 本实验为什么可以由反应溶液出现蓝色的时间长短来计算反应速率？溶液出现蓝色后反应是否就终止了？

4. 若先加 $(NH_4)_2S_2O_8$ 溶液，后加 KI 溶液，对实验结果有何影响？

七、附注

1. 为了使每次实验中溶液的离子强度和总体积保持不变，在进行编号 2～5 的实验中所减少的 KI 或 $(NH_4)_2S_2O_8$ 的用量可分别用 $0.20mol \cdot L^{-1}$ KNO_3 和 $0.20mol \cdot L^{-1}$ $(NH_4)_2SO_4$ 溶液来补足。

2. 本实验对试剂有一定的要求。KI 溶液应为无色透明溶液，不能用有 I_2 析出的浅黄色溶液。$(NH_4)_2S_2O_8$ 溶液久置易分解，因此要用新配制的。如所配制的 $(NH_4)_2S_2O_8$ 溶液的 pH 小于 3，表明固体过二硫酸铵已有分解，不适合本实验使用。

3. 在做温度对化学反应速率影响的实验时，如果室温低于 10℃，可将温度条件改为室温、高于室温 10℃ 和高于室温 20℃ 三种温度下进行。

实验 2-13 $I_3^- \rightleftharpoons I^- + I_2$ 平衡常数的测定

一、实验目的

通过测定 $I_3^- \rightleftharpoons I^- + I_2$ 的平衡常数，加深对化学平衡、平衡常数以及化学平衡移动的认识；巩固滴定操作。

二、实验用品

仪器：量筒（100mL、200mL），锥形瓶（250mL），吸量管（10mL），移液管（50mL），碱式滴定管，滴定管夹，碘量瓶（100mL、250mL），吸耳球。

固体药品：碘。

液体药品：$Na_2S_2O_3$ 标准液（$0.0050mol \cdot L^{-1}$），KI（$0.0100mol \cdot L^{-1}$、$0.0200mol \cdot L^{-1}$），淀粉溶液（0.2%）。

三、实验原理

对化学平衡 $I_3^- \rightleftharpoons I^- + I_2$，化学平衡常数 $K = \dfrac{[I^-][I_2]}{[I_3^-]}$，$[I^-]$、$[I_2]$、$[I_3^-]$ 是平衡时的浓度。

严格地说，上式中的各项应为活度，但实验中的溶液离子强度不大，用浓度代替活度不会引起太大的误差，所以 $K \approx \dfrac{[I^-][I_2]}{[I_3^-]}$。

在实验中用固体碘和已知准确浓度的 KI 溶液一起振荡，使反应 $I_3^- \rightleftharpoons I^- + I_2$ 达到平衡，取上层清液，测定其中的 $[I^-]$、$[I_3^-]$、$[I_2]$，即可计算得到平衡常数 K。

在 $I_3^- \rightleftharpoons I^- + I_2$ 体系中，用标准 $Na_2S_2O_3$ 溶液滴定其中的 I_2，平衡向右移动，最终测得的是 $c_1 = [I_2] + [I_3^-]$。反应如下：

$$I_2 + 2Na_2S_2O_3 \rightleftharpoons 2NaI + Na_2S_4O_6$$

碘的浓度 $[I_2]$ 可通过把碘溶解在纯水中形成饱和溶液，用 $S_2O_3^{2-}$ 滴定其中的 I_2，测得 $c_2 = [I_2]$。用这一数值作为 $I_3^- \rightleftharpoons I^- + I_2$ 体系中的 $[I_2]$ 有一些误差，但对本实验影响不大。

在实验中，KI 的初始浓度如果为 c_0，则在 $I_3^- \rightleftharpoons I^- + I_2$，形成一个 I_3^- 需要一个 I^-，即 $[I^-] = c_0 - [I_3^-]$。

所以，化学反应平衡式中的各项为：$[I_2] = c_2$，$[I_3^-] = c_1 - c_2$，$[I^-] = c_0 - c_1 + c_2$，代入式中计算即可。

四、实验内容

1. 取两只干燥的 100mL 碘量瓶和一只 250mL 碘量瓶，分别标上 1 号、2 号、3 号。用量筒分别量取 60mL $0.0100mol \cdot L^{-1}$ KI 溶液注入 1 号瓶，60mL $0.0200mol \cdot L^{-1}$ KI 溶液注入 2 号瓶，另将 180mL 纯水注入 3 号瓶。然后在每个瓶内各加入 0.5g 研细的碘，盖好瓶塞。

2. 将 3 只碘量瓶在室温下振荡 30min，倾斜碘量瓶，把瓶底固体碘移向一边，静置

10min，待固体碘完全沉于瓶底后，取上层清液进行滴定。

3. 用 10mL 吸量管取 1 号瓶上层清液两份，分别注入两个 250mL 锥形瓶中，再各注入 40mL 蒸馏水，用 $0.0050 mol \cdot L^{-1}$ 标准 $Na_2S_2O_3$ 溶液滴定。首先滴定至溶液呈淡黄色时（注意不要滴过量），加入 4mL 0.2% 淀粉溶液，此时溶液应呈蓝色，继续滴定至蓝色刚好消失，记下所消耗的标准 $Na_2S_2O_3$ 溶液的体积。按同样方法滴定第二份清液。

依同样方法滴定 2 号瓶上层的清液。

4. 用 50mL 移液管（或 25mL 移液管取两次）取 3 号瓶上层清液两份，用 $0.0050 mol \cdot L^{-1} Na_2S_2O_3$ 标准溶液滴定，方法同上。

五、数据记录与结果处理

将实验所得的数据记录在表 2-9 中：

表 2-9　实验数据记录和处理　　　　　　　　室温：＿＿＿＿℃

编　　号		1 号	2 号	3 号
$Na_2S_2O_3$ 标准溶液浓度/$mol \cdot L^{-1}$				
取样量 V/mL		10	10	50
$Na_2S_2O_3$ 标准溶液用量/mL	Ⅰ			
	Ⅱ			
	平均			
碘总浓度 c_1/$mol \cdot L^{-1}$				
$[I_2]=c_2$/$mol \cdot L^{-1}$				
$[I_3^-]=c_1-c_2$				
$[I^-]=c_0-c_1+c_2$				
K_c				
K_c 平均值				

用标准溶液滴定碘时，相应的碘的浓度计算方法如下：

1 号、2 号瓶　　　　　$$c_1=\frac{c_{Na_2S_2O_3} V_{Na_2S_2O_3}}{2V_{KI-I_2}}$$

3 号瓶　　　　　　　$$c_2=\frac{c_{Na_2S_2O_3} V_{Na_2S_2O_3}}{2V_{H_2O-I_2}}$$

六、思考题

1. 如果 3 只碘量瓶没有充分振荡，对实验结果有何影响？

2. 为什么本实验中量取标准溶液，有的用移液管，有的用量筒？

3. 进行滴定分析之前，所用仪器要做哪些准备？

4. 在实验中以固体碘与水的平衡浓度代替碘与 I^- 的平衡浓度，会引起怎样的误差？为什么可以代替？

5. 滴定结束后，溶液放置一段时间后会变蓝，对结果有影响吗？

七、附注

1. 如果达到平衡后还有较多的碘，注意在吸取清液时不要吸上瓶底的碘，否则会使误差增大。

2. 加入的淀粉指示剂不要过早也不要过量，因淀粉吸附 I_2 形成配合物会引起误差。

3. 本实验剩余的各种碘水溶液可以回收，用于以后的实验。

实验 2-14 醋酸电离度及电离常数的测定

一、实验目的

标定醋酸溶液的浓度并测定不同浓度醋酸溶液的 pH 值；计算电离度和电离平衡常数，加深对电离平衡常数的理解；学习使用酸度计。

二、实验用品

仪器：酸度计，温度计，碱式滴定管，滴定管夹，铁架台，移液管，吸量管，烧杯，锥形瓶，容量瓶。

液体药品：HAc（约 $0.1mol \cdot L^{-1}$），标准 NaOH 溶液（约 $0.1mol \cdot L^{-1}$），酚酞（1%）。

材料：吸水纸。

三、实验原理

醋酸（CH_3COOH，简写成 HAc）是弱电解质，在水溶液中存在如下电离平衡：

$$HAc \rightleftharpoons H^+ + Ac^-$$

其电离常数表达式为：

$$K_c = \frac{[H^+][Ac^-]}{[HAc]} \tag{2-6}$$

设 HAc 的起始浓度为 c，平衡时 $[H^+]=[Ac^-]$，$[HAc]=c-[H^+]$

代入上式计算：

$$K_c = \frac{[H^+]^2}{c-[H^+]} \tag{2-7}$$

HAc 溶液的总浓度 c 可用标准 NaOH 溶液滴定测得。在一定温度下用酸度计测定溶液 pH 值，可确定其电离出来的 H^+ 浓度，根据 $pH=-\lg[H^+]$，换算出 $[H^+]$，代入式(2-7)中，可求得 K_c 值，即为该温度下醋酸的电离常数。

当电离度 $\alpha < 5\%$ 时，$K_c = \dfrac{[H^+]^2}{c}$。

四、实验内容

1. 醋酸溶液浓度的标定

用移液管取 25.00mL 待标定浓度（约为 $0.1mol \cdot L^{-1}$）的 HAc 溶液，放入 250mL 锥形瓶中，滴加 2 滴酚酞指示剂，用 NaOH 标准溶液滴定至溶液呈现粉红色，摇动后约 30s 内不褪色为止。记下所用 NaOH 标准溶液的体积。再重复做两次，结果填入表 2-10 中。

表 2-10 HAc 溶液浓度的标定

实验序号		1	2	3
NaOH 标准溶液浓度/$mol \cdot L^{-1}$				
HAc 的用量/mL				
NaOH 溶液用量/mL				
HAc 溶液的浓度/$mol \cdot L^{-1}$	测定值			
	平均值			

2. 配制不同浓度的醋酸溶液

用吸量管和移液管分别取 2.50mL、5.00mL、25.00mL 已经测得浓度的醋酸溶液，分别放入三个 50mL 容量瓶中，用纯水稀释至刻度，摇匀，编号，计算其准确浓度。

3. 测定醋酸溶液的 pH 值

取上述三种溶液和原溶液各 30mL 左右，分别放入四只标有序号的干燥、洁净（或用待测溶液淋洗）的 50mL 烧杯中，按从稀到浓的顺序在酸度计上测其 pH，记录温度和所测数据，填入表 2-11 中，计算醋酸的电离度和电离平衡常数。

表 2-11 HAc 溶液 pH 值的测定 室温：_____℃

HAc 溶液顺序号	$c/\text{mol·L}^{-1}$	pH 值	$[\text{H}^+]$ $/\text{mol·L}^{-1}$	电离度 α	K_c	
					测定值	平均值
1						
2						
3						
4（原溶液）						

五、思考题

1. 总结浓度、温度对电离度、K_c 的影响。
2. 本实验用的小烧杯是否必须烘干？还可以做怎样的处理？
3. 测定 pH 值时，为什么要按溶液的浓度由稀到浓的次序进行？

六、附注

pHS-3B 型酸度计的使用方法

酸度计是用来测定溶液酸度的仪器，型号多样，常见的有 pHS-2、pHS-3 型系列酸度计，它们的原理相同，结构和使用步骤稍有差别，请注意阅读使用说明书。下面主要介绍 pHS-3B 型酸度计的使用方法。

1. 开机前准备：接好电极梗，调节电极夹到适当位置。将复合电极和温度传感器夹在电极夹上，拉下电极前端的电极套，同时露出电极上端小孔。用蒸馏水清洗电极和温度传感器。

2. 开机预热：将电源线插入电源插座，按下电源开关，预热 30min。在测量电极插座处插上复合电极和温度传感器，将仪器"选择"开关置于"℃"，数值显示值即为测温传感器所测量的温度值。

3. 仪器标定

① 把斜率调节旋钮顺时针旋到底（即 100％位置）。

② 将清洗过的电极和温度传感器插入 pH＝6.86 的标准缓冲溶液中，把选择开关旋钮调到 pH 挡。调节定位调节旋钮，使仪器显示读数与该缓冲溶液当时温度下的 pH 值相一致。

③ 用蒸馏水清洗电极和温度传感器，再插入 pH＝4.00（或 pH＝9.18）的标准缓冲溶液中，调节斜率旋钮使仪器显示读数与该缓冲液当时温度下的 pH 值相一致。

④ 重复②～③，直至不用再调节定位或斜率两调节旋钮为止。

4. 测量待测溶液的 pH 值

用蒸馏水清洗电极和温度传感器，并用吸水纸吸干后插入待测溶液中，轻轻摇动烧杯使溶液均匀，待读数稳定后，仪器显示的数值即是该溶液的 pH 值。

注意：

1. 仪器经标定后，定位调节旋钮及斜率调节旋钮不应再变动，否则必须重新标定。一般情况下，在 24h 内仪器不需再标定。

2. 用于标定的缓冲溶液第一次应用 pH＝6.86 的标准缓冲溶液，第二次应用接近被测溶液 pH 值的缓冲液。如被测溶液为酸性时，应选 pH＝4.00 的缓冲溶液；如被测溶液为碱性时，则选 pH＝9.18 的缓冲溶液。

标准缓冲溶液的配制：①pH＝4.00 的缓冲溶液：用优级纯邻苯二甲酸氢钾 10.12g，溶解于 1000mL 的高纯去离子水中。②pH＝6.86 的缓冲溶液：用优级纯磷酸二氢钾 3.387g，优级纯磷酸二氢钠 3.533g，溶解于 1000mL 的高纯去离子水中。③pH＝9.18 的缓冲溶液：

用优级纯硼砂 3.80g，溶解于 1000mL 的高纯去离子水中。

3. 测量结束后要将电极冲洗干净，收好。

实验 2-15 电离平衡、盐类水解和沉淀平衡

一、实验目的

加深对电离平衡、水解平衡、沉淀平衡、同离子效应等理论的理解；学习缓冲溶液的配制并试验其性质；试验并掌握沉淀的生成、溶解条件；掌握离心分离操作和 pH 试纸的使用。

二、实验用品

仪器：试管，离心试管，离心机，表面皿，酒精灯，试管夹，烧杯。

固体药品：NH_4Ac，Zn 粒，$SbCl_3$，$Fe(NO_3)_3$。

液体药品：HCl（6mol·L^{-1}、0.1mol·L^{-1}），HNO_3（6mol·L^{-1}），HAc（0.1mol·L^{-1}），$NaOH$（0.1mol·L^{-1}），$NH_3·H_2O$（6mol·L^{-1}、0.1mol·L^{-1}），$NaCl$（1mol·L^{-1}、0.2mol·L^{-1}），NH_4Cl（0.2mol·L^{-1}），$BaCl_2$（0.2mol·L^{-1}），$AgNO_3$（0.1mol·L^{-1}），$Pb(NO_3)_2$（0.2mol·L^{-1}、0.001mol·L^{-1}），$Al_2(SO_4)_3$（0.2mol·L^{-1}），Na_2S（0.2mol·L^{-1}），$NaAc$（0.1mol·L^{-1}），NH_4Ac（0.2mol·L^{-1}），K_2CrO_4（0.2mol·L^{-1}），Na_2CO_3（0.2mol·L^{-1}），PbI_2（饱和），KI（0.2mol·L^{-1}、0.001mol·L^{-1}），$(NH_4)_2C_2O_4$（饱和），酚酞溶液。

材料：pH 试纸。

三、实验内容

（一）电离平衡

1. 比较盐酸和醋酸的酸性

① 用 pH 试纸分别试验 0.1mol·L^{-1} HCl 和 0.1mol·L^{-1} HAc 溶液的 pH 值。

② 在两支试管中各加入一锌粒，分别加入 5 滴 0.1mol·L^{-1} HCl 和 0.1mol·L^{-1} HAc，观察现象。

根据实验结果，比较两者酸性有何不同，为什么？

2. 同离子效应

① 取 5 滴 0.1mol·L^{-1} HAc 溶液，加 1 滴甲基橙指示剂，观察溶液的颜色，再加入固体 NH_4Ac 少许，观察溶液颜色变化，解释上述现象。

② 取 5 滴 0.1mol·L^{-1} $NH_3·H_2O$ 溶液，加 1 滴酚酞溶液，观察溶液颜色，再加入固体 NH_4Ac 少许，观察溶液颜色的变化，解释之。

③ 在试管中加饱和 PbI_2 溶液 3 滴，然后加 0.2mol·L^{-1} KI 溶液 1～2 滴，振荡试管观察有何现象？说明为什么。

3. 缓冲溶液的性质

① 在一支试管中加 2mL 0.1mol·L^{-1} HAc 和 2mL 0.1mol·L^{-1} NaAc，摇匀后用 pH 试纸测定溶液的 pH 值。将溶液分成两份，一份加入一滴 0.1mol·L^{-1} HCl 溶液，另一份加入 1 滴 0.1mol·L^{-1} NaOH 溶液，分别用 pH 试纸测定溶液的 pH 值。

② 在两支试管中各加入 2mL 蒸馏水，用 pH 试纸测其 pH 值。然后各加入 1 滴 0.1mol·L^{-1} HCl 和 0.1mol·L^{-1} NaOH 溶液，分别测定溶液的 pH 值。与上一实验相比较，说明缓冲溶液具有什么性质。

（二）盐类水解

1. 用 pH 试纸测定 0.1mol·L^{-1} 的 NaAc、0.2mol·L^{-1} 的 NH_4Cl、NH_4Ac 和 NaCl 的 pH 值。解释观察到的现象。

2. 取绿豆粒大小的 $Fe(NO_3)_3$ 晶体，加约 2mL 水溶解后观察溶液的颜色。将溶液分成三份，一份留作比较；另一份在小火上加热至沸；第三份滴加 $6mol\cdot L^{-1}$ 的 HNO_3 溶液，观察并解释现象，写出反应方程式。

3. 取米粒大小的固体三氯化锑，用少量水溶解，观察现象，测定该溶液的 pH 值。再滴加 $6mol\cdot L^{-1}$ 的 HCl 溶液，振荡试管，至沉淀刚好溶解。再加水稀释，又有何现象？加以解释。

$$SbCl_3 + H_2O \Longrightarrow SbOCl\downarrow + 2HCl$$

4. 在试管中加入 2 滴 $0.2mol\cdot L^{-1}$ $Al_2(SO_4)_3$ 和 2 滴 $0.2mol\cdot L^{-1}$ Na_2CO_3 溶液，观察有什么现象？写出反应方程式并加以解释。

（三）沉淀溶解平衡

1. 沉淀溶解平衡

在离心试管中加入 3 滴 $0.2mol\cdot L^{-1}$ $Pb(NO_3)_2$ 溶液，然后加 2 滴 $1mol\cdot L^{-1}$ NaCl 溶液，加几滴水振荡试管，静置后取上层清液，加入 2 滴 $0.2mol\cdot L^{-1}$ 的 K_2CrO_4 溶液，有什么现象？解释并书写相关的化学反应方程式。

2. 溶度积规则的应用

① 在试管中加 2 滴 $0.2mol\cdot L^{-1}$ $Pb(NO_3)_2$ 溶液和 2 滴 $0.2mol\cdot L^{-1}$ KI 溶液，观察有无沉淀生成。

② 用 $0.001mol\cdot L^{-1}$ $Pb(NO_3)_2$ 和 $0.001mol\cdot L^{-1}$ KI 溶液各 3 滴进行上述实验，观察实验现象并用溶度积规则解释。

3. 分步沉淀

在试管中加入 2 滴 $0.2mol\cdot L^{-1}$ NaCl 溶液和等量的 $0.2mol\cdot L^{-1}$ K_2CrO_4 溶液。边振荡边滴加 $0.1mol\cdot L^{-1}$ $AgNO_3$ 溶液，观察沉淀颜色的变化。用溶度积规则解释实验现象。

（四）沉淀的溶解

1. 在试管中加入 2 滴 $0.2mol\cdot L^{-1}$ $BaCl_2$ 溶液，再加入 1 滴饱和 $(NH_4)_2C_2O_4$ 溶液，观察是否有沉淀生成。加几滴 $6mol\cdot L^{-1}$ 盐酸，解释所发生的现象并写出反应方程式。

2. 取 2 滴 $0.1mol\cdot L^{-1}$ $AgNO_3$ 溶液，加 1 滴 $0.2mol\cdot L^{-1}$ 的 NaCl 溶液，观察是否有沉淀生成，再逐滴加入 $6mol\cdot L^{-1}$ 的氨水，有何现象发生？写出反应方程式。

3. 取 3 滴 $0.1mol\cdot L^{-1}$ $AgNO_3$ 溶液，加 1 滴 $0.2mol\cdot L^{-1}$ Na_2S 溶液，观察沉淀的生成。在沉淀上加几滴 $6mol\cdot L^{-1}$ HNO_3 微热，有何现象？写出反应方程式并解释实验现象。

四、思考题

1. 如何用 $0.2mol\cdot L^{-1}$ HAc 和 $0.2mol\cdot L^{-1}$ NaAc 溶液配制 10mL pH=4.1 的缓冲溶液？

2. 将下面的两种溶液混合，是否能形成缓冲溶液？为什么？

① 10mL $0.1mol\cdot L^{-1}$ 盐酸与 10mL $0.2mol\cdot L^{-1}$ 氨水；

② 10mL $0.2mol\cdot L^{-1}$ 盐酸与 10mL $0.1mol\cdot L^{-1}$ 氨水。

3. 预测 NaH_2PO_4、Na_2HPO_4 和 Na_3PO_4 的酸碱性，说明理由。

实验 2-16 氧化还原反应

一、实验目的

掌握氧化型或还原型物质的浓度、介质的酸度等因素对电极电势、氧化还原反应的方向、产物、速率的影响；了解化学电池电动势，学会装配原电池。

二、实验用品

仪器：试管，烧杯（100mL），伏特计，表面皿，U形管。

固体药品：琼脂，氟化铵，锌粒。

液体药品：HNO_3（2mol·L^{-1}、浓），HAc（6mol·L^{-1}），H_2SO_4（3mol·L^{-1}），NaOH（6mol·L^{-1}），NH_3·H_2O（浓），$ZnSO_4$（1mol·L^{-1}），$CuSO_4$（1mol·L^{-1}），KI（0.2mol·L^{-1}），KBr（0.2mol·L^{-1}），$FeCl_3$（0.2mol·L^{-1}），$(NH_4)Fe(SO_4)_2$（0.2mol·L^{-1}），$(NH_4)_2Fe(SO_4)_2$（0.2mol·L^{-1}），$FeSO_4$（1mol·L^{-1}），H_2O_2（3%），$K_2Cr_2O_7$（0.1mol·L^{-1}），$KMnO_4$（0.01mol·L^{-1}、0.001mol·L^{-1}），Na_2SO_3（0.2mol·L^{-1}），氯水，KCl（饱和），CCl_4。

材料：锌片，铜片，碳棒，铁片，红色石蕊试纸，导线，砂纸。

三、实验内容

（一）氧化还原反应和电极电势

操　作		现象	解释
5滴 0.2mol·L^{-1}的 KI 溶液	2滴 0.2mol·L^{-1} $FeCl_3$ 溶液,5滴 CCl_4		
5滴 0.2mol·L^{-1}的 KBr 溶液			
5滴 0.2mol·L^{-1}的 KBr 溶液	3滴氯水,5滴 CCl_4		

由实验结果总结比较：Cl_2/Cl^-、Br_2/Br^-、I_2/I^-、Fe^{3+}/Fe^{2+} 的电极电势大小。

（二）浓度和酸度对电极电势的影响

1. 浓度的影响

往一只小烧杯中加入约 20mL 1mol·L^{-1} $ZnSO_4$ 溶液，在其中插入锌片（砂纸打磨）；往另一只小烧杯中加入约 20mL 1mol·L^{-1} $CuSO_4$ 溶液，在其中插入铜片（砂纸打磨）。用导线将锌片和铜片分别与伏特计的负极和正极相接，用盐桥将两烧杯相连，组成原电池。测量两极之间的电压（见图 2-55）。

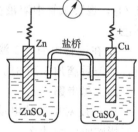

图 2-55 Cu-Zn 原电池

在 $CuSO_4$ 溶液中注入浓氨水至生成的沉淀溶解为止（在通风橱内进行），形成深蓝色的溶液，反应为 $Cu^{2+} + 4NH_3 == [Cu(NH_3)_4]^{2+}$。测量电压，观察有何变化。

再于 $ZnSO_4$ 溶液中加入浓氨水（在通风橱内进行）至生成的沉淀完全溶解为止，反应为 $Zn^{2+} + 4NH_3 == [Zn(NH_3)_4]^{2+}$。测量电压，观察又有什么变化。利用 Nernst 方程式解释实验现象。

2. 酸度的影响

测定以下电池的电动势：

$$Fe | FeSO_4(1mol·L^{-1}) \| K_2Cr_2O_7(0.1mol·L^{-1}) | 石墨电极$$

在重铬酸钾电极溶液中，滴入 1～2 滴 3mol·L^{-1} H_2SO_4 溶液，观察电压有何变化？再往该溶液中滴加 6mol·L^{-1}NaOH 溶液，观察电压又有何变化？为什么？用 Nernst 方程式解释实验现象，写出电池反应方程式。

（三）酸度和浓度对氧化还原反应产物的影响

1. 浓度的影响

操　作		产生的气体颜色	用气室法检验溶液中 NH_4^+
锌粒	5滴浓硝酸		
	5滴稀硝酸		

2. 酸度的影响

操作			现象	解释
2 滴 0.2mol·L⁻¹ Na₂SO₃	1 滴 3mol·L⁻¹ H₂SO₄	1 滴 0.01mol·L⁻¹ KMnO₄ 溶液		
	1 滴纯水			
	1 滴 6mol·L⁻¹NaOH			

（四）浓度对氧化还原反应方向的影响

1. 往盛有 H_2O、CCl_4 和 $0.2mol \cdot L^{-1}$ $(NH_4)Fe(SO_4)_2$ 各 5 滴的试管中加入 5 滴 $0.2mol \cdot L^{-1}$ KI 溶液，振荡后观察 CCl_4 层的颜色。

2. 往盛有 CCl_4、$0.2mol \cdot L^{-1}$ $(NH_4)_2Fe(SO_4)_2$ 和 $0.2mol \cdot L^{-1}$ $(NH_4)Fe(SO_4)_2$ 各 5 滴的试管中，加入 5 滴 $0.2mol \cdot L^{-1}$ KI 溶液，振荡后观察 CCl_4 层的颜色。与上一实验中 CCl_4 层颜色有何区别？为什么？

3. 在实验 1 的试管中，加入少许 NH_4F 固体，振荡，观察 CCl_4 层颜色的变化。为什么？写出反应方程式。

（五）酸度对氧化还原反应速率的影响

在两支各盛 5 滴 $0.2mol \cdot L^{-1}$ KBr 溶液的试管中，分别加入 1 滴 $3mol \cdot L^{-1}$ H_2SO_4 和 $6mol \cdot L^{-1}$ HAc 溶液，然后各加入 1 滴 $0.001mol \cdot L^{-1}$ KMnO₄ 溶液，观察两支试管中紫红色褪去的速度。写出有关反应方程式。

（六）氧化数居中物质的氧化还原性

1. 在试管中加入 5 滴 $0.2mol \cdot L^{-1}$ KI 和 1 滴 $3mol \cdot L^{-1}$ H_2SO_4，再加入 1～2 滴 3% H_2O_2，观察试管中溶液颜色的变化。加入 5 滴四氯化碳，振荡试管，观察四氯化碳层的颜色。

2. 在试管中加入 1 滴 $0.001mol \cdot L^{-1}$ KMnO₄ 溶液，再加入 1 滴 $3mol \cdot L^{-1}$ H_2SO_4 溶液，摇匀后滴加 3 滴 3% H_2O_2，观察溶液颜色的变化。

四、思考题

1. 酸度对电池的电动势影响实验中，如果在 $FeSO_4$ 溶液中加入酸或碱，对电池的电动势有影响吗？为什么。

2. 为什么 H_2O_2 既具有氧化性，又具有还原性？试从电极电势予以说明。

3. 介质的酸碱性对 KMnO₄ 的氧化性有何影响？用本实验事实及电极电势加以说明。

4. 写出电对 $Cr_2O_7^{2-}/Cr^{3+}$ 与电对 Fe^{2+}/Fe 组成原电池的电池符号和电池反应。计算当 $Cr_2O_7^{2-}/Cr^{3+}$ 电极溶液 $pH = 6.00$，$[Cr_2O_7^{2-}] = [Cr^{3+}] = [Fe^{2+}] = 1.0mol \cdot L^{-1}$ 时原电池的电动势。

五、附注

1. 盐桥的制法

称取 1g 琼脂，放在 100mL KCl 饱和溶液中浸泡一会儿，在不断搅拌下加热煮成糊状，趁热倒入 U 形玻璃管中（管内不能留有气泡，否则会增加电阻），冷却即成。

2. 用气室法检验 NH_4^+

将稀硝酸与锌反应的溶液倒在一表面皿上。另取一块较小的表面皿，在其中心黏附一小条湿的红色石蕊试纸（或广泛 pH 试纸）。在反应液表面皿中心加 3 滴 $6mol \cdot L^{-1}$NaOH 溶液，立即扣上粘有试纸条的表面皿，使之形成一气室。将此气室放在手心（有暖气时，可放在暖气片上）温热几分钟，如观察到试纸条变蓝，证明有 NH_4^+ 存在。

实验 2-17 配合物的生成和性质

一、实验目的

熟悉配合物的生成方法和组成特点；了解配离子和简单离子、配合物和复盐的区别；掌握沉淀反应、氧化还原反应及溶液的酸碱性对配位平衡的影响；了解螯合物形成的条件。

二、实验用品

仪器：试管，白瓷点滴板。

固体药品：$CoCl_2 \cdot 6H_2O$。

液体药品：H_2SO_4（浓、$3mol \cdot L^{-1}$），HCl（浓），NaOH（$2mol \cdot L^{-1}$、$0.1mol \cdot L^{-1}$），$NH_3 \cdot H_2O$（$2mol \cdot L^{-1}$），$HgCl_2$（$0.2mol \cdot L^{-1}$），$BaCl_2$（$0.2mol \cdot L^{-1}$），$FeCl_3$（$0.2mol \cdot L^{-1}$），NaCl（$0.2mol \cdot L^{-1}$），KI（$0.2mol \cdot L^{-1}$），KBr（$0.2mol \cdot L^{-1}$），NH_4F（$4mol \cdot L^{-1}$），$CuSO_4$（$0.2mol \cdot L^{-1}$），$(NH_4)_2Fe(SO_4)_2$（$0.2mol \cdot L^{-1}$），$(NH_4)Fe(SO_4)_2$（$0.2mol \cdot L^{-1}$），$Na_2S_2O_3$（$0.2mol \cdot L^{-1}$），$NiSO_4$（$0.2mol \cdot L^{-1}$），$AgNO_3$（$0.1mol \cdot L^{-1}$），$(NH_4)_2C_2O_4$（饱和），KSCN（$0.2mol \cdot L^{-1}$），$K_3[Fe(CN)_6]$（$0.1mol \cdot L^{-1}$），$K_4[Fe(CN)_6]$（$0.1mol \cdot L^{-1}$），二乙酰二肟（1%），无水乙醇，碘水，EDTA（$0.1mol \cdot L^{-1}$），CCl_4。

三、实验内容

（一）配合物的生成

1. 在试管中加入 15 滴 $0.2mol \cdot L^{-1}$ $CuSO_4$ 溶液，逐滴加入 $2mol \cdot L^{-1}$ $NH_3 \cdot H_2O$ 溶液，产生沉淀后继续滴加氨水，直至生成深蓝色透明溶液，再过量 2 滴氨水。该溶液留作后面实验用（下面有 5 个实验将用到此溶液）。

取 4 滴该溶液于试管中，加 4 滴无水乙醇，观察有何现象？

2. 往试管中加入 1 滴 $0.2mol \cdot L^{-1}$ $HgCl_2$ 溶液，逐滴加入 $0.2mol \cdot L^{-1}$ KI 溶液，观察红色 HgI_2 沉淀的生成，继续滴加过量 KI 溶液，观察现象，写出反应方程式。

（二）配合物的组成

1. 在两支试管中各加 2 滴 $0.2mol \cdot L^{-1}$ $CuSO_4$ 溶液，然后分别加入 1 滴 $0.2mol \cdot L^{-1}$ $BaCl_2$ 溶液和 1 滴 $0.1mol \cdot L^{-1}$ NaOH 溶液，观察现象。写出反应方程式。

2. 在两支试管中各加入实验内容（一）1. 保留的溶液 5 滴，一份加入 1 滴 $0.2mol \cdot L^{-1}$ $BaCl_2$ 溶液，另一份加入 1 滴 $0.1mol \cdot L^{-1}$ NaOH 溶液，观察现象，写出反应方程式。根据实验结果，分析该铜氨配合物的内界和外界组成。

（三）简单离子与配离子、复盐与配合物的区别

1. 在试管中加入 3 滴 $0.2mol \cdot L^{-1}$ $FeCl_3$ 溶液，再加入 2 滴 $0.2mol \cdot L^{-1}$ KI 溶液，然后加入 3 滴 CCl_4，充分振荡后观察 CCl_4 层的颜色，写出反应方程式。

以 $0.1mol \cdot L^{-1}$ $K_3[Fe(CN)_6]$（赤血盐）溶液代替 $FeCl_3$ 溶液，做同样的实验，观察现象。比较两者有何不同，并加以解释。

2. 在试管中加 5 滴碘水，观察颜色。然后加 2 滴 $0.2mol \cdot L^{-1}$ $(NH_4)_2Fe(SO_4)_2$ 溶液，观察碘水是否褪色。

以 $0.1mol \cdot L^{-1}$ $K_4[Fe(CN)_6]$（黄血盐）溶液代替 $(NH_4)_2Fe(SO_4)_2$ 溶液做同样的实验，观察现象。比较两者有何不同，并加以解释。

3. 在试管中加 5 滴 $0.2mol \cdot L^{-1}$ $FeCl_3$ 溶液，然后加入 2 滴 $0.2mol \cdot L^{-1}$ KSCN 溶液，观察现象，写出反应方程式（保留溶液待以后实验用）。

以 $0.1mol \cdot L^{-1}$ $K_3[Fe(CN)_6]$ 溶液代替 $FeCl_3$ 溶液，做同样的实验，观察现象有何不同，并解释原因。

根据以上实验，说明简单离子和配离子有哪些区别。

4. 用实验说明硫酸铁铵是复盐，铁氰化钾是配合物，写出操作步骤并用实验验证。

（四）配离子稳定性比较

取 2 滴 $0.2mol \cdot L^{-1}$ $FeCl_3$ 溶液于试管中，加入 2 滴 $0.2mol \cdot L^{-1}$ KSCN 溶液，观察溶液颜色的变化，再滴加 $4mol \cdot L^{-1}$ NH_4F 溶液，直至溶液颜色完全褪去，然后往溶液中再滴加饱和 $(NH_4)_2C_2O_4$ 溶液，溶液颜色又有何变化，写出有关反应方程式。

根据溶液颜色的变化，比较这三种 Fe(Ⅲ) 配离子的稳定性。

（五）配位平衡的移动

1. 配离子的离解和平衡移动

取米粒大小的 $CoCl_2 \cdot 6H_2O$ 于试管中，滴加少量水溶解，观察溶液颜色。再往试管中滴加浓盐酸，观察颜色变化，再滴加水，颜色又有何改变，解释现象。

$$[Co(H_2O)_6]^{2+} + 4Cl^- \rightleftharpoons [CoCl_4]^{2-} + 6H_2O$$

2. 配位平衡与沉淀溶解平衡

往试管中加入 3 滴 $0.1mol \cdot L^{-1}$ $AgNO_3$ 溶液，加 1 滴 $0.2mol \cdot L^{-1}$ 的 NaCl 溶液，有什么现象？再往试管中滴加 $2mol \cdot L^{-1}$ $NH_3 \cdot H_2O$ 有何现象？再滴加 $0.2mol \cdot L^{-1}$ 的 KBr 溶液，又有什么现象？再滴加 $0.2mol \cdot L^{-1}$ 的 $Na_2S_2O_3$ 溶液，振荡，有什么现象？再滴加 $0.2mol \cdot L^{-1}$ 的 KI 溶液，又有什么现象？根据难溶物的溶度积和配合物的稳定常数解释上述一系列现象，并写出有关反应方程式。

3. 配位平衡与氧化还原反应

取两支试管各加入 2 滴 $0.2mol \cdot L^{-1}$ $FeCl_3$ 溶液，然后向一支试管中加入 5 滴饱和草酸铵溶液，另一支试管加 5 滴蒸馏水，再向两支试管中各加 3 滴 $0.2mol \cdot L^{-1}$ 碘化钾溶液和 5 滴四氯化碳，振荡试管。观察两支试管中四氯化碳层的颜色，解释实验现象。

4. 配位平衡与酸碱反应

① 在两支试管中各加入 1 滴 $0.2mol \cdot L^{-1}$ 的 $FeCl_3$ 溶液，分别逐滴加入 $4mol \cdot L^{-1}$ NH_4F 溶液，充分振荡至无色。一份溶液中加入几滴 $2mol \cdot L^{-1}$ 的 NaOH 溶液，另一份加入几滴浓硫酸，观察实验现象，写出反应方程式。

② 取实验内容（一）1. 中自制的 $[Cu(NH_3)_4]^{2+}$ 溶液 5 滴，滴入 $3mol \cdot L^{-1}$ 的硫酸，有什么现象？写出反应方程式。

（六）螯合物的生成

1. 取 1 滴 $0.2mol \cdot L^{-1}$ 的 $NiSO_4$ 溶液于点滴板上，加入 1 滴 $2mol \cdot L^{-1}$ 的氨水和 1 滴 1‰ 二乙酰二肟溶液，观察有什么现象？

Ni^{2+} 与二乙酰二肟反应生成鲜红色的内络盐沉淀。H^+ 浓度过大不利于内络盐的生成，而 OH^- 的浓度也不宜太高，否则会生成 $Ni(OH)_2$ 沉淀。合适的酸度是 pH 值为 5~10。

2. 在前面保留的硫氰酸铁和 $[Cu(NH_3)_4]^{2+}$ 溶液的试管中，各滴加 $0.1mol \cdot L^{-1}$ 的 EDTA 溶液，观察现象并加以解释。写出有关的反应方程式。

四、思考题

1. 通过实验总结简单离子形成配离子后，哪些性质会发生改变？

2. Fe^{3+} 可以将 I^- 氧化成为 I_2，而自身被还原成 Fe^{2+}，但 Fe^{2+} 的配离子 $[Fe(CN)_6]^{4-}$ 又能将 I_2 还原成为 I^-，而自身被氧化成 $[Fe(CN)_6]^{3-}$，这两个反应有无矛盾？为什么？

3. 影响配位平衡的主要因素有哪些？

4. EDTA 是什么物质？它与金属离子形成的配合物有何特点？

五、附注

1. $HgCl_2$ 有毒！使用时要注意安全。实验后废液不要倒入下水道，必须回收到教师指定的容器中。

2. 进行本实验时，凡是生成沉淀的步骤，沉淀量要少，即刚生成沉淀为宜。凡是使沉淀溶解的步骤，加入溶液的量以能使沉淀刚溶解为宜。因此溶液必须逐滴加入，且边加边振荡。若试管中溶液量太多，可倒出部分溶液，再继续进行实验。

3. 在酸性溶液中进行的关于 NH_4F 的实验一定要在通风橱内进行，以防 HF 的产生，并且在实验完毕后尽快处理废液——加入碱。

第三节 元素及化合物性质实验

实验 2-18 卤 素

一、实验目的

验证卤素单质的氧化性及卤离子还原性递变规律；学习鉴定卤离子的方法；了解卤化氢的制备方法和一般性质；掌握卤素含氧酸盐的主要性质。

二、实验用品

仪器：试管，支管试管，烧杯，酒精灯，表面皿，玻璃棒。

固体药品：硫粉，红磷，氯酸钾，碘，氯化钠，溴化钠，碘化钠。

液体药品：$NaOH$（$2mol\cdot L^{-1}$），KI（$0.2mol\cdot L^{-1}$），KBr（$0.2mol\cdot L^{-1}$），$NaCl$（$0.2mol\cdot L^{-1}$），$NaClO$（$0.1mol\cdot L^{-1}$），$MnSO_4$（$0.2mol\cdot L^{-1}$），KIO_3（饱和），$NaHSO_3$（$0.2mol\cdot L^{-1}$），$AgNO_3$（$0.1mol\cdot L^{-1}$），$FeCl_3$（$0.2mol\cdot L^{-1}$），H_2SO_4（$3mol\cdot L^{-1}$、浓），HNO_3（$6mol\cdot L^{-1}$），HCl（$2mol\cdot L^{-1}$、浓），CCl_4，氯水，溴水，碘水，淀粉溶液，品红溶液。

材料：pH 试纸，碘化钾-淀粉试纸，醋酸铅试纸，橡胶塞。

三、实验内容

1. Cl_2、Br_2、I_2 的氧化性与 Cl^-、Br^-、I^- 的还原性

（1）向小试管中加入 2 滴 $0.2mol\cdot L^{-1}$ KI 溶液和 3 滴 CCl_4，再加入 3 滴溴水，振荡试管并观察实验现象，写出反应方程式。

用同样方法试验 $0.2mol\cdot L^{-1}$ KBr 与氯水的反应情况。

比较两组实验结果，说明卤素单质的氧化性和卤离子的还原性强弱顺序和各有关电对电极电势的相对高低。

（2）向小试管中加入 2 滴 $0.2mol\cdot L^{-1}$ KI 溶液和 3 滴 CCl_4，然后加入 3 滴 $0.2mol\cdot L^{-1}$ $FeCl_3$ 溶液，振荡试管并观察实验现象，写出反应方程式。

用同样方法试验 $0.2mol\cdot L^{-1}$ KBr 与 $0.2mol\cdot L^{-1}$ $FeCl_3$ 溶液的反应情况。

思考：若用 $KMnO_4$ 代替 $FeCl_3$ 做上述实验，结果会怎样？

（3）往盛有 2 滴 $0.2mol\cdot L^{-1}$ 的 KI 和 1 滴淀粉混合溶液的试管中逐滴加入氯水，边滴加边振荡，至氯水过量，观察颜色的变化情况。解释溶液由无色变蓝色又变无色的原因。

2. 溴和碘的歧化反应

在小试管中加入 2 滴溴水和 5 滴 CCl_4，振荡后观察 CCl_4 层的颜色，加入 2 滴 2mol·L^{-1} NaOH 溶液振荡试管，观察 CCl_4 层的颜色变化。再加入 4 滴 2mol·L^{-1}HCl，又有什么现象出现。写出反应方程式。

用碘水代替溴水，进行与上面相同的实验。观察实验现象，写出反应方程式。

思考：卤素单质的歧化反应需要怎样的介质条件？

3. 卤化氢的生成和性质

（1）HCl 的生成

取少量 NaCl 固体放入干燥的支管试管中，加入 1 滴管浓 H_2SO_4，塞上胶塞，连通导管，微热支管试管，用湿润的 pH 试纸和 KI-淀粉试纸检验生成气体的性质，并用干燥的试管收集 HCl 气体（如何收集？），收集后塞上胶塞供下面实验用。

（2）HI 的生成

取少量碘和红磷混匀后放入干燥的支管试管里，向混合物上滴几滴水（混合物湿润即可，不要多加），塞上胶塞，连通导管，微热支管试管。用湿润的 pH 试纸检验生成气体的酸碱性，并用干燥的试管收集 HI 气体，收集完后塞上胶塞供下面实验用。

（3）HCl 和 HI 热稳定性的比较

在上述 HCl 和 HI 气体的试管中，分别插入烧热的玻璃棒，观察现象，总结卤化氢热稳定性的变化规律。

（4）HCl、HBr、HI 还原性的比较

取两支试管，分别放入米粒大的 NaBr、NaI 固体，各加入 3 滴浓硫酸，各试管口分别放浸湿的 KI-淀粉试纸和醋酸铅试纸，微热试管，观察试管中的现象和试纸颜色变化情况。结合实验内容 3.（1），比较氯化氢、溴化氢、碘化氢还原性变化规律。

4. Cl^-、Br^-、I^- 的鉴定

取 3 支试管，分别加入 2 滴 0.2mol·L^{-1}NaCl、KBr、KI 溶液，各加入 1 滴 6mol·L^{-1} HNO_3 酸化，然后再各加 2 滴 0.1mol·L^{-1} $AgNO_3$ 溶液，观察沉淀的颜色，解释实验现象。此实验可作为各卤离子单独存在时的鉴定方法。

思考：用生成卤化银的方法鉴定卤离子时为什么必须加入硝酸？

5. 卤素含氧酸盐的性质

（1）次氯酸盐的氧化性

取 4 支试管：试管①加入 4 滴浓盐酸；试管②加 2 滴 0.2mol·L^{-1} $MnSO_4$ 溶液；试管③加入 2 滴 0.2mol·L^{-1}KI 溶液，加 2 滴 3mol·L^{-1}硫酸酸化；试管④加入 2 滴品红溶液。再向每支试管中滴加 3 滴次氯酸钠溶液，解释发生的现象，写出前三个实验反应的反应方程式。

（2）氯酸钾的性质

① 往盛有米粒大小氯酸钾晶体的试管中，加入 3 滴浓硫酸，微热后观察现象。反应方程式为：

$$KClO_3 + H_2SO_4 \Longrightarrow KHSO_4 + HClO_3$$
$$3HClO_3 \Longrightarrow HClO_4 + 2ClO_2 + H_2O \quad (ClO_2 \text{ 在硫酸中为黄色至棕红色})$$

注意：ClO_2 加热或振荡容易发生爆炸，操作时试剂用量一定要严格且温度不宜过高。

② 在试管中加入豆粒大小的氯酸钾，用少量水将其溶解配成溶液。取另一支试管加 2 滴 0.2mol·L^{-1}KI 溶液，然后加几滴刚配制的氯酸钾溶液，观察现象。再加 1 滴 3mol·L^{-1} H_2SO_4 酸化后，观察溶液的颜色变化。继续往该溶液中滴加氯酸钾溶液并加热试管，又有何变化，解释实验现象，写出有关的反应方程式。

③ 取半勺氯酸钾晶体在研钵中研细，再取半勺干燥的硫黄粉与之小心混合均匀后用纸包紧，拿到室外，用铁锤猛击即发生爆炸反应。反应方程式为：

$$2S + 4KClO_3 =\!=\!= 2K_2O + 2SO_2 + 2Cl_2 + 3O_2$$

（3）碘酸钾的氧化性

① 取 3 滴 KIO_3 饱和溶液，加 2 滴淀粉溶液和 1 滴 $3mol \cdot L^{-1}$ H_2SO_4 溶液，逐滴加入 $0.2mol \cdot L^{-1}NaHSO_3$ 溶液，边加边振荡。观察溶液颜色的变化，解释实验现象。

② 取 3 滴 KIO_3 饱和溶液，加 1 滴 $3mol \cdot L^{-1}$ H_2SO_4、3 滴 $0.2mol \cdot L^{-1}$ KI 溶液和 2 滴淀粉溶液。观察溶液的颜色变化，解释有关现象。

四、思考题

1. 若足量卤素单质与少量铁粉在溶液中反应，将各生成什么产物？

2. "将氯水逐滴加入到 KI-淀粉混合溶液中直至氯水过量"与"将 KI 溶液逐滴加入到氯水-淀粉混合溶液中直至 KI 过量"，两种操作中溶液颜色变化会相同吗？为什么？

3. 结合本实验和实验 2-14 的内容，说明如何将混合溶液中的 Cl^-、Br^-、I^- 分离开？

4. 为什么不用 NaBr、NaI 与浓 H_2SO_4 反应制取 HBr 和 HI 气体？若用类似的方法制备 HBr 和 HI 气体，应选择哪种酸与 NaBr、NaI 反应？

5. 本实验内容 3. 的（2）制备 HI 的操作，碘和红磷混合物要放入干燥试管中，而又要滴水，二者是否矛盾？能否用湿润的试管收集 HI 气体？

实验 2-19 氧 和 硫

一、实验目的

掌握过氧化氢的性质和鉴定方法；掌握硫化氢的性质；掌握不同氧化态硫的含氧酸盐的主要性质；了解硫化氢和二氧化硫的简单制备方法和安全操作。

二、实验用品

仪器：表面皿，烧杯，支管试管，试管。

固体药品：硫化亚铁，亚硫酸氢钠，过二硫酸钾。

液体药品：H_2SO_4（$3mol \cdot L^{-1}$、浓），HNO_3（浓），HCl（$2mol \cdot L^{-1}$、$6mol \cdot L^{-1}$），$AgNO_3$（$0.1mol \cdot L^{-1}$），$KMnO_4$（$0.01mol \cdot L^{-1}$），KI（$0.2mol \cdot L^{-1}$），$MnSO_4$（0.002 $mol \cdot L^{-1}$），Na_2S（$0.2mol \cdot L^{-1}$），$Na_2S_2O_3$（$0.2mol \cdot L^{-1}$），$K_2Cr_2O_7$（$0.1mol \cdot L^{-1}$），$BaCl_2$（$0.2mol \cdot L^{-1}$），$Hg(NO_3)_2$（$0.2mol \cdot L^{-1}$），二硫化碳，碘水，氯水，品红溶液。

材料：滤纸，pH 试纸，胶塞。

三、实验内容

（一）H_2O_2

1. H_2O_2 的性质

（1）向试管中加 3 滴 $0.2mol \cdot L^{-1}$ KI 溶液，再加入 3 滴 CCl_4，用 2 滴 $3mol \cdot L^{-1}$ H_2SO_4 酸化后加入 3 滴 3％ H_2O_2，振荡后观察并记录 CCl_4 层的颜色，写出离子方程式。

（2）向试管中加 2 滴 $0.01mol \cdot L^{-1}$ $KMnO_4$ 溶液，用 1 滴 $3mol \cdot L^{-1}$ H_2SO_4 酸化后滴加 3％ H_2O_2 溶液，观察溶液的颜色变化，写出离子方程式。

（3）向试管中加入 1 滴管 3％ H_2O_2 溶液，加入豆粒大小 MnO_2 粉末，用拇指堵住试管口后迅速用火柴余烬检验生成的气体，写出反应方程式。

根据以上实验结果归纳 H_2O_2 的性质。

2. H_2O_2 的鉴定

往试管中加入 3 滴 3％ H_2O_2，用 2 滴 $3mol \cdot L^{-1}$ H_2SO_4 酸化，再加 5 滴乙醚和 2 滴

$0.1mol \cdot L^{-1} K_2Cr_2O_7$ 溶液，振荡试管，观察乙醚层的颜色。离子方程式为：

$$Cr_2O_7^{2-} + 4H_2O_2 + 2H^+ \Longrightarrow 5H_2O + 2CrO_5 \text{（深蓝色）}$$

CrO_5 在水中不稳定，但可较稳定地存在于乙醚、戊醇等有机溶剂中，此反应用于鉴定 H_2O_2。

（二）H_2S 的制备和性质

准备工作：用胶管将支管试管和一带尖嘴的导管连接好，准备一适合支管试管口的胶塞；在一小试管中加 3 滴 $0.01mol \cdot L^{-1} KMnO_4$ 溶液和 1 滴 $3mol \cdot L^{-1} H_2SO_4$ 酸化；在另一小试管中加入 $3mL$ 蒸馏水；点燃酒精灯备用。

1. 制备

取一小块固体 FeS 放入支管试管中，然后加入 1 滴管 $6mol \cdot L^{-1}$ HCl 溶液，迅速塞好胶塞，将导气管尖嘴插入装蒸馏水的试管中，制 H_2S 的饱和溶液（注意不要通气时间过长，以免产气量减少影响下面实验效果，保留溶液供后面实验用），然后进行下列性质实验。

2. 性质

（1）H_2S 的燃烧　将导气管从蒸馏水中取出，迅速用卫生纸擦一下，用酒精灯点燃尖嘴处的 H_2S 气体，观察空气充足时 H_2S 气体的燃烧情况（若气流较小可微热支管试管）；然后将干燥的小烧杯罩在尖嘴的上方，观察空气充不足时 H_2S 气体的燃烧情况（附着在烧杯底部的燃烧产物的颜色和状态怎样？），写出反应方程式。

（2）H_2S 的还原性　将 H_2S 通入事先准备好的 $KMnO_4$ 溶液中，注意观察溶液颜色变化和产物的状态，写出相关的化学方程式。

注意：H_2S 与空气的混合物具有爆鸣气的性质，先通入蒸馏水中一段时间的目的是赶尽试管中的空气并制备 H_2S 饱和溶液，防止气体外逸。H_2S 有剧毒，用完尾气注意用水吸收或迅速处理掉发生装置中的残留物，以免气体外逸污染环境。

（3）H_2S 溶液的酸碱性　用 pH 试纸检测所制得 H_2S 溶液的 pH 值。

根据实验结果，归纳总结 H_2S 的性质。

（三）SO_2 的制备和性质

准备工作：将制备气体用连接有导气管、尖嘴和胶塞的支管试管准备好。取 4 支试管：试管 A 中加入 $1mL$ 蒸馏水；试管 B 中加 $1mL$ H_2S 饱和溶液；试管 C 中加 5 滴 $0.1mol \cdot L^{-1}$ $K_2Cr_2O_7$ 溶液，并加 2 滴 $3mol \cdot L^{-1} H_2SO_4$ 酸化；试管 D 加 3 滴品红溶液并用 5 滴蒸馏水稀释。将装有不同溶液的四支试管依次放在试管架上备用。

向支管试管中加入 1 药勺 $NaHSO_3$ 固体和 1 滴管浓 H_2SO_4。盖上胶塞，将导出的 SO_2 气体分别通入上述四支试管的液体中，每通一个试管，都要将导气管尖嘴在装有蒸馏水的烧杯中涮洗一下（为防止气体损失，速度要快。若气量不足，可微热支管试管）。观察试管 B、C、D 中反应的实验现象，写出有关反应方程式。用 pH 试纸检测 A 试管溶液的 pH 值。将反应后的 D 试管加热，结果又怎样？通过上述实验，归纳总结 SO_2 的性质。

SO_2 与品红反应生成不稳定加合物而脱色，反应为

受热后不稳定加合物分解而恢复品红的颜色。此实验可用于鉴定 SO_2 气体。

（四）硫代硫酸盐的性质和鉴定

1. 硫代硫酸盐的性质

（1）往装有 3 滴碘水的试管中滴加 $0.2mol \cdot L^{-1}$ $Na_2S_2O_3$ 溶液，观察现象，写出反应方程式。

（2）往装有 2 滴 $0.2mol \cdot L^{-1}$ $Na_2S_2O_3$ 溶液的试管中滴加氯水，如有沉淀，继续加氯水，振荡试管直至沉淀消失。设法证明 SO_4^{2-} 的生成，写出反应方程式。

（3）往装有 3 滴 $0.2mol \cdot L^{-1}$ $Na_2S_2O_3$ 溶液的试管中，加 2 滴 $6mol \cdot L^{-1}$ 盐酸，有何现象？写出有关反应方程式。

根据上述实验，总结硫代硫酸盐的性质。

2. 硫代硫酸盐的鉴定

往装有 3 滴 $0.2mol \cdot L^{-1}$ $Na_2S_2O_3$ 溶液的试管中，滴加 $0.1mol \cdot L^{-1}$ $AgNO_3$ 溶液直至产生大量沉淀，观察放置过程中沉淀颜色的变化。反应方程式为

$$Na_2S_2O_3 + 2AgNO_3 \xrightarrow{\quad\quad} Ag_2S_2O_3 \downarrow （白）+ 2NaNO_3$$
$$Ag_2S_2O_3 + H_2O \xrightarrow{\quad\quad} Ag_2S \downarrow （黑）+ H_2SO_4$$

注：$Ag_2S_2O_3$ 不稳定，放置时逐渐分解产生 Ag_2S，颜色经历由白色→黄色→棕色→黑色的转变过程。利用 $Ag_2S_2O_3$ 分解的颜色变化，可以鉴定 $S_2O_3^{2-}$ 的存在。

（五）过二硫酸盐的氧化性

1. 取 2 支试管，各加入 5 滴 $3mol \cdot L^{-1}$ H_2SO_4、10 滴蒸馏水、1 滴 $0.002mol \cdot L^{-1}$ $MnSO_4$ 和豆粒大小的 $K_2S_2O_8$ 固体。向其中一支试管中加 1 滴 $0.1mol \cdot L^{-1}$ $AgNO_3$ 溶液。将 2 支试管分别加热，观察溶液颜色的变化情况，写出反应式。比较两者的反应速率，指出 $AgNO_3$ 的作用。反应方程式为：

$$2MnSO_4 + 5K_2S_2O_8 + 8H_2O \xrightarrow{\quad\quad} 4K_2SO_4 + 8H_2SO_4 + 2KMnO_4 （紫色）$$

2. 往试管中加 5 滴 $0.2mol \cdot L^{-1}$ KI 溶液，加 2 滴 $3mol \cdot L^{-1}$ 硫酸酸化，加入米粒大小的 $K_2S_2O_8$ 固体，观察反应产物的颜色和状态。微热，产物有何变化？写出反应方程式。

（六）鉴别实验

现有 Na_2S、$Na_2S_2O_3$、Na_2SO_3、Na_2SO_4 四种溶液，试选择一种常用试剂将它们区别开。

四、思考题

1. 用 H_2O_2 作氧化剂有什么优点？H_2O_2 溶液能长久放置吗？

2. MnO_2 和 Mn^{2+} 都能催化 H_2O_2 分解，并可用相同的机理解释，请查阅相关的资料，对此加以说明。

3. 硫化氢、硫化钠、二氧化硫水溶液长久放置会有什么变化？如何判断变化情况？

4. 根据实验比较 $S_2O_8^{2-}$ 与 MnO_4^- 氧化性的强弱。为何过二硫酸钾与硫酸锰反应需在酸性介质中进行？

5. 为何亚硫酸盐中常含有硫酸盐，而硫酸盐中则很少含有亚硫酸盐？怎样检测亚硫酸盐中的 SO_4^{2-}？怎样检测硫酸盐中的 SO_3^{2-}？

6. 用 Ag^+ 鉴定 $S_2O_3^{2-}$，开始向硫代硫酸钠溶液中加入硝酸银时并不沉淀，为什么？如果反向操作时又需注意什么？说明原因。

实验 2-20　氮　和　磷

一、实验目的

试验并掌握氨、铵盐及羟胺和联氨的主要性质；试验亚硝酸及其盐、硝酸及其盐的主要性质；掌握铵离子、亚硝酸根离子、硝酸根离子的鉴定方法；试验磷酸盐的酸碱性和溶解性，掌握磷酸根离子、焦磷酸根离子、偏磷酸根离子的鉴定方法。

二、实验用品

仪器：试管，酒精灯，研钵，烧杯，表面皿，点滴板。

固体药品：NH_4NO_3，　　　　$(NH_4)_2SO_4$，NH_4HCO_3，NH_4Cl，KNO_3，$Pb(NO_3)_2$，$AgNO_3$，硫粉，铜片，锌粒。

液体药品：H_2SO_4（$3mol\cdot L^{-1}$、浓），HNO_3（$2mol\cdot L^{-1}$、浓），HAc（$6mol\cdot L^{-1}$），HCl（$2mol\cdot L^{-1}$），$NaNO_2$（$0.2mol\cdot L^{-1}$、饱和），KI（$0.2mol\cdot L^{-1}$），$KMnO_4$（$0.01\ mol\cdot L^{-1}$），$FeSO_4$（$0.2mol\cdot L^{-1}$），$NaNO_3$（$0.2mol\cdot L^{-1}$），Na_3PO_4（$0.1mol\cdot L^{-1}$），Na_2HPO_4（$0.1mol\cdot L^{-1}$），NaH_2PO_4（$0.1mol\cdot L^{-1}$），$Na_4P_2O_7$（$0.1mol\cdot L^{-1}$），$NaPO_3$（偏磷酸钠，$0.1mol\cdot L^{-1}$），$CaCl_2$（$0.2mol\cdot L^{-1}$），$AgNO_3$（$0.1mol\cdot L^{-1}$），钼酸铵（$0.1mol\cdot L^{-1}$），$NaOH$（$2mol\cdot L^{-1}$、$6mol\cdot L^{-1}$），氨水（$2mol\cdot L^{-1}$），奈氏试剂，溴水，蛋白溶液（1%）。

材料：pH 试纸，冰。

三、实验内容

（一）铵盐的性质

1. 溶解性和水解性

将表 2-12 中的铵盐各取豆粒大小分别放入小试管中，观察其颜色、状态，各加 10 滴水，试验它们的溶解性并用的 pH 试纸测定溶液的 pH 值，归纳铵盐的物理性质、溶解性及水解性。

表 2-12　铵盐的性质比较

性　　　质	NH_4Cl	NH_4NO_3	$(NH_4)_2SO_4$	NH_4HCO_3
颜色、状态				
溶解性				
pH 值及酸碱性				

2. 热稳定性

在一支干燥的试管中加少量 NH_4Cl 晶体，将一条润湿的 pH 试纸粘在试管中部内壁上，垂直加热试管底部，观察试纸颜色变化情况，解释原因。设法证明试管壁上的析出物仍然是氯化铵。写出有关反应方程式。

3. 铵离子的鉴定

① 气室法：取几滴铵盐溶液置于一表面皿中心，在另一块表面皿中心黏附一条湿润的红色石蕊试纸或 pH 试纸，然后在铵盐溶液中加几滴 $6mol\cdot L^{-1}$ $NaOH$ 溶液至呈碱性，混匀后，再将粘有试纸的表面皿盖在盛有试液的表面皿上作成"气室"。将此气室放在水浴上微热（或用手心温热），观察试纸颜色的变化。

② 奈氏法：取 1 滴铵盐溶液滴入点滴板中，加 2 滴奈氏试剂（碱性四碘合汞溶液），即生成红棕色沉淀，其反应式为：

$$HgI_2 + 2I^- \Longrightarrow [HgI_4]^{2-}$$

$$NH_4^+ + 2[HgI_4]^{2-} + 4OH^- \Longrightarrow \left[O \underset{Hg}{\overset{Hg}{\diagdown\diagup}} NH_2 \right] I\downarrow + 3H_2O + 7I^-$$

（二）亚硝酸和亚硝酸盐

1. HNO_2 的生成及其稳定性

将分别装有 5 滴饱和 $NaNO_2$ 和 5 滴 $3mol\cdot L^{-1}$ H_2SO_4 的两支试管放在冰水中冷却，然后混合。在冰水中观察溶液的颜色。从冰水中取出试管，在常温下观察亚硝酸的分解，解释现象。

$$2HNO_2 \underset{冷}{\overset{热}{\rightleftharpoons}} H_2O + N_2O_3（蓝色）\underset{冷}{\overset{热}{\rightleftharpoons}} H_2O + NO\uparrow + NO_2\uparrow$$

2. 亚硝酸盐

（1）在 2 滴 $0.2mol \cdot L^{-1}$ $NaNO_2$ 溶液中加入 2 滴 $0.2mol \cdot L^{-1}$ KI 溶液，有无变化？再加入 1 滴 $3mol \cdot L^{-1}$ H_2SO_4 溶液，有何现象？反应产物如何检验？写出反应方程式。

（2）在 3 滴 $0.2mol \cdot L^{-1}$ $NaNO_2$ 溶液中加入 1 滴 $0.01mol \cdot L^{-1}$ $KMnO_4$ 溶液，有无变化？再加入 1 滴 $3mol \cdot L^{-1}$ H_2SO_4 溶液，有何现象？写出反应方程式。

通过上述试验，归纳亚硝酸及其盐具有什么性质？为什么？

（3）亚硝酸根离子的鉴定

取 1 滴 $0.2mol \cdot L^{-1}$ $NaNO_2$ 溶液于试管中，加入 5 滴蒸馏水，再加 2 滴 $6mol \cdot L^{-1}$ HAc 酸化。然后加入 2 滴对氨基苯磺酸和 1 滴 α-萘胺，溶液显红色，其反应式如下：

$$H_2N\text{—}\langle\ \rangle\text{—}SO_3H + \text{（}\alpha\text{-萘胺）} + NO_2^- + 2H^+ == H_2N\text{—}\langle\ \rangle\text{—}N{=}N\text{—}\langle\ \rangle\text{—}SO_3H + 2H_2O$$

（三）硝酸和硝酸盐

1. HNO_3 的性质

（1）浓 HNO_3 与非金属的反应　往试管中加小米粒大小的硫粉和 5 滴浓 HNO_3，加热并观察现象。冷却后，检验产物中的 SO_4^{2-}，写出反应方程式。

（2）浓 HNO_3 与金属的反应　往试管中加入一小片铜和 5 滴浓 HNO_3，观察气体和溶液的颜色。

（3）稀 HNO_3 与金属的反应

① 与 Cu 反应　往试管中加入一小片 Cu 和 5 滴 $2mol \cdot L^{-1}$ HNO_3，微热，与前一结果比较，观察两者有何不同，要特别关注气体在试管内与试管口的颜色区别，写出反应方程式。

② 与 Zn 反应　往试管中加入一个 Zn 粒和 5 滴 $2mol \cdot L^{-1}$ HNO_3，反应片刻后，检验有无 NH_4^+ 生成（用气室法或奈氏法）。

总结硝酸与金属、非金属反应的规律及浓度对其产物的影响，并说明原因。

注意：除 N_2O 外，所有氮的氧化物均有毒，尤以 NO_2 为甚，其最高容忍浓度为每升空气中 $0.005mL$。NO_2 中毒尚无特效药治疗，一般是输氧气以助呼吸与血液循环。硝酸的还原产物多为氮的氧化物，涉及硝酸的反应均应在通风橱内进行。

2. 硝酸盐的性质

在三支干燥的试管中，分别加入少量固体 KNO_3、$Pb(NO_3)_2$、$AgNO_3$，加热，观察反应情况和产物的颜色，检验气体产物，写出有关反应方程式。

总结硝酸盐热分解与阳离子的关系，并解释之。

3. 硝酸根离子的鉴定

在小试管中注入 5 滴 $0.2mol \cdot L^{-1}$ $FeSO_4$ 溶液和 3 滴 $0.2mol \cdot L^{-1}$ $NaNO_3$ 溶液，摇匀，然后斜持试管，沿着管壁慢慢滴入 5 滴浓 H_2SO_4，由于浓硫酸的密度较上述液体大，流入试管底部形成两层，这时两层液体交界面上有一棕色环。其反应方程式如下：

$$NO_3^- + 3Fe^{2+} + 4H^+ == NO + 3Fe^{3+} + 2H_2O$$
$$Fe^{2+} + NO == [Fe(NO)]^{2+} \text{（棕色）}$$

亚硝酰合铁（Ⅱ）离子

（四）磷酸盐的性质和磷酸根离子的鉴定

1. 磷酸盐的性质

（1）用 pH 试纸测定 $0.1mol \cdot L^{-1}$ Na_3PO_4、Na_2HPO_4、NaH_2PO_4 溶液的 pH 值，解释原因。

（2）往三支试管中分别加入 3 滴 $0.1mol \cdot L^{-1}$ 的 Na_3PO_4、Na_2HPO_4、NaH_2PO_4 溶液，再各滴入适量的 $0.1mol \cdot L^{-1} AgNO_3$ 溶液，观察是否都产生沉淀及沉淀的颜色？溶液的酸碱性有无变化？解释之。写出有关的反应方程式。

（3）溶解性　往三支试管中分别加入 3 滴 $0.1mol \cdot L^{-1}$ 的 Na_3PO_4、Na_2HPO_4、NaH_2PO_4 溶液，再各滴入 2 滴 $0.2mol \cdot L^{-1} CaCl_2$ 溶液，观察有何现象？用 pH 试纸测定它们的 pH 值。各加几滴 $2mol \cdot L^{-1}$ 氨水，有何变化？再滴加 $2mol \cdot L^{-1}$ 盐酸，又有何变化？比较磷酸钙、磷酸氢钙、磷酸二氢钙的溶解性，说明它们之间相互转化的条件，写出有关反应方程式。

2. 磷酸根离子的鉴定——磷钼酸铵沉淀法

取 3 滴 $0.1mol \cdot L^{-1} Na_3PO_4$ 溶液于试管中，加入 5 滴浓 HNO_3 和 5 滴 $0.1mol \cdot L^{-1}$ 钼酸铵溶液，水浴加热试管即有黄色沉淀产生。反应式如下：

$$PO_4^{3-} + 3NH_4^+ + 12MoO_4^{2-} + 24H^+ \rightleftharpoons (NH_4)_3PO_4 \cdot 12MoO_3 \cdot 6H_2O \downarrow + 6H_2O$$

注意：磷酸盐、磷酸一氢盐、磷酸二氢盐、磷酸等含 PO_4^{3-} 的物质都能发生此反应，实验需在硝酸介质中进行。

（五）焦磷酸盐、偏磷酸盐的性质

1. 焦磷酸盐的性质

取 3 滴 $0.1mol \cdot L^{-1} Na_4P_2O_7$ 溶液于试管中，滴加 2 滴 $0.1mol \cdot L^{-1} AgNO_3$ 溶液，观察沉淀的生成及颜色，写出反应方程式。

2. 偏磷酸盐的性质

（1）取 3 滴 $0.1mol \cdot L^{-1} NaPO_3$ 溶液于试管中，滴加 2 滴 $0.1mol \cdot L^{-1} AgNO_3$ 溶液，观察沉淀的生成及颜色，写出反应方程式。

（2）取一滴管蛋白质溶液于试管中，再滴加 $0.1mol \cdot L^{-1} NaPO_3$ 溶液，观察蛋白的凝聚。

注：偏磷酸及其盐有毒，可使蛋白质变性而凝聚，而焦磷酸盐和磷酸盐无此性质。

（六）磷酸盐、焦磷酸盐、偏磷酸盐的鉴别

设计实验方案，写出将磷酸盐、焦磷酸盐、偏磷酸盐区分开的实验步骤并加以实验验证。

四、思考题

1. 为什么一般情况下不用 HNO_3 作为反应的酸性介质？稀 HNO_3 与金属反应同稀 H_2SO_4 或稀 HCl 溶液相比有哪些不同？

2. 浓硝酸和稀硝酸与金属、非金属及一些具有还原性的化合物反应时，氮的主要还原产物各是什么？

3. 实验室有三瓶失去标签的溶液，只知道它们分别是亚硝酸钠、硫代硫酸钠和碘化钾，用什么方法把它们鉴别出来？

4. 在盐酸、硫酸和硝酸中，选用哪一种酸最适宜溶解磷酸银沉淀？为什么？

5. 你能用几种方法将无标签的磷酸钠、磷酸氢钠、磷酸二氢钠鉴别出来？

6. 五氯化磷水解后，溶液中存在氯离子和磷酸根离子，但加入硝酸银溶液时只析出氯化银沉淀，为什么？为使磷酸银沉淀析出，需采取什么措施？

实验 2-21　碳、硅、硼

一、实验目的

掌握一氧化碳的制备和性质；试验并了解碳酸盐、硅酸盐、硼酸和硼砂的主要性质，熟悉硼砂珠的实验操作及某些金属偏硼酸盐的特征颜色；掌握硼酸的鉴定方法。

二、实验用品

仪器：试管，烧杯，蒸发皿。

固体药品：硼酸，硼砂，氟化钙，硝酸钴，三氧化二铬，氯化钙，硫酸铜，氯化铁，硫酸锰，硫酸镍。

液体药品：HCl（2mol·L^{-1}、6mol·L^{-1}），H$_2$SO$_4$（浓），NaOH（2mol·L^{-1}、6mol·L^{-1}），氨水（2mol·L^{-1}），BaCl$_2$（0.2mol·L^{-1}），AgNO$_3$（0.1mol·L^{-1}），Na$_2$SiO$_3$（20%），NH$_4$Cl（饱和），Na$_2$CO$_3$（0.2mol·L^{-1}），CuSO$_4$（0.2mol·L^{-1}），Pb（NO$_3$）$_2$（0.001mol·L^{-1}），K$_2$CrO$_4$（0.2mol·L^{-1}），FeCl$_3$（0.2mol·L^{-1}），硼砂（饱和），甲酸，靛蓝，甘油，酚酞、甲基橙、无水乙醇。

材料：pH试纸，玻璃片，滤纸，铂丝（或镍铬丝，可用电炉丝代替）。

三、实验内容

（一）碳及其化合物

1. 活性炭的吸附作用

（1）对靛蓝的吸附

往10滴靛蓝溶液中加入豆粒大小活性炭，充分振荡试管，然后滤去活性炭。观察溶液的颜色变化。并加以解释。

（2）对铅盐的吸附

往10滴0.001mol·L^{-1} Pb(NO$_3$)$_2$溶液的试管中加入豆粒大小的活性炭。振荡试管，滤去活性炭。往清液中加入2滴0.2mol·L^{-1}铬酸钾溶液，观察是否有沉淀生成。用5滴0.001mol·L^{-1} Pb(NO$_3$)$_2$溶液和1滴0.2mol·L^{-1} K$_2$CrO$_4$溶液反应作对比实验。两者反应有何不同？为什么。

2. 一氧化碳的制备和性质

准备工作：往试管中加入5滴0.1mol·L^{-1} AgNO$_3$溶液，再加入2mol·L^{-1}氨水至生成的沉淀溶解为止，制得银氨溶液。

（1）往带尖嘴导管的支管试管中加入1滴管甲酸，再加入1滴管浓硫酸，盖上胶塞，加热支管试管，甲酸即在硫酸作用下脱水产生CO气体。写出反应式。

（2）还原性：将CO气体通入所得的银氨溶液中，观察反应产物的颜色和状态。

$$Ag^+ + 2NH_3 \Longrightarrow [Ag(NH_3)_2]^+$$
$$2[Ag(NH_3)_2]^+ + CO + 2OH^- \Longrightarrow 2Ag\downarrow + 2NH_4^+ + CO_3^{2-} + 2NH_3$$

（3）可燃性：将纯CO气体点燃，观察火焰的颜色。写出反应方程式。

注意：为防止爆鸣，CO气体点燃前应验纯。让生成的CO先同银氨溶液反应，可同时把试管内的空气排出，从而保证CO纯净，以适宜作燃烧实验。

3. Na$_2$CO$_3$溶液与一些金属离子在溶液中的反应

（1）往2滴BaCl$_2$溶液中加入2滴0.2mol·L^{-1} Na$_2$CO$_3$溶液，观察沉淀的颜色和状态，写出反应方程式。试验沉淀物在酸中的溶解情况（什么酸？）。

（2）往2滴CuSO$_4$溶液中加入2滴0.2mol·L^{-1} Na$_2$CO$_3$溶液，观察沉淀的颜色和状态，写出反应方程式。

（3）往2滴FeCl$_3$溶液中加入2滴0.2mol·L^{-1} Na$_2$CO$_3$溶液，观察沉淀的颜色和状态，写出反应方程式。

思考：Na$_2$CO$_3$溶液作沉淀剂与金属离子反应时，会产生哪三类沉淀？怎样解释？

（二）硅的化合物

1. 硅酸盐的水解

（1）用红色石蕊试纸或 pH 试纸检验 Na_2SiO_3 溶液的酸碱性，解释其原因。

（2）加 5 滴 20% Na_2SiO_3 溶液于试管中，再加入 10 滴饱和的 NH_4Cl 溶液。将润湿的红色石蕊试纸置于试管口，微热试管，有什么现象？解释原因，写出反应方程式。

2. 硅酸水凝胶的生成

向试管中注入 1mL 20% Na_2SiO_3 溶液，然后逐滴加入 $6mol \cdot L^{-1}$ HCl 溶液，边加边振荡试管，当有乳白色物质产生时停止加酸，观察凝胶的生成，写出反应方程式。

注：生成硅酸水凝胶的适宜 pH 值为 5～10，可往 Na_2SiO_3 溶液中加 1 滴酚酞溶液控制生成凝胶的 pH 值，当加酸至红色刚好褪去（pH 值约为 8），凝胶即可生成。

3. 微溶性硅酸盐的生成

在 100mL 烧杯中加入约 2/3 体积的 20% Na_2SiO_3 溶液，分别取玉米粒大小的固体 $CaCl_2$、$CuSO_4$、$Co(NO_3)_2$、$NiSO_4$、$MnSO_4$、$FeCl_3$ 各一粒，分散投入烧杯中的不同位置，静置 30min 后，观察现象（实验完毕，立即洗净烧杯，以免溶液腐蚀烧杯）。

原理：盐的金属离子与硅酸钠反应，生成不同颜色的硅酸盐沉淀，在固体、液体的接触面形成半透膜，由于渗透压的关系，水不断渗入膜内，胀破半透膜使溢出的盐溶液又与硅酸钠接触，生成新的膜。经反复作用，溶液中长出芽状或树枝状的物质，由于各种盐的颜色不同，整体效果似水中花园。

4. 玻璃（硅酸盐）与氢氟酸的作用

将玻璃片涂上石蜡，在石蜡上刻上字迹或图案，刻痕必须穿过蜡层露出玻璃。取少量 CaF_2 用水调成糊状，涂在刻痕上，在糊状物上滴几滴浓 H_2SO_4。放置 1h 左右，用水冲净表面，刮去石蜡，观察玻璃表面的字迹或图案，解释并写出反应方程式（此反应时间较长，应在做其他实验前首先做这个试验，待其他实验结束后再洗净玻璃观察结果）。

（三）硼的化合物

1. 硼酸的性质

（1）用 pH 试纸测定饱和硼酸溶液的 pH 值，写出其在水中的解离反应式。

（2）往盛有 5 滴饱和硼酸溶液的试管中加入 1 滴甲基橙和 2 滴甘油，振荡试管，观察加甘油前后溶液颜色的变化（如不明显，可在另一试管加 5 滴饱和硼酸溶液和 1 滴甲基橙做对比），解释原因。

硼酸与甘油的反应为：

$$
\begin{array}{c}
CH_2OH \\
| \\
HOCH \\
| \\
CH_2OH
\end{array}
+
\begin{array}{c}
HO \\
B-OH \\
HO
\end{array}
=
\left[
\begin{array}{c}
CH_2-O \\
HOCH \quad B-O \\
CH_2-O
\end{array}
\right]^-
+ H^+ + 2H_2O
$$

思考：硼酸在水中的解离方式有什么特殊性？为什么？

2. 硼酸及其盐的鉴定

向置于石棉网上的蒸发皿中放入少量硼酸（或硼砂）晶体，1 滴管无水乙醇和 5 滴浓硫酸，混合后点燃，观察火焰的颜色有何特征？

硼酸和乙醇反应形成硼酸三乙酯，硼酸三乙酯为易燃物，燃烧时产生绿色火焰，可用来鉴定硼的化合物。相关的反应式为：

$$3C_2H_5OH + H_3BO_3 == B(OC_2H_5)_3 + 3H_2O$$

$$2B(OC_2H_5)_3 + 18O_2 == 12CO_2 + 15H_2O + B_2O_3$$

3. 硼砂珠试验

铂丝（或镍铬丝，可用电炉丝代替）在使用过程中的清洁方法是：在点滴板凹槽内加几滴 $6mol \cdot L^{-1}$ 的盐酸，将铂丝一端弯一小圈，另一端用坩埚钳夹住，在氧化焰上灼烧片刻后浸入酸中，取出再灼烧，如此重复至火焰不再有其他颜色即可。

（1）硼砂珠制备：用上述方法处理过的铂丝或镍铬丝，一端蘸取一些硼砂固体在氧化焰上灼烧并使之熔融成透明的圆珠（若一次不成珠可多次蘸取硼砂烧熔）。观察硼砂珠的颜色和状态。

（2）用硼砂珠鉴定钴和铬盐：用烧热的硼砂珠蘸上少量 $Co(NO_3)_2$，烧融后观察其在热时和冷时的颜色；用 Cr_2O_3 固体代替 $Co(NO_3)_2$ 做硼砂珠实验，颜色又如何？

四、思考题

1. 试用最简单的方法鉴别下列气体：

（1）H_2、CO、CO_2 （2）CO_2、SO_2、N_2

2. 下列两个反应有无矛盾，为什么？哪个反应能比较碳酸和硅酸的酸性强弱，为什么？

$$CO_2 + Na_2SiO_3 + H_2O = H_2SiO_3 \downarrow + Na_2CO_3$$

$$Na_2CO_3 + SiO_2 \xrightarrow{\text{熔融}} Na_2SiO_3 + CO_2 \uparrow$$

3. 试述区别碳酸钠、硅酸钠和硼砂的实验方法？

4. 硼砂溶于水后生成了哪些物质？为什么硼砂溶液具有对酸碱的缓冲作用？

实验 2-22　锑、铋、锡、铅、铝

一、实验目的

了解 $Sb(III)$、$Bi(III)$ 盐的水解性和氢氧化物的酸碱性；掌握 $Bi(III)$ 化合物的还原性和 $Bi(V)$ 化合物的氧化性；总结出它们的变化规律。

试验金属铝与非金属氧、硫、碘的反应。了解铝盐的水解性。试验并掌握锡（II）、铅（II）氢氧化物的酸碱性、锡（II）的强还原性和铅（IV）的强氧化性。了解锡、铅难溶盐的生成条件和性质。

二、实验用品

仪器：试管、烧杯、蒸发皿。

固体药品：Al，$NaAc$，PbO_2，$NaBiO_3$。

液体药品：H_2SO_4（$3mol \cdot L^{-1}$），HNO_3（$2mol \cdot L^{-1}$、$6mol \cdot L^{-1}$），HCl（$2mol \cdot L^{-1}$、$6mol \cdot L^{-1}$），$NaOH$（$2mol \cdot L^{-1}$，$6mol \cdot L^{-1}$），$NH_3 \cdot H_2O$（$2mol \cdot L^{-1}$），$Bi(NO_3)_2$（$0.2mol \cdot L^{-1}$），$SbCl_3$（$0.2mol \cdot L^{-1}$），$MnSO_4$（$0.002mol \cdot L^{-1}$），$Pb(NO_3)_2$（$0.2mol \cdot L^{-1}$），$SnCl_2$（$0.2mol \cdot L^{-1}$），Na_2SO_4（$0.2mol \cdot L^{-1}$），KI（$0.2mol \cdot L^{-1}$），K_2CrO_4（$0.2mol \cdot L^{-1}$），$HgCl_2$（$0.1mol \cdot L^{-1}$），氯水。

材料：KI-淀粉试纸。

三、实验内容

（一）锑和铋

1. 锑（III）盐和铋（III）盐的水解性

（1）$SbCl_3$ 的水解作用　加 5 滴 $0.2mol \cdot L^{-1}$ $SbCl_3$ 溶液于试管中，加几滴蒸馏水稀释之，观察沉淀的生成。滴加 $6mol \cdot L^{-1}$ HCl 溶液到沉淀刚好溶解，再稀释又有什么变化？写出反应方程式并加以解释。

（2）$Bi(NO_3)_3$ 的水解作用　以 $0.2mol \cdot L^{-1}$ $Bi(NO_3)_3$ 溶液替代 $SbCl_3$ 溶液进行上述实验，有怎样的现象？写出反应方程式并加以解释。

2. 氢氧化物的生成和性质

（1）取两支试管各加 2 滴 $0.2mol \cdot L^{-1}$ $SbCl_3$ 溶液和 2 滴 $2mol \cdot L^{-1}$ $NaOH$ 溶液，观察沉淀的生成和颜色。往一支试管中加几滴 $6mol \cdot L^{-1}$ HCl 溶液，另一支试管中加入几滴 $6mol \cdot$

L^{-1}NaOH 溶液，观察沉淀的溶解情况。解释现象，写出反应方程式。

（2）以 $0.2mol \cdot L^{-1}Bi(NO_3)_3$ 溶液替代 $SbCl_3$ 溶液进行上述实验，有怎样的现象？写出反应方程式并加以解释。

通过上述实验总结 $Sb(OH)_3$ 和 $Bi(OH)_3$ 酸碱性的递变规律。

3. Bi（Ⅲ）的还原性和 Bi（Ⅴ）的氧化性

（1）在试管中加入 5 滴 $0.2mol \cdot L^{-1}Bi(NO_3)_3$ 溶液，加入 3 滴 $6mol \cdot L^{-1}$NaOH 溶液和几滴氯水，微热并观察棕黄色沉淀产生，倾去溶液，再加浓 HCl 于沉淀物中，用润湿的 KI-淀粉试纸检验氯气的生成，解释实验现象，写出反应方程式。

（2）在试管中加 1 滴 $0.002mol \cdot L^{-1}$ $MnSO_4$ 溶液中，5 滴 $6mol \cdot L^{-1}HNO_3$，1mL 水，摇匀后加入绿豆大小的 $NaBiO_3$ 固体，微热试管，观察溶液颜色的变化，写出反应方程式。

（二）锡和铅

1. Sn(Ⅱ)、Pb(Ⅱ) 氢氧化物的生成和酸碱性

（1）取 2 支试管，分别滴加 3 滴 $0.2mol \cdot L^{-1}$ $SnCl_2$ 溶液和 2 滴 $2mol \cdot L^{-1}$ NaOH 溶液，观察沉淀的生成。然后向其中一支试管滴加 $2mol \cdot L^{-1}$HCl，另一支试管滴加 $2mol \cdot L^{-1}$ NaOH 溶液，观察沉淀是否溶解，写出反应方程式。保留后一支试管溶液供后面实验用。

（2）按以上方法用 $0.2mol \cdot L^{-1}$ $Pb(NO_3)_2$ 溶液与 $2mol \cdot L^{-1}$NaOH 溶液反应制备 $Pb(OH)_2$ 沉淀，试验其对稀酸（需选择哪种酸？）和稀碱的作用。写出反应方程式。

根据实验结果，总结 $Sn(OH)_2$ 和 $Pb(OH)_2$ 的酸碱性。

2. Sn（Ⅱ）的还原性

在实验内容（二）1.（1）保留的亚锡酸钠溶液中滴加 3 滴 $0.2mol \cdot L^{-1}Bi(NO_3)_3$ 溶液，观察实验现象。这一反应可用于鉴定 Sn^{2+} 和 Bi^{3+}。反应方程式为

$$3Sn(OH)_4^{2-} + 2Bi^{3+} + 6OH^- === 3[Sn(OH)_6]^{2-} + 2Bi\downarrow$$

3. Pb（Ⅳ）的氧化性

取米粒大小 PbO_2 固体，加入 10 滴 $3mol \cdot L^{-1}H_2SO_4$、10 滴水及 1 滴 $0.002mol \cdot L^{-1}$ $MnSO_4$ 溶液，微热。观察实验现象并写出反应方程式。

4. 铅的难溶盐

（1）$PbCl_2$ 3 滴 $0.2mol \cdot L^{-1}Pb(NO_3)_2$ 溶液中加 2 滴 $2mol \cdot L^{-1}$HCl 和 10 滴蒸馏水，观察 $PbCl_2$ 沉淀的生成。加热试管，有何现象？冷却后，又有什么变化？根据实验结果说明 $PbCl_2$ 的溶解度与温度的关系。

（2）PbI_2 取 2 滴 $0.2mol \cdot L^{-1}Pb(NO_3)_2$ 溶液用水稀释至 1mL 后，加 2 滴 $0.2mol \cdot L^{-1}$KI 溶液，观察黄色 PbI_2 沉淀的生成，试验它在热水和冷水中的溶解情况。

（3）$PbCrO_4$ 取 2 滴 $0.2mol \cdot L^{-1}Pb(NO_3)_2$ 溶液，滴加 2 滴 $0.2mol \cdot L^{-1}$ K_2CrO_4 溶液，观察 $PbCrO_4$ 沉淀的生成和沉淀的颜色。试验它在 $6mol \cdot L^{-1}HNO_3$ 和 $6mol \cdot L^{-1}$NaOH 中的溶解情况。写出有关的反应方程式。

（4）$PbSO_4$ 在 1mL 蒸馏水中滴入 2 滴 $0.2mol \cdot L^{-1}Pb(NO_3)_2$ 溶液，再滴入几滴 $0.2mol \cdot L^{-1}Na_2SO_4$ 溶液，即得白色 $PbSO_4$ 沉淀。加入少许 NaAc 固体，微热，并不断振荡，观察沉淀是否溶解？解释现象并写出有关的反应方程式。

（三）铝

1. 铝在空气中的氧化

用砂纸将一小块铝片表面氧化膜擦净，在铝的表面上滴 2 滴 $0.1mol \cdot L^{-1}$ $HgCl_2$ 溶液，当与溶液接触的铝表面呈灰色时，用软纸擦去液体，将铝片放置在空气中，铝片表面所生成大量白毛状水合氧化铝（$Al_2O_3 \cdot xH_2O$）时，观察其颜色和状态。有关反应式为：

$$2Al + 3Hg^{2+} === 2Al^{3+} + 3Hg\downarrow (Al-Hg 齐)$$

$$4Al(Hg) + 3O_2 + xH_2O \rightleftharpoons 2Al_2O_3 \cdot xH_2O（白毛）+ （Hg）$$

2. 铝与水的反应

将步骤 1 中的铝片放入盛有 2mL 蒸馏水的试管中，观察铝与水的反应现象（若反应慢可微微加热试管）。写出有关反应式。

3. $Al(OH)_3$ 的性质

将步骤 2 中得到的浑浊液分为三份，分别试验其与 $2mol \cdot L^{-1}$ HCl 溶液、$2mol \cdot L^{-1}$ NaOH 溶液和 $2mol \cdot L^{-1}$ $NH_3 \cdot H_2O$ 溶液的反应情况，写出反应方程式，归纳其性质。

四、思考题

1. 实验室中配制 $SbCl_3$、$Bi(NO_3)_3$ 溶液时需要注意什么？应该怎样操作？

2. 列出你知道的能把 Mn^{2+} 氧化为 MnO_4^- 的几种常用试剂。

3. 实验室中怎样配制和保存 $SnCl_2$ 溶液？为什么？

4. 试说明泡沫灭火器的工作原理。试设计一套用于验证该原理的简易实验仪器。

5. 今有未贴标签无色透明的 $SnCl_2$、$SnCl_4$ 溶液各一瓶，设法鉴别。

实验 2-23 碱金属和碱土金属

一、实验目的

了解钾、钠、钙、镁等单质与水的反应活性；掌握钠与氧反应的特点，了解过氧化钠的性质；试验钠、钾微溶盐、碱土金属难溶盐及碱土金属氢氧化物的溶解情况；学会利用焰色反应鉴定碱金属、碱土金属离子。

二、实验用品

仪器：烧杯，试管，小刀，镊子，坩埚，坩埚钳，研钵，漏斗。

固体药品：金属钠，钾，钙，镁条。

液体药品：H_2SO_4（$3mol \cdot L^{-1}$），HCl（$2mol \cdot L^{-1}$、$6mol \cdot L^{-1}$），HAc（$2mol \cdot L^{-1}$），NaCl（$0.2mol \cdot L^{-1}$），KCl（$0.2mol \cdot L^{-1}$），$MgCl_2$（$0.2mol \cdot L^{-1}$），$CaCl_2$（$0.2mol \cdot L^{-1}$），$BaCl_2$（$0.2mol \cdot L^{-1}$），新配制的 NaOH（$2mol \cdot L^{-1}$），氨水（$6mol \cdot L^{-1}$），NH_4Cl（饱和），Na_2SO_4（$0.2mol \cdot L^{-1}$），$CaSO_4$（饱和），K_2CrO_4（$0.2mol \cdot L^{-1}$），$KSb(OH)_6$（饱和），$(NH_4)_2C_2O_4$（饱和），$NaHC_4H_4O_6$（饱和），$KMnO_4$（$0.01mol \cdot L^{-1}$），酚酞，乙醇。

材料：铂丝（或镍铬丝、可用电炉丝代替），pH 试纸，钴玻璃，滤纸。

三、实验内容

（一）K、Na、Ca、Mg 与水的反应比较

1. K、Na、Ca、Mg 与水的反应

（1）用镊子取一粒绿豆大小金属 K 和金属 Na（切勿接触皮肤！），用滤纸吸干其表面的煤油并切去表面的氧化膜后，分别放入两只盛有 30mL 水的烧杯中。为确保安全，可将事先准备好的合适漏斗倒扣在烧杯上。观察并比较两者与水反应的情况。反应终止后，分别滴入 2 滴酚酞试剂，检验溶液的酸碱性。写出反应方程式。

（2）将一小粒金属 Ca 放入盛有少量水的试管中，观察反应情况，检验溶液的酸碱性。

（3）取一小段 Mg 条，用砂纸擦去氧化膜后放入试管中，加入少量水，观察有无反应。加热试管，反应情况又如何？加入 2 滴酚酞检验溶液的酸碱性，写出反应方程式。

根据上述反应进行的剧烈程度，分别说明同周期、同主族金属与水反应活性的变化规律。

2. 钠汞齐的生成及其与水的反应

取一绿豆大小金属 Na，吸干其表面的煤油，切去表面的氧化膜后放入研钵中，加一滴

Hg 并研磨，观察产物的颜色和状态。向研钵中加少量水，观察反应情况（与 Na 同水直接反应作比较，情况怎样？），写出反应式。

$$xNa + yHg \longrightarrow Na_xHg_y（钠汞齐）$$
$$Na_xHg_y + xH_2O \longrightarrow xNaOH + yHg + x/2H_2 \uparrow（注意：Hg 必须回收！）$$

（二）Na_2O_2 的生成和性质

1. Na_2O_2 的生成　取一黄豆大小金属 Na，吸干其表面的煤油，切去表面的氧化膜后放入坩埚内加热。当 Na 刚开始燃烧时，停止加热。观察反应情况和产物的颜色、状态。写出反应方程式。

2. Na_2O_2 的性质

（1）Na_2O_2 的碱性　将 Na 的燃烧产物冷却后，往坩埚中加入 2mL 蒸馏水，使产物溶解，用 pH 试纸检验溶液的酸碱性。然后把溶液分成 2 份转移到 2 支试管中。

（2）Na_2O_2 的分解　将一份溶液微热，观察是否有氧气逸出，并检验气体的性质，写出反应方程式。

（3）溶液性质　将另一份溶液用 $3mol \cdot L^{-1}$ H_2SO_4 酸化，滴加 2 滴 $0.01mol \cdot L^{-1}$ 的 $KMnO_4$ 溶液，观察实验现象。

（三）钠、钾微溶盐的生成

1. 钠的微溶盐　往 5 滴 $0.2mol \cdot L^{-1}$ NaCl 溶液中，加入 5 滴饱和六羟基合锑（V）酸钾（$K[Sb(OH)_6]$）溶液。如果无晶体析出，可用玻璃棒摩擦试管壁，然后放置一段时间，观察产物的颜色和状态。反应方程式为：

$$NaCl + KSb(OH)_6 \longrightarrow NaSb(OH)_6 \downarrow（白）+ KCl$$

2. 钾的微溶盐　用上述同样方法试验 $0.2mol \cdot L^{-1}$ KCl 溶液与饱和酒石酸氢钠（$NaHC_4H_4O_6$）溶液反应，观察反应产物的颜色和状态。反应方程式为：

$$KCl + NaHC_4H_4O_6 \longrightarrow KHC_4H_4O_6 \downarrow（白）+ NaCl$$

（四）碱土金属氢氧化物的溶解性

1. $Mg(OH)_2$ 的生成和性质

在 3 支试管中，各加入 3 滴 $0.2mol \cdot L^{-1}$ $MgCl_2$ 溶液，再加入 2 滴 $6mol \cdot L^{-1}$ 氨水，观察 $Mg(OH)_2$ 沉淀的生成。分别试验 $Mg(OH)_2$ 沉淀与饱和 NH_4Cl 溶液，$2mol \cdot L^{-1}$ HCl 溶液和 $2mol \cdot L^{-1}$ NaOH 溶液的反应情况。解释实验现象，写出相关的反应方程式。

2. $Mg(OH)_2$、$Ca(OH)_2$、$Ba(OH)_2$ 的溶解性

在 3 支试管中分别加入 2 滴 $0.2mol \cdot L^{-1}$ 的 $MgCl_2$、$CaCl_2$、$BaCl_2$ 溶液，再各加入 5 滴新配制的 $2mol \cdot L^{-1}$ NaOH 溶液（为什么要新配制？），观察是否有沉淀生成。比较 $Mg(OH)_2$、$Ca(OH)_2$、$Ba(OH)_2$ 的溶解度大小。

（五）碱土金属的难溶盐

1. 镁、钙、钡硫酸盐溶解性比较

（1）在 3 支试管中，分别加 2 滴 $0.2mol \cdot L^{-1}$ $MgCl_2$、$CaCl_2$、$BaCl_2$ 溶液，然后再分别加入 2 滴 $0.2mol \cdot L^{-1}$ Na_2SO_4 溶液，观察现象。若无沉淀生成，可用玻璃棒摩擦试管壁，比较沉淀生成情况，写出反应方程式。

（2）在 2 支分别盛有 2 滴 $0.2mol \cdot L^{-1}$ $CaCl_2$ 和 $0.2mol \cdot L^{-1}$ $BaCl_2$ 溶液的试管中，各加入几滴饱和 $CaSO_4$ 溶液，观察沉淀生成的情况。

通过上述实验，比较 $MgSO_4$、$CaSO_4$、$BaSO_4$ 溶解度的大小。

2. 钙、钡铬酸盐的生成和性质

在 2 支试管中，分别加入 2 滴 $0.2mol \cdot L^{-1}$ $CaCl_2$ 和 $0.2mol \cdot L^{-1}$ $BaCl_2$ 溶液，再各加入 $0.2mol \cdot L^{-1}$ K_2CrO_4 溶液，观察现象。若无沉淀生成，可加 2 滴乙醇。分别试验沉淀与

2mol·L⁻¹HAc 和 2mol·L⁻¹HCl 溶液的反应，写出反应方程式。

3. CaC_2O_4 的生成和性质

在 2 支试管中，分别加入 2 滴 0.2mol·L⁻¹$CaCl_2$ 溶液和 2 滴饱和（NH_4）$_2C_2O_4$ 溶液，观察现象。分别试验沉淀与 2mol·L⁻¹HAc 和 2mol·L⁻¹HCl 溶液的反应，写出反应方程式。

（六）碱金属、碱土金属盐的焰色反应

取一根一端做成小圈的铂丝（或镍铬丝），用坩埚钳夹住一端，将其小圈一端蘸以 6 mol·L⁻¹ HCl 溶液在氧化焰中灼烧，重复几次至火焰无色。然后把待测溶液滴在点滴板的穴孔里，先蘸上一种溶液在氧化焰中灼烧，观察火焰颜色。依照此法，分别对 LiCl、NaCl、KCl、$CaCl_2$、$SrCl_2$、$BaCl_2$ 溶液进行焰色反应试验。注意每进行一次焰色反应后，均需用 6mol·L⁻¹HCl 将金属丝烧至无色。观察钾盐的焰色时，为消除钠对钾焰色的干扰，一般需用蓝色钴玻璃片滤光。

记录各金属离子焰色反应的颜色，此法可用于鉴别碱金属和碱土金属离子。

四、思考题

1. 如何利用化学方法证明钠在空气中燃烧的产物为过氧化钠？

2. 钠的电极电势略高于钙，但钠与水的反应速率远快于钙，为什么？金属同水反应速率的快慢程度与金属活动顺序一致吗？当不一致时应如何解释？

3. 为什么氯化镁溶液中加入氨水时能生成氢氧化镁沉淀和氯化铵，而氢氧化镁沉淀又能溶于饱和氯化铵溶液？两者有无矛盾，试通过化学平衡移动的原理加以说明。

4. 试设计一个分离 K^+、Mg^{2+}、Ba^{2+} 的实验方案。

实验 2-24 铜、银

一、实验目的

了解铜、银的氧化物、氢氧化物的酸碱性；掌握铜（Ⅰ）、铜（Ⅱ）重要化合物的性质和相互转化条件；了解铜、银离子的鉴定方法。

二、实验用品

仪器：试管，烧杯，量筒，离心机。

固体药品：铜屑（或铜粉）。

液体药品：NaOH（2mol·L⁻¹、6mol·L⁻¹），氨水（2mol·L⁻¹、6mol·L⁻¹，浓），H_2SO_4（3mol·L⁻¹），HNO_3（2mol·L⁻¹），HCl（2mol·L⁻¹、浓），HAc（6mol·L⁻¹），$CuSO_4$（0.2mol·L⁻¹），$CuCl_2$（0.2mol·L⁻¹），$AgNO_3$（0.1mol·L⁻¹），KI（0.2mol·L⁻¹），$Na_2S_2O_3$（0.2mol·L⁻¹），$K_4[Fe(CN)_6]$（0.1mol·L⁻¹），葡萄糖溶液（10%）。

三、实验内容

1. 铜的化合物

（1）$Cu(OH)_2$ 和 CuO 的生成和性质

取 3 支试管各加入 2 滴 0.2mol·L⁻¹$CuSO_4$ 溶液和 2 滴 2mol·L⁻¹ NaOH 溶液，观察生成的 $Cu(OH)_2$ 的颜色和状态。向其中一份加 3mol·L⁻¹ H_2SO_4 溶液，第二份加入过量的 2mol·L⁻¹NaOH 溶液，第三份加热到固体变黑后再加 2mol·L⁻¹HCl 溶液，观察分别有何现象发生。总结 $Cu(OH)_2$ 的酸碱性及稳定性，写出以上各反应的化学方程式。

（2）Cu_2O 的生成和性质

取 3 滴 0.2mol·L⁻¹ $CuSO_4$ 溶液于离心试管中，注入过量的 6mol·L⁻¹NaOH 溶液，使起初生成的沉淀全部溶解，得到斐林试剂。再往此澄清的溶液中加入 5 滴 10%葡萄糖溶液，混匀后微热，观察砖红色 Cu_2O 沉淀的生成（注意加热温度不宜过高，时间不要太长，否则会进一步还原为 Cu）。写出有关反应方程式。

将沉淀离心分离并且用蒸馏水洗涤后分成两份：向其中一份加几滴 $3mol \cdot L^{-1}$ H_2SO_4，加热，注意沉淀的变化，解释实验现象；另一份沉淀加入几滴浓氨水，振荡试管使沉淀溶解，观察溶液的颜色，静置一段时间后观察，溶液颜色有何变化？解释有关实验现象。

（3）CuCl 的生成和性质

① CuCl 的生成　向 15mm×150mm 规格的试管中加入 2mL（约 2 滴管）$0.2mol \cdot L^{-1}$ $CuCl_2$ 溶液，加 1mL 浓 HCl 和小半勺铜粉（或几小块铜片），小火加热至微沸，持续到溶液绿色完全消失变成深棕色为止。取出 2 滴，加到少量蒸馏水中，如有白色沉淀产生，则迅速把全部反应液倒入装有 100mL 蒸馏水的烧杯中，观察沉淀的生成和颜色。倾出上层清液，加入 20mL 蒸馏水洗涤沉淀。

② CuCl 的性质　将挤出空气的滴管插入烧杯底部，吸取少量沉淀放入 2 支小试管中，向其中一支试管滴加浓氨水，观察沉淀的溶解及溶液的颜色，放置片刻后振荡试管观察颜色的变化，为什么？向另一支试管滴加浓 HCl，使之溶解，观察现象。写出相关反应方程式。

（4）CuI 的生成

取 5 滴 $0.2mol \cdot L^{-1}$ $CuSO_4$ 溶液于试管中，边滴加 $0.2mol \cdot L^{-1}$ KI 溶液边振荡试管，观察溶液的颜色变化并从试管底部观察沉淀的颜色。逐滴加入 $0.2mol \cdot L^{-1}$ $Na_2S_2O_3$ 溶液，每加一滴都要振荡均匀，至溶液无色以除去反应生成的 I_2（$Na_2S_2O_3$ 不能过量，否则 CuI 会溶解，为什么？）。观察 CuI 的颜色和状态，写出反应方程式。

（5）Cu^{2+} 的鉴定

向试管中加入 1 滴 $0.2mol \cdot L^{-1}$ $CuSO_4$ 溶液，加 3 滴 $6mol \cdot L^{-1}$ HAc 酸化，再加 5 滴 $0.1mol \cdot L^{-1}$ $K_4[Fe(CN)_6]$（黄血盐）溶液，即生成红棕色 $Cu_2[Fe(CN)_6]$ 沉淀。在沉淀中注入 $6mol \cdot L^{-1}$ 氨水，沉淀溶解成深蓝色溶液，表示有 Cu^{2+} 存在（Fe^{3+} 能干扰 Cu^{2+} 的鉴定，若含有 Fe^{3+} 需要预先除去）。写出反应方程式。

2. 银的化合物

（1）Ag_2O 的生成和性质

取 2 支试管，分别加 2 滴 $0.1mol \cdot L^{-1}$ $AgNO_3$ 溶液，和 2 滴新配制的 $2mol \cdot L^{-1}$ NaOH 溶液，振荡试管，观察沉淀的生成和颜色变化，是什么沉淀？离心分离，弃去溶液，用蒸馏水洗涤沉淀。分别与 $2mol \cdot L^{-1}$ HNO_3 溶液和 $2mol \cdot L^{-1}$ 氨水反应，观察现象，并写出反应方程式。

（2）银镜反应

取一洁净的试管，加入 5 滴 $0.1mol \cdot L^{-1}$ $AgNO_3$ 溶液，逐滴加入 $2mol \cdot L^{-1}$ 氨水至起初生成的沉淀刚好溶解为止，再过量 2 滴。然后滴入 5 滴 10% 葡萄糖溶液，摇匀后放在 80～90℃ 热水中静置。观察试管内壁上的变化？写出反应方程式。

注意：银镜生成的关键，一是试管要干净，二是生成过程不能动，所以水浴不能沸腾。否则银镜镀不上去。银镜生成后要趁热洗刷试管，或加几滴硝酸，以免陈化后试管刷不干净。

（3）Ag^+ 的鉴定

取 1 滴 $0.1mol \cdot L^{-1}$ $AgNO_3$ 试液于试管中，加 1 滴 $2mol \cdot L^{-1}$ HCl 溶液，产生白色沉淀。在沉淀中滴加 $6mol \cdot L^{-1}$ 氨水至沉淀完全溶解。此溶液再用 $6mol \cdot L^{-1}$ HNO_3 溶液酸化，又生成白色沉淀，表示有 Ag^+ 存在。

四、思考题

1. 什么是斐林反应？斐林试剂的主要成分是什么？它在医疗上有什么用途？

2. 砖红色的 Cu_2O 溶于氨水得到什么配合物？为什么它很快变成深蓝色呢？

3. Cu_2O 与稀 H_2SO_4 发生哪类反应？沉淀能完全溶解吗？

4. Cu^{2+} 鉴定反应相当灵敏，当有 Fe^{3+} 存在时会不会干扰鉴定？若有干扰，是什么原因？应如何处理？

5. 选用什么试剂能溶解下列沉淀：氢氧化铜、硫化铜、溴化银、碘化银。

实验 2-25　锌、镉、汞

一、实验目的

掌握锌、镉、汞氢氧化物和氧化物的酸碱性；了解锌、镉、汞硫化物的溶解性；了解锌、镉、汞形成配合物的能力及其稳定性规律；熟悉 Hg_2^{2+} 和 Hg^{2+} 的转化反应；掌握 Zn^{2+}、Cd^{2+}、Hg^{2+} 和 Hg_2^{2+} 的鉴定方法。

二、实验用品

仪器：试管，烧杯，离心试管，点滴板，离心机。

液体药品：HCl（$2mol \cdot L^{-1}$、浓），H_2SO_4（$3mol \cdot L^{-1}$），HNO_3（$2mol \cdot L^{-1}$、浓），$NaOH$（$2mol \cdot L^{-1}$、40%），氨水（$2mol \cdot L^{-1}$），$ZnSO_4$（$0.2mol \cdot L^{-1}$），$CdSO_4$（$0.2mol \cdot L^{-1}$），$Hg(NO_3)_2$（$0.2mol \cdot L^{-1}$），$SnCl_2$（$0.2mol \cdot L^{-1}$），Na_2S（$0.2mol \cdot L-1$），KI（$0.2mol \cdot L^{-1}$），$KSCN$（$0.2mol \cdot L^{-1}$），$NaCl$（$0.2mol \cdot L^{-1}$），$Hg_2(NO_3)_2$［$0.2mol \cdot L^{-1}$ $Hg(NO_3)_2$ 溶液中，加几滴金属汞振荡得到］。

三、实验内容

1. 锌、镉、汞氢氧化物和氧化物的生成和性质

（1）锌、镉的氢氧化物生成和性质

在两支试管中各加 2 滴 $0.2mol \cdot L^{-1}$ $ZnSO_4$ 溶液，再分别滴加 $2mol \cdot L^{-1}$ $NaOH$ 溶液至大量沉淀生成（不要过量！）。然后，在一支试管中滴加 $3mol \cdot L^{-1}$ H_2SO_4 溶液，另一支试管继续滴入 $2mol \cdot L^{-1}$ $NaOH$ 溶液，观察现象，写出反应方程式。

用 $0.2mol \cdot L^{-1}$ $CdSO_4$ 代替 $ZnSO_4$ 溶液，重复上述步骤，观察反应现象，并与氢氧化锌比较，写出有关反应方程式。

通过实验结果比较 $Zn(OH)_2$ 和 $Cd(OH)_2$ 的酸碱性。

（2）氧化汞的生成和性质

在两支试管中各加 2 滴 $0.2mol \cdot L^{-1}$ $Hg(NO_3)_2$ 溶液，再分别滴加 $2mol \cdot L^{-1}$ $NaOH$ 溶液，观察产物的颜色和状态。然后，在一支试管中滴加 $2mol \cdot L^{-1}$ HNO_3 溶液；另一支试管滴加 40% $NaOH$ 溶液，解释反应现象，写出有关反应方程式。

2. 锌、镉、汞硫化物的生成和性质

（1）往 3 支试管中分别加 1 滴 $0.2mol \cdot L^{-1}$ $ZnSO_4$、$0.2mol \cdot L^{-1}$ $CdSO_4$、$0.2mol \cdot L^{-1}$ $Hg(NO_3)_2$ 溶液，再分别加入 1 滴 $0.2mol \cdot L^{-1}$ Na_2S 溶液，观察所生成沉淀的颜色。

（2）将沉淀离心分离，弃去清液，往沉淀中分别加入 10 滴 $2mol \cdot L^{-1}$ HCl 溶液，观察沉淀是否溶解。

（3）将（2）中不溶于 $2mol \cdot L^{-1}$ HCl 溶液的沉淀离心分离，往沉淀中注入 10 滴浓盐酸，观察沉淀是否溶解。

（4）将（3）中不溶于浓 HCl 的沉淀离心分离，往沉淀中注入王水（自配：加 3 滴浓 HNO_3 和 9 滴浓 HCl），在水浴上加热，观察沉淀溶解情况。

根据实验，总结锌、镉、汞硫化物溶解度的大小，并说明其溶解方法。写出反应方程式。

3. 锌、镉、汞的配合物

(1) 锌、镉、汞氨合物的生成

在两支试管中分别加入 1 滴 $0.2mol \cdot L^{-1}$ $ZnSO_4$ 和 $0.2mol \cdot L^{-1}CdSO_4$ 溶液，再分别滴加 $2mol \cdot L^{-1}$ 氨水，观察沉淀的生成。继续注入过量的 $2mol \cdot L^{-1}$ 氨水，又有何现象发生？写出有关反应方程式。用 $0.2mol \cdot L^{-1}$ $Hg(NO_3)_2$ 溶液做同样的实验，比较 Zn^{2+}、Cd^{2+}、Hg^{2+} 与氨水反应有什么不同。

(2) 汞配合物的生成和应用

① 往试管中加 1 滴 $0.2mol \cdot L^{-1}$ $Hg(NO_3)_2$ 溶液中，滴加 $0.2mol \cdot L^{-1}$ KI 溶液，观察沉淀的生成和颜色。往该沉淀中继续滴加 KI 溶液直至沉淀刚好溶解为止，不要过量。溶液呈何种颜色？写出反应方程式。

在所得的溶液中，滴加 3 滴 40% NaOH 溶液，即得到奈斯勒试剂。在点滴板凹孔内试验其与氨水（或铵盐溶液）的反应，观察沉淀的颜色。

② 往 2 滴 $0.2mol \cdot L^{-1}Hg(NO_3)_2$ 溶液中，逐滴加入 $0.2mol \cdot L^{-1}$ KSCN 溶液，最初生成白色的 $Hg(SCN)_2$ 沉淀，继续滴加 KSCN 溶液，沉淀溶解并生成无色的 $[Hg(SCN)_4]^{2-}$ 配离子。再在该溶液中加几滴 $0.2mol \cdot L^{-1}$ $ZnSO_4$ 溶液，观察白色 $Zn[Hg(SCN)_4]$ 沉淀的生成，必要时可用玻璃棒摩擦试管壁。该反应可用于定性鉴定 Zn^{2+}。

4. 汞（Ⅱ）的氧化性及汞（Ⅱ）与汞（Ⅰ）的相互转化

(1) 汞（Ⅱ）的氧化性

往 2 滴 $0.2mol \cdot L^{-1}$ $Hg(NO_3)_2$ 溶液中，逐滴加入 $0.2mol \cdot L^{-1}$ $SnCl_2$ 溶液（先适量，再过量），使 Hg^{2+} 逐步还原，观察沉淀的颜色变化，写出反应方程式。此为检验 Hg^{2+} 或 Sn^{2+} 的特征反应。

(2) 汞（Ⅱ）转化为汞（Ⅰ）和汞（Ⅰ）的歧化

在两支试管中分别加 2 滴 $Hg_2(NO_3)_2$ 溶液，在一支试管中滴加 $0.2mol \cdot L^{-1}NaCl$，另一支试管中滴加 $2mol \cdot L^{-1}$ 氨水，观察实验现象，写出反应方程式。

5. 离子鉴别

(1) 有一瓶 Zn^{2+}-Cd^{2+} 混合溶液，根据其性质设计实验方案，并通过试验进行鉴别。写出实验方法、操作步骤、实验现象和结论。

(2) 有三瓶失去标签的溶液分别是硝酸汞、硝酸亚汞和硝酸银，请鉴别（至少用两种方法）后，贴上标签。

四、思考题

1. 储存汞的试剂瓶内为什么要加少量水？使用汞的时候应采取哪些安全措施？汞撒落时应怎样处理？

2. 硝酸亚汞溶液中通入硫化氢气体后，生成的沉淀物为何物？试根据平衡移动原理给予解释。硝酸亚汞溶液中加入过量碘化钾将有什么反应？

3. 如何将锌和铝从它们的混合溶液中分离开？怎样鉴定这两种离子？

4. 通过哪些方法能实现 Hg（Ⅰ）和 Hg（Ⅱ）的相互转化？这两种离子各自稳定存在的条件是什么？

实验 2-26　铬、锰、铁、钴、镍

一、实验目的

熟悉铬、锰、铁、钴、镍化合物的性质；掌握 Fe^{2+}、Fe^{3+}、Co^{2+}、Ni^{2+} 的鉴定方法。

二、实验用品

仪器：试管，离心试管，酒精灯。

固体试剂：KSCN，$(NH_4)_2Fe(SO_4)_2\cdot 6H_2O$（摩尔盐）。

液体试剂：H_2SO_4（$3mol\cdot L^{-1}$），NaOH（$2mol\cdot L^{-1}$、$6mol\cdot L^{-1}$），HCl（$2mol\cdot L^{-1}$、浓），$NH_3\cdot H_2O$（$2mol\cdot L^{-1}$、$6mol\cdot L^{-1}$、浓），$Cr_2(SO_4)_3$（$0.1mol\cdot L^{-1}$），H_2O_2（3%），$MnSO_4$（$0.2mol\cdot L^{-1}$），$(NH_4)_2Fe(SO_4)_2$（$0.2mol\cdot L^{-1}$），$CoCl_2$（$0.2mol\cdot L^{-1}$），KSCN（$0.2mol\cdot L^{-1}$），$NiSO_4$（$0.2mol\cdot L^{-1}$），$K_2Cr_2O_7$（$0.1mol\cdot L^{-1}$），K_2CrO_4（$0.2mol\cdot L^{-1}$），$AgNO_3$（$0.1mol\cdot L^{-1}$），$Pb(NO_3)_2$（$0.2mol\cdot L^{-1}$），$BaCl_2$（$0.2mol\cdot L^{-1}$），$Na_2S_2O_3$（$0.2mol\cdot L^{-1}$），Na_2SO_3（$0.2mol\cdot L^{-1}$），$KMnO_4$（$0.01mol\cdot L^{-1}$），$K_4[Fe(CN)_6]$（$0.1mol\cdot L^{-1}$），$FeCl_3$（$0.2mol\cdot L^{-1}$），氯水，碘水，戊醇，二乙酰二肟（1%）。

材料：碘化钾-淀粉试纸。

三、实验内容

（一）铬的重要化合物的性质

1. $Cr(OH)_3$ 的生成和性质

取 2 支试管，各加 1 滴 $0.1mol\cdot L^{-1}$ $Cr_2(SO_4)_3$ 溶液，分别加 1 滴 $2mol\cdot L^{-1}$ NaOH 溶液，观察沉淀的生成。然后往一支试管中加入 $2mol\cdot L^{-1}$ H_2SO_4 溶液，观察沉淀溶解情况，另一支试管继续滴加 $2mol\cdot L^{-1}$ NaOH 溶液，观察沉淀溶解情况（保留溶液供下面使用），写出反应方程式。

2. Cr(Ⅲ) 的还原性与 Cr(Ⅵ) 的氧化性

（1）在步骤 1 保留的溶液中加入 5 滴 3% H_2O_2 溶液，混合均匀后微热，颜色如何变化？继续加热以赶走氧气，观察实验现象并写出反应方程式。

（2）取 2 滴 $0.1mol\cdot L^{-1}$ $K_2Cr_2O_7$ 溶液，加 2 滴 $3mol\cdot L^{-1}$ H_2SO_4 酸化，再加入 2 滴 $0.2mol\cdot L^{-1}$ Na_2SO_3 溶液，观察溶液颜色变化，写出反应方程式。

3. Cr(Ⅵ) 的缩合平衡及其铬酸盐和重铬酸盐的溶解性

（1）往一支试管中加 2 滴 $0.1mol\cdot L^{-1}$ $K_2Cr_2O_7$ 溶液，再加入 2 滴 $0.2mol\cdot L^{-1}$ $Pb(NO_3)_2$ 溶液，观察沉淀的生成和颜色。另取一支试管滴加 2 滴 $0.2mol\cdot L^{-1}$ K_2CrO_4 溶液和 2 滴 $0.2mol\cdot L^{-1}$ $Pb(NO_3)_2$ 溶液，通过颜色比较 2 次实验产物是否相同。写出反应方程式。

（2）以同样方法，试验 $0.2mol\cdot L^{-1}$ $BaCl_2$ 与 $K_2Cr_2O_7$ 和 K_2CrO_4 溶液的反应，观察比较两次实验产物的异同，写出反应方程式。

（3）再以同样方法，试验 $0.1mol\cdot L^{-1}$ $AgNO_3$ 溶液与 $K_2Cr_2O_7$ 和 K_2CrO_4 溶液的反应。

总结重铬酸盐与铬酸盐溶解度的相对大小，并用平衡原理给予解释。

（二）锰的重要化合物的性质

1. $Mn(OH)_2$ 的生成和性质

（1）往试管中加 1 滴 $0.2mol\cdot L^{-1}$ $MnSO_4$ 和 1 滴 $2mol\cdot L^{-1}$ NaOH 溶液，即生成 $Mn(OH)_2$ 沉淀，观察沉淀的颜色，放置一段时间后再观察现象（产物留用）。

（2）用上述方法在新制备的 $Mn(OH)_2$ 沉淀中加入过量 NaOH 溶液，观察沉淀是否溶解？

（3）在新制备的 $Mn(OH)_2$ 沉淀中迅速滴加 $2mol\cdot L^{-1}$ HCl 溶液，观察实验现象。

写出上述有关反应方程式，由实验结果总结 $Mn(OH)_2$ 的酸碱性。

2. MnO_2 的氧化性

在 1.（1）产物中，加入 3 滴 $2mol\cdot L^{-1}$ H_2SO_4 酸化，然后加几滴 $0.2mol\cdot L^{-1}$ Na_2SO_3 溶液，观察沉淀是否溶解？写出有关反应方程式。

3. KMnO$_4$ 的氧化性

取三支试管各加入 2 滴 0.01mol·L^{-1} KMnO$_4$ 溶液，再向第一支试管中加入 5 滴 6 mol·L^{-1} NaOH 溶液、第二支试管加入 5 滴蒸馏水、第三支试管加入 5 滴 3mol·L^{-1} H$_2$SO$_4$ 溶液，使三支试管中的溶液分别呈强碱性、近中性和强酸性，再向三支试管各加入 2 滴 0.2mol·L^{-1} Na$_2$SO$_3$ 溶液，观察紫红色溶液分别变为何色，根据实验结果说明在不同介质中，KMnO$_4$ 的还原产物是什么？写出有关反应方程式。

（三）铁、钴、镍的重要化合物

1. 铁（Ⅱ）、钴（Ⅱ）、镍（Ⅱ）的化合物

（1）Fe（Ⅱ）、Co（Ⅱ）、Ni（Ⅱ）氢氧化物的酸碱性

用 0.2mol·L^{-1}（NH$_4$）$_2$Fe（SO$_4$）$_2$（硫酸亚铁铵）溶液、0.2mol·L^{-1} CoCl$_2$ 溶液、0.2mol·L^{-1} NiSO$_4$ 溶液、2mol·L^{-1} NaOH 溶液及 2mol·L^{-1} HCl 溶液，试验 Fe（Ⅱ）、Co（Ⅱ）及 Ni（Ⅱ）氢氧化物的酸碱性，观察沉淀的颜色，写出有关的反应方程式。

（2）Fe（Ⅱ）的还原性

① 酸性介质：往盛有 2 滴氯水的试管中加入 1 滴 3mol·L^{-1} H$_2$SO$_4$ 溶液，然后滴加 0.1mol·L^{-1}（NH$_4$）$_2$Fe（SO$_4$）$_2$ 溶液，观察现象（如现象不明显，可滴加 1 滴 KSCN 溶液，出现红色，证明有 Fe^{3+} 存在），写出反应方程式。

② 碱性介质：在一试管中加入 1mL 蒸馏水和 2 滴 3mol·L^{-1} H$_2$SO$_4$ 溶液，煮沸，以赶尽溶解的空气，然后溶入少量（NH$_4$）$_2$Fe（SO$_4$）$_2$ 晶体。在另一试管中加入 5 滴 2mol·L^{-1} NaOH 溶液，煮沸。冷却后，用一长滴管吸取 NaOH 溶液，插入（NH$_4$）$_2$Fe（SO$_4$）$_2$ 溶液至试管底部，慢慢放出 NaOH 溶液，观察产物颜色和状态。振荡后放置一段时间，又有何变化？写出反应方程式。产物留作下面实验用。

（3）Co（Ⅱ）、Ni（Ⅱ）的还原性

① 往两支分别盛有 3 滴 0.2mol·L^{-1} CoCl$_2$、3 滴 0.2mol·L^{-1} NiSO$_4$ 溶液的试管中滴加氯水，观察有何变化。

② 在两支各盛有 3 滴 0.2mol·L^{-1} CoCl$_2$ 溶液的试管中分别加入 2 滴 2mol·L^{-1} NaOH 溶液，所得沉淀一份置于空气中，另一份滴加氯水，观察有何变化，第二份留作下面实验用。

③ 用 0.2mol·L^{-1} NiSO$_4$ 溶液按②实验方法操作，观察现象，第二份沉淀留作下面实验用。

由此比较铁（Ⅱ）、钴（Ⅱ）、镍（Ⅱ）还原性的递变规律以及酸碱性对还原性的影响。

2. Fe（Ⅲ）、Co（Ⅲ）、Ni（Ⅲ）的氧化性

（1）在 1.（3）实验保留下来的 Fe(OH)$_3$、CoO(OH) 和 NiO(OH) 沉淀里各加入几滴浓盐酸，振荡后观察各有何变化，用湿润的 KI-淀粉试纸检验所放出的气体。各反应方程式为：

$$Fe(OH)_3 + 3HCl === FeCl_3 + 3H_2O$$
$$2CoO(OH) + 6HCl === 2CoCl_2 + Cl_2 \uparrow + 4H_2O$$
$$2NiO(OH) + 6HCl === 2NiCl_2 + Cl_2 \uparrow + 4H_2O$$

（2）在上述制得的 FeCl$_3$ 溶液中滴入 0.2mol·L^{-1} KI 溶液，再加几滴 CCl$_4$，振荡，观察实验现象并写出反应方程式。

3. 铁、钴、镍的配合物及其离子鉴定

（1）铁的配合物

① 往盛有 5 滴 0.2mol·L^{-1} K$_4$[Fe(CN)$_6$]（黄血盐）溶液的试管里，加入 5 滴碘水，

摇匀后，加入 2 滴 $0.2mol \cdot L^{-1}$ $(NH_4)_2Fe(SO_4)_2$ 溶液，有何现象发生。此为 Fe^{2+} 的鉴定反应。

$$2[Fe(CN)_6]^{4-} + I_2 \Longrightarrow 2[Fe(CN)_6]^{3-} + 2I^-$$
$$[Fe(CN)_6]^{3-} + Fe^{2+} + K^+ \Longrightarrow KFe[Fe(CN)_6](滕氏蓝沉淀)$$

② 向盛有 10 滴新配制的 $0.2mol \cdot L^{-1}$ $(NH_4)_2Fe(SO_4)_2$ 溶液的试管里加入 5 滴碘水。摇动试管后，将溶液分成两份，并各加入 5 滴 $0.2mol \cdot L^{-1}$ KSCN 溶液，然后向其中一支试管中加入 5 滴 3‰ H_2O_2 溶液，对比两个试管的实验现象，解释原因。此为 Fe^{3+} 的鉴定反应。

$$2Fe^{2+} + 2H^+ + H_2O_2 \Longrightarrow 2Fe^{3+} + 2H_2O$$
$$Fe^{3+} + nSCN^- \Longrightarrow [Fe(SCN)_n]^{3-n}(血红色)(n=1\sim6)$$

试从配合物的生成对电极电势的影响来解释为什么 $[Fe(CN)_6]^{4-}$ 能把 I_2 还原成 I^-，而 Fe^{2+} 则不能。

③ 往 3 滴 $0.2mol \cdot L^{-1}$ $FeCl_3$ 溶液中滴加 $0.2mol \cdot L^{-1}$ $K_4[Fe(CN)_6]$ 溶液，观察现象，写出反应方程式。这也是鉴定 Fe^{3+} 的一种常用方法，生成的沉淀称为普鲁士蓝。

④ 往盛有 3 滴 $0.2mol \cdot L^{-1}$ $FeCl_3$ 的试管中，滴加浓 $NH_3 \cdot H_2O$ 至过量，观察实验现象，写出反应方程式。

（2）钴的配合物

① 往盛有 5 滴 $0.2mol \cdot L^{-1}$ $CoCl_2$ 溶液的试管中加入米粒大小的固体 KSCN，观察固体周围的颜色，再加入 5 滴戊醇，振荡后，观察水相和有机相的颜色（蓝色 $[Co(SCN)_4]^{2-}$ 在有机相中可以稳定存在），这个反应可用来鉴定 Co^{2+}。

② 往 3 滴 $0.2mol \cdot L^{-1}$ $CoCl_2$ 溶液中逐滴加浓 $NH_3 \cdot H_2O$，至生成的沉淀刚好溶解为止，静置一段时间后，观察溶液的颜色有何变化（可重做一份 $CoCl_2$ 与 $NH_3 \cdot H_2O$ 反应的溶液作颜色对比），写出有关的反应方程式。

（3）镍的配合物

① 往盛有 10 滴 $0.2mol \cdot L^{-1}$ $NiSO_4$ 的试管中滴加过量的 $6mol \cdot L^{-1}NH_3 \cdot H_2O$，观察现象。静置片刻，有无变化？写出反应方程式。把溶液分成四份：一份加入 $2mol \cdot L^{-1}$ NaOH 溶液，一份加入 $3mol \cdot L^{-1}$ H_2SO_4 溶液，一份加水稀释，一份煮沸，观察并解释实验现象。

② 在 3 滴 $0.2mol \cdot L^{-1}$ $NiSO_4$ 溶液中，加入 3 滴 $2mol \cdot L^{-1}NH_3 \cdot H_2O$，再加入 1 滴 1% 二乙酰二肟，由于 Ni^{2+} 与二乙酰二肟生成稳定的红色螯合物沉淀，可用来鉴定 Ni^{2+} 的存在。

四、思考题

1. 总结铬、锰的性质，指出各种氧化态之间相互转化的条件，注明反应在什么介质中进行。

2. 总结 Fe（Ⅱ）与 Fe（Ⅲ）、Co（Ⅱ）与 Co（Ⅲ）、Ni（Ⅱ）与 Ni（Ⅲ）之间的转化需在什么条件下进行？从结构角度说明 Co（Ⅲ）形成氨配合物比 Co（Ⅱ）稳定。

3. 有一浅绿色晶体 A，可溶于水得到溶液 B，于 B 中加入不含氧气的 $6mol \cdot L^{-1}$ NaOH 溶液，有白色沉淀 C 和气体 D 生成。C 在空气中逐渐变棕色，气体 D 使红色石蕊试纸变蓝。若将溶液 B 加以酸化再滴加一紫红色溶液 E，则得到浅黄色溶液 F，于 F 中加入黄血盐溶液，立即产生深蓝色的沉淀 G。若溶液 B 中加入 $BaCl_2$ 溶液，有白色沉淀 H 析出，此沉淀不溶于强酸。试写出 A、B、C、D、E、F、G、H 的分子式及有关的反应式。

4. 今有一瓶含有 Fe^{2+}、Cr^{3+}、Ni^{2+} 的混合液，如何将它们分离出来，请设计分离示意图。

实验 2-27　常见阳离子的分离与鉴定

一、实验目的

学习和巩固金属化合物有关性质（氧化还原性、酸碱性和配位性等）；熟悉离子检出的基本操作，掌握分离和个别鉴定常见阳离子混合液的方法。

二、实验用品

仪器：试管（10mL），烧杯（250mL），离心机，离心试管，玻璃棒，pH 试纸，镍丝。

固体药品：$NaNO_2$，$NaBiO_3$，$KSCN$。

液体药品：HCl（$2mol \cdot L^{-1}$、$6mol \cdot L^{-1}$、浓），H_2SO_4（$2mol \cdot L^{-1}$），HNO_3（$6mol \cdot L^{-1}$），HAc（$2mol \cdot L^{-1}$、$6mol \cdot L^{-1}$），$NaOH$（$2mol \cdot L^{-1}$、$6mol \cdot L^{-1}$），$NH_3 \cdot H_2O$（$6mol \cdot L^{-1}$），$NaCl$（$1mol \cdot L^{-1}$），KCl（$1mol \cdot L^{-1}$），$MgCl_2$（$0.2mol \cdot L^{-1}$），$CaCl_2$（$0.2mol \cdot L^{-1}$），$BaCl_2$（$0.2mol \cdot L^{-1}$），$AlCl_3$（$0.2mol \cdot L^{-1}$），$SnCl_2$（$0.2mol \cdot L^{-1}$），$Pb(NO_3)_2$（$0.2mol \cdot L^{-1}$），$SbCl_3$（$0.2mol \cdot L^{-1}$），$HgCl_2$（$0.2mol \cdot L^{-1}$），$Hg(NO_3)_2$（$0.2mol \cdot L^{-1}$），$KSCN$（$0.2mol \cdot L^{-1}$），$Bi(NO_3)_3$（$0.2mol \cdot L^{-1}$），$CuCl_2$（$0.2mol \cdot L^{-1}$），$AgNO_3$（$0.1mol \cdot L^{-1}$），$ZnSO_4$（$0.2mol \cdot L^{-1}$），$Cd(NO_3)_2$（$0.2mol \cdot L^{-1}$），$FeSO_4$（$0.2mol \cdot L^{-1}$），$FeCl_3$（$0.2mol \cdot L^{-1}$），$Co(NO_3)_2$（$0.2mol \cdot L^{-1}$），$MnSO_4$（$0.2 mol \cdot L^{-1}$），$Al(NO_3)_3$（$0.2mol \cdot L^{-1}$），$NaNO_3$（$0.2mol \cdot L^{-1}$），$Ba(NO_3)_2$（$0.2mol \cdot L^{-1}$），Na_2S（$0.2mol \cdot L^{-1}$），$KSb(OH)_6$（饱和），$NaHC_4H_4O_6$（饱和），$(NH_4)_2C_2O_4$（饱和），$NaAc$（$2mol \cdot L^{-1}$），K_2CrO_4（$0.2mol \cdot L^{-1}$），$K_4[Fe(CN)_6]$（$0.1mol \cdot L^{-1}$），$K_3[Fe(CN)_6]$（$0.1mol \cdot L^{-1}$），镁试剂，铝试剂（0.1%），罗丹明，苯，硫脲（2.5%），戊醇。

三、实验原理

根据各种离子对试剂的不同反应可进行离子的分离、鉴定。这些反应常伴随发生一些特殊的现象，如沉淀的生成或溶解、气体的产生、特殊颜色的出现等。常用于阳离子分离、鉴定的试剂主要有 HCl、H_2SO_4、$NaOH$、$NH_3 \cdot H_2O$、$(NH_4)_2CO_3$、H_2S 及一些与阳离子有特殊反应的试剂。常见阳离子与这些试剂反应的条件及生成物特点见表 2-13。离子的分离和鉴定需要在一定条件下才能进行。这些条件主要指反应物的浓度、溶液的酸碱性、反应温度、干扰物是否存在等。为达到预期的目的，就需要严格控制反应条件。

四、实验步骤

1. s 区离子的鉴定

（1）Na^+ 的鉴定：取 5 滴 $1mol \cdot L^{-1}$ $NaCl$ 溶液于试管中，滴加 0.5mL 饱和六羟基合锑（V）酸钾 $KSb(OH)_6$ 溶液，观察实验现象。如无白色结晶生成，用玻璃棒摩擦试管内壁，放置片刻，再观察。写出反应方程式。

（2）K^+ 的鉴定：取 5 滴 $1mol \cdot L^{-1}$ KCl 溶液于试管中，滴加 0.5mL 饱和酒石酸氢钠 $NaHC_4H_4O_6$ 溶液，观察实验现象。如无白色结晶生成，可用玻璃棒摩擦试管内壁，放置片刻，再观察。写出反应方程式。

（3）Mg^{2+} 的鉴定：取 2 滴 $0.2mol \cdot L^{-1}$ $MgCl_2$ 溶液，滴加 $6mol \cdot L^{-1}$ $NaOH$ 溶液，有 $Mg(OH)_2$ 絮状沉淀生成，再加入 1 滴镁试剂，振荡，如有蓝色沉淀生成，表示有 Mg^{2+} 存在。

（4）Ca^{2+} 的鉴定：取 5 滴 $0.2mol \cdot L^{-1}$ $CaCl_2$ 溶液和 5 滴饱和草酸铵 $(NH_4)_2C_2O_4$ 溶液，生成白色沉淀。离心分离，保留沉淀。实验沉淀与 $6mol \cdot L^{-1}$ HAc 和 $2mol \cdot L^{-1}$ HCl 溶液反应，若白色沉淀不溶于 $6mol \cdot L^{-1}$ HAc 溶液而溶于 $2mol \cdot L^{-1}$ HCl 溶液，表明有

表2-13 常见阳离子与常见试剂的反应

试剂＼离子	Ag^+	Pb^{2+}	Cd^{2+}	Cu^{2+}	Hg^{2+}	Bi^{3+}	Sb^{3+}	Sn^{2+}	Al^{3+}	Fe^{3+}	Zn^{2+}	Ba^{2+}	Ca^{2+}	Mg^{2+}
HCl	$AgCl\downarrow$ 白色	$PbCl_2\downarrow$ 白色												
H_2S ($0.3mol\cdot L^{-1}$ HCl)	$Ag_2S\downarrow$ 黑色	$PbS\downarrow$ 黑色	$CdS\downarrow$ 亮黄色	$CuS\downarrow$ 黑色	$HgS\downarrow$ 黑色	$Bi_2S_3\downarrow$ 暗褐色	$Sb_2S_3\downarrow$ 橙色	$SnS\downarrow$ 褐色						
硫化物沉淀加 Na_2S	不溶	不溶	不溶	不溶	$[HgS_2]^{2-}$	不溶	$[SbS_3]^{3-}$	不溶						
$(NH_4)_2S$	$Ag_2S\downarrow$ 黑色	$PbS\downarrow$ 黑色	$CdS\downarrow$ 亮黄色	$CuS\downarrow$ 黑色	$HgS\downarrow$ 黑色	$Bi_2S_3\downarrow$ 暗褐色	$Sb_2S_3\downarrow$ 橙色	$SnS\downarrow$ 褐色	$Al(OH)_3\downarrow$ 白色	$FeS\downarrow$ 黑色	$ZnS\downarrow$ 白色			
$(NH_4)_2CO_3$	$Ag_2CO_3\downarrow$ 白,过量→$[Ag(NH_3)_2]^+$	碱式盐 白色	碱式盐 白色	碱式盐 浅蓝色	碱式盐 白色	碱式盐 白色	$HSbO_2$ 白色	$Sn(OH)_2$ 白色	$Al(OH)_3$ 白色	碱式盐 红褐色	碱式盐 白色	$BaCO_3\downarrow$ 白色	$CaCO_3\downarrow$ 白色	碱式盐,NH_4^+ 浓度大时 不沉淀
NaOH 适量	$Ag_2O\downarrow$ 褐色	$Pb(OH)_2\downarrow$ 白色	$Cd(OH)_2\downarrow$ 白色	$Cu(OH)_2\downarrow$ 浅蓝色	$HgO\downarrow$ 黄色	$Bi(OH)_3\downarrow$ 白色	$HSbO_2\downarrow$ 白色	$Sn(OH)_2\downarrow$ 白色	$Al(OH)_3\downarrow$ 白色	$Fe(OH)_3\downarrow$ 红棕色	$Zn(OH)_2\downarrow$ 白色		$Ca(OH)_2\downarrow$ 少量白色	$Mg(OH)_2\downarrow$ 白色
NaOH 过量	不溶	$[Pb(OH)_4]^{2-}$	不溶	$[Cu(OH)_4]^{2-}$	不溶	不溶		$[Sn(OH)_4]^{2-}$	$[Al(OH)_4]^-$	不溶	$[Zn(OH)_4]^{2-}$		不溶	不溶
NH_3 适量	$Ag_2O\downarrow$ 褐色	$Pb(OH)_2\downarrow$ 白色	$Cd(OH)_2\downarrow$ 白色	$Cu(OH)_2\downarrow$ 浅蓝色	$NH_2HgCl\downarrow$ 白色	$Bi(OH)_3\downarrow$ 白色	$HSbO_2\downarrow$ 白色	$Sn(OH)_2\downarrow$ 白色	$Al(OH)_3\downarrow$ 白色	$Fe(OH)_3\downarrow$ 红棕色	$Zn(OH)_2\downarrow$ 白色		不溶	$Mg(OH)_2\downarrow$ 部分,白色
NH_3 过量	$[Ag(NH_3)_2]^+$	不溶	$[Cd(NH_3)_4]^{2+}$	$[Cu(NH_3)_4]^{2+}$	不溶	不溶	不溶	不溶	不溶	不溶	$[Zn(NH_3)_4]^{2+}$		不溶	不溶
H_2SO_4	$Ag_2SO_4\downarrow$ 白色	$PbSO_4\downarrow$ 白色										$BaSO_4\downarrow$ 白色	$CaSO_4\downarrow$ 白色	

Ca^{2+} 存在。

(5) Ba^{2+} 的鉴定：取 2 滴 $0.2mol \cdot L^{-1}$ $BaCl_2$ 溶液于试管中，然后加 $2mol \cdot L^{-1}$ HAc 溶液和 $2mol \cdot L^{-1}$ NaAc 溶液各 2 滴，再滴加 2 滴 $0.2mol \cdot L^{-1}$ K_2CrO_4 溶液，有黄色沉淀生成，表明有 Ba^{2+} 存在。

2. p 区部分离子的鉴定

(1) Al^{3+} 的鉴定：在试管中加入 2 滴 $0.2mol \cdot L^{-1}$ $AlCl_3$ 溶液、2 滴 $2mol \cdot L^{-1}$ HAc 及 2 滴 0.1% 铝试剂，振荡，水浴中加热片刻，再加入 2 滴 $6mol \cdot L^{-1}$ $NH_3 \cdot H_2O$ 溶液，有红色絮状沉淀生成，表示有 Al^{3+}。

(2) Sn^{2+} 的鉴定：将 $0.2mol \cdot L^{-1}$ $SnCl_2$ 溶液，逐滴加入盛有 3 滴 $0.2mol \cdot L^{-1}$ $HgCl_2$ 溶液的试管中，边滴加边振荡，观察产生的沉淀由白色变为灰色，又变为黑色，表示有 Sn^{2+} 存在。

(3) Pb^{2+} 的鉴定：在离心试管中取 5 滴 $0.2mol \cdot L^{-1}$ $Pb(NO_3)_2$ 溶液和 2 滴 $0.2mol \cdot L^{-1}$ K_2CrO_4 溶液，有黄色沉淀生成，离心分离，在沉淀上滴加 $2mol \cdot L^{-1}$ NaOH 溶液，边滴加边振荡，沉淀溶解，表示有 Pb^{2+} 存在。

(4) Sb^{3+} 的鉴定：在离心试管中取 5 滴 $0.2mol \cdot L^{-1}$ $SbCl_3$ 溶液，加 3 滴浓 HCl 及大米粒大小 $NaNO_2$，将 Sb(Ⅲ) 氧化为 Sb(Ⅴ)，当无气体放出时，加 3~4 滴苯及 2 滴罗丹明溶液，苯层显紫色，表示有 Sb^{3+} 存在。

(5) Bi^{3+} 的鉴定：在白色点滴板上滴加 1 滴 $0.2mol \cdot L^{-1}$ $Bi(NO_3)_3$ 溶液和 1 滴 2.5% 的硫脲，生成鲜黄色溶液，表示有 Bi^{3+} 存在。

3. d 区部分离子的鉴定

(1) Fe^{2+} 的鉴定：在白色点滴板上滴加 1 滴 $0.2mol \cdot L^{-1}$ $FeSO_4$ 溶液，加 1 滴 $2mol \cdot L^{-1}$ HCl 酸化，再加 1 滴 $0.1mol \cdot L^{-1}$ $K_3[Fe(CN)_6]$ 溶液，生成蓝色 $KFe[Fe(CN)_6]$ 沉淀，表示有 Fe^{2+} 存在。

(2) Fe^{3+} 的鉴定：①在白色点滴板上滴加 1 滴 $0.2mol \cdot L^{-1}$ $FeCl_3$ 溶液，加 1 滴 $2mol \cdot L^{-1}$ HCl 酸化，再加 1 滴 $0.1mol \cdot L^{-1}$ $K_4[Fe(CN)_6]$ 溶液，生成蓝色 $KFe[Fe(CN)_6]$ 沉淀，表示有 Fe^{3+} 存在；②在白色点滴板上滴加 1 滴 $0.2mol \cdot L^{-1}$ $FeCl_3$ 溶液，加 1 滴 $0.2mol \cdot L^{-1}$ KSCN 溶液，形成血红色 $[Fe(SCN)_n]^{3-n}$ 配离子，表示有 Fe^{3+} 存在。

(3) Mn^{2+} 的鉴定：往试管中加 1 滴 $0.2mol \cdot L^{-1}$ $MnSO_4$ 溶液、1mL 蒸馏水和 5 滴 $6mol \cdot L^{-1}$ HNO_3，然后加少许固体 $NaBiO_3$，振荡、加热，形成紫色溶液，表示有 Mn^{2+} 存在。

(4) Co^{2+} 的鉴定：往试管中加 2 滴 $0.2mol \cdot L^{-1}$ $Co(NO_3)_2$ 溶液和少许固体 KSCN，再加 5 滴戊醇，振荡、静置，有机层呈蓝色，表示有 Co^{2+} 存在。

4. ds 区部分离子的鉴定

(1) Cu^{2+} 的鉴定：在白色点滴板上滴加 1 滴 $0.2mol \cdot L^{-1}$ $CuCl_2$ 溶液，加 1 滴 $6mol \cdot L^{-1}$ HAc 酸化，再加 1 滴 $0.2mol \cdot L^{-1}$ 亚铁氰化钾 $K_4[Fe(CN)_6]$ 溶液，生成红棕色 $Cu_2[Fe(CN)_6]$ 沉淀，表示有 Cu^{2+} 存在。

(2) Ag^+ 的鉴定：取 1 滴 $0.1mol \cdot L^{-1}$ $AgNO_3$ 溶液于离心试管中，滴加 $2mol \cdot L^{-1}$ HCl，产生白色沉淀。离心分离，在沉淀中滴加 $6mol \cdot L^{-1}$ 氨水，边滴加边振荡，至沉淀完全溶解，再用 $6mol \cdot L^{-1}$ HNO_3 酸化，有白色沉淀生成，表示有 Ag^+ 存在。

(3) Zn^{2+} 的鉴定：往 2 滴 $0.2mol \cdot L^{-1}$ $Hg(NO_3)_2$ 溶液中，逐滴加入 $0.2mol \cdot L^{-1}$ KSCN 溶液，最初生成白色的 $Hg(SCN)_2$ 沉淀，继续滴加 KSCN 溶液，沉淀溶解并生成无色的 $[Hg(SCN)_4]^{2-}$ 配离子。再在该溶液中加几滴 $0.2mol \cdot L^{-1}$ $ZnSO_4$ 溶液，观察白

色 $Zn[Hg(SCN)_4]$ 沉淀的生成，必要时可用玻璃棒摩擦试管壁。该反应可用于定性鉴定 Zn^{2+}。

（4）Cd^{2+} 的鉴定：在白色点滴板上滴加 1 滴 $0.2mol \cdot L^{-1}$ $Cd(NO_3)_2$ 溶液和 1 滴 $0.2mol \cdot L^{-1}$ Na_2S，生成亮黄色沉淀，表示有 Cd^{2+} 存在。

（5）Hg^{2+} 的鉴定：取 2 滴 $0.2mol \cdot L^{-1}$ $HgCl_2$ 溶液于试管中，逐滴加入 $0.2mol \cdot L^{-1}$ $SnCl_2$ 溶液，边加边振荡，沉淀由白色变灰色又变黑色，表示有 Hg^{2+} 存在。

5. 部分混合离子的分离和鉴定（画流程图，并写出相应的方程式）

（1）取 Pb^{2+}、Ba^{2+}、Al^{3+}、Cd^{2+}、Na^+ 的硝酸盐溶液各 4 滴混合于离心试管中，加 $2mol \cdot L^{-1}$ HCl，振荡，至沉淀完全，离心分离，清液转移至另一离心试管。沉淀上滴加 $0.2mol \cdot L^{-1}$ K_2CrO_4 溶液，按 2.（3）进行 Pb^{2+} 的鉴定。

（2）往清液中滴加 $6mol \cdot L^{-1}$ $NH_3 \cdot H_2O$，振荡，生成沉淀后，离心分离，清液转移至另一离心试管。沉淀上加入 2 滴 $2mol \cdot L^{-1}$ HAc 和 2 滴 $2mol \cdot L^{-1}$ NaAc，按 2.（1）进行 Al^{3+} 的鉴定。

（3）清液中滴加 $0.2mol \cdot L^{-1}$ Na_2S 溶液，产生亮黄色沉淀，表示有 Cd^{2+} 存在，搅拌后离心分离，再滴加 $0.5mol \cdot L^{-1}$ Na_2S，至沉淀完全，离心分离，清液转移至另一离心试管。

（4）取少量清液于一试管中，加入 $2mol \cdot L^{-1}$ HAc 和 $2mol \cdot L^{-1}$ NaAc 各 2 滴，按 1.（5）进行 Ba^{2+} 的鉴定。

（5）取少量清液于另一试管中，加入几滴饱和六羟基锑（Ⅴ）酸钾溶液，产生白色沉淀，表示有 Na^+ 存在。

五、思考题

1. 由碳酸盐制取铬酸盐沉淀时，为什么用醋酸溶液去溶解沉淀而不用盐酸溶液去溶解？

2. 选用一种试剂区别下列离子：Cu^{2+}，Zn^{2+}，Hg^{2+}，Cd^{2+}。

3. 设计分离和鉴定下列混合离子的方案，画流程图，并写出相应的方程式。
① K^+、Ba^{2+}、Mg^{2+}；② Fe^{3+}、Zn^{2+}、Pb^{2+}。

实验 2-28 常见阴离子的分离与鉴定

一、实验目的

复习和巩固非金属阴离子的重要性质；掌握常见非金属阴离子的分离和一些混合液的鉴定方法。

二、实验用品

仪器：试管，离心试管，点滴板，离心机。

固体试剂：硫酸亚铁铵，碳酸镉，锌粉，镁粉。

液体试剂：Na_2SO_4（$0.2mol \cdot L^{-1}$），Na_2S（$0.2mol \cdot L^{-1}$），Na_2SO_3（$0.2mol \cdot L^{-1}$），$Na_2S_2O_3$（$0.2mol \cdot L^{-1}$），Na_3PO_4（$0.1mol \cdot L^{-1}$），NaCl（$0.2mol \cdot L^{-1}$），KBr（$0.2mol \cdot L^{-1}$），KI（$0.2mol \cdot L^{-1}$），$NaNO_3$（$0.2mol \cdot L^{-1}$），Na_2CO_3（$0.2mol \cdot L-1$），$NaNO_2$（$0.2mol \cdot L^{-1}$），$(NH_4)_2MoO_4$（$0.1mol \cdot L^{-1}$），$BaCl_2$（$0.2mol \cdot L^{-1}$），$KMnO_4$（$0.01mol \cdot L^{-1}$），$ZnSO_4$（饱和），$K_4[Fe(CN)_6]$（$0.1mol \cdot L^{-1}$），$AgNO_3$（$0.1mol \cdot L^{-1}$），H_2SO_4（浓、$3mol \cdot L^{-1}$），HNO_3（$6mol \cdot L^{-1}$），HCl（$6mol \cdot L^{-1}$），NaOH（$2mol \cdot L^{-1}$），$Ba(OH)_2$（饱和），石灰水（新配制），氨水（$6mol \cdot L^{-1}$），H_2O_2（3%），氯水，CCl_4，对氨基苯磺酸（1%），α-萘胺（0.4%），亚硝酰铁氰化钠（9%）。

三、实验原理

自然界中能形成简单阴离子的元素并不多，能稳定存在于水溶液中的只有卤素和硫等。而多数非金属元素都能以含氧酸根的形式存在，往往同一元素可形成多种氧化态的阴离子。如 S 元素可以形成 S^{2-}、SO_3^{2-}、SO_4^{2-}、$S_2O_3^{2-}$、$S_2O_7^{2-}$、$S_2O_8^{2-}$ 和 $S_4O_6^{2-}$ 等形式的离子；P 元素也有 PO_4^{3-}、HPO_4^{2-}、$H_2PO_4^-$、$P_2O_7^{4-}$、HPO_3^{2-} 和 $H_2PO_2^-$ 等形式。

由非金属所形成的各种阴离子中，有的能与酸作用生成挥发性的物质或难溶物，有的呈现氧化还原性，有的可与某些试剂反应生成沉淀，而且在反应过程中有特征现象，如颜色、气味等。利用这些特点，可以鉴定某些阴离子的存在，也可先通过分离，再鉴定可能存在的离子。

对未知阴离子及其混合物的分析，可先做初步检验，可以排除某些离子存在的可能性，从而简化分析步骤。初步性质检验一般包括以下步骤。

1. 试液的酸碱性试验

CO_3^{2-}、NO_2^-、SO_3^{2-}、$S_2O_3^{2-}$ 等易被酸分解，若溶液呈强酸性，表明试样中不存在这些阴离子。

2. 产生气体的试验

向试液中加入稀 H_2SO_4 或稀 HCl 溶液，若有气体产生，则表示试液中可能存在 CO_3^{2-}、SO_3^{2-}、$S_2O_3^{2-}$、S^{2-}、NO_2^- 等。再根据生成气体的颜色和气味以及生成气体的某些特征反应，进一步确证其含有的阴离子，如 CO_3^{2-} 被酸分解后生成的 CO_2 可使石灰水变浑浊；SO_3^{2-} 被酸分解后产生的 SO_2 可使品红褪色；NO_2^- 被酸分解后生成的红棕色 NO_2 气体，能使湿润的 KI-淀粉试纸变蓝；S^{2-} 被酸分解后产生的 H_2S 气体可使醋酸铅试纸变黑等。

3. 阴离子的氧化还原性试验

酸化试液，加入 KI 溶液和 CCl_4，若振荡后 CCl_4 层呈紫色，说明有氧化性离子存在，如 NO_2^-、卤素的含氧酸根离子等；在酸化的试液中，加入 $KMnO_4$ 稀溶液，若紫色褪去，则可能存在还原性阴离子，如 S^{2-}、SO_3^{2-}、$S_2O_3^{2-}$、Br^-、I^-、NO_2^- 等中的一种或几种，若紫色不褪，则上述还原性阴离子都不存在；若试液经酸化后，加入 KI-淀粉溶液蓝色褪去，也说明可能有 S^{2-}、SO_3^{2-}、$S_2O_3^{2-}$ 等还原性离子或强氧化性物质存在。

4. 阴离子生成难溶盐的试验

在中性或弱碱性条件下，$BaCl_2$ 能沉淀 SO_4^{2-}、SO_3^{2-}、$S_2O_3^{2-}$、CO_3^{2-}、PO_4^{3-} 等阴离子，稀 HCl 酸化，$BaSO_4$ 沉淀不溶解，其余沉淀溶解。$AgNO_3$ 能沉淀 Cl^-、Br^-、S^{2-}、I^-、$S_2O_3^{2-}$ 等阴离子。稀 HNO_3 酸化，加入某种阳离子可以检验一组阴离子是否存在，这种试剂称为相应的组试剂，例如 Ba^{2+} 和 Ag^+ 就分别是上述两组阴离子的组试剂。由表 2-14 可以对试液中可能存在的阴离子作出初步检验，然后再根据阴离子的特征反应进行鉴定。

表 2-14　阴离子的初步试验

阴离子	气体放出试验 (稀 H_2SO_4)	还原性阴离子试验		氧化 KI 试验 (H_2SO_4, Cl_4)	$BaCl_2$(中性或弱碱性)	$AgNO_3$ (稀 HNO_3)
		$KMnO_4$ (稀 H_2SO_4)	碘化钾-淀粉 (稀 H_2SO_4)			
CO_3^{2-}	+				+	
NO_3^-				(+)		
NO_2^-	+	+		+		
SO_4^{2-}					+	
SO_3^{2-}	(+)	+	+		+	
$S_2O_3^{2-}$	(+)	+	+		(+)	+
PO_4^{3-}					+	

续表

阴离子	气体放出试验（稀 H_2SO_4）	还原性阴离子试验		氧化 KI 试验（H_2SO_4，Cl_4）	$BaCl_2$（中性或弱碱性）	$AgNO_3$（稀 HNO_3）
		$KMnO_4$（稀 H_2SO_4）	碘化钾-淀粉（稀 H_2SO_4）			
S^{2-}	+	+	+			+
Cl^-		+				+
Br^-		+				+
I^-		+				+

注：（＋）表示试验现象不明显，只有在适当条件下（例如浓度大时）才发生反应。

四、实验步骤

1. 常见阴离子的鉴定

（1）CO_3^{2-} 阴离子的鉴定

取 10 滴 0.2mol·L^{-1} Na_2CO_3 溶液于支管试管中，连接导管，先用 pH 试纸测定溶液的 pH 值，再加 10 滴 6mol·L^{-1} HCl 溶液，盖上塞子，导出气体，立即将气体插入新配制的石灰水或饱和 $Ba(OH)_2$ 溶液中，仔细观察，若变为白色浑浊液，结合溶液的 pH 值，可以判断有 CO_3^{2-} 存在。

（2）NO_3^- 的鉴定

取 2 滴 0.2mol·L^{-1} $NaNO_3$ 溶液于点滴板上，在溶液的中央放一粒硫酸亚铁铵 $(NH_4)_2Fe(SO_4)_2$ 晶体，然后在晶体上加一滴浓 H_2SO_4。如晶体周围有棕色出现，表示有 NO_3^- 存在。

（3）NO_2^- 的鉴定

取 2 滴 0.2mol·L^{-1} $NaNO_2$ 溶液于点滴板上，加一滴 2mol·L^{-1} HAc 溶液酸化，再加一滴对氨基苯磺酸和一滴 α-萘胺。如有玫瑰红色出现，表示有 NO_2^- 存在。

（4）SO_4^{2-} 的鉴定

在试管中加 2 滴 0.2mol·L^{-1} Na_2SO_4 溶液，加 1 滴 6mol·L^{-1} HCl 溶液和 2 滴 0.2mol·L^{-1} $BaCl_2$ 溶液，如有白色沉淀出现，表示有 SO_4^{2-} 存在。

（5）SO_3^{2-} 的鉴定

在 5 滴 0.2mol·L^{-1} Na_2SO_3 溶液中加入 1 滴 0.01mol·L^{-1} $KMnO_4$ 溶液和 1 滴 3mol·L^{-1} H_2SO_4 溶液，若紫色褪去，表示有 SO_3^{2-} 存在。

（6）$S_2O_3^{2-}$ 的鉴定

在试管中加 2 滴 0.1mol·L^{-1} $Na_2S_2O_3$ 溶液和 5 滴 0.1mol·L^{-1} $AgNO_3$ 溶液，振荡试管，如有白色沉淀，放置过程中沉淀经历由白变黄、再变棕、最后变黑，表示有 $S_2O_3^{2-}$ 存在。

（7）PO_4^{3-} 的鉴定

在试管中加 2 滴 0.1mol·L^{-1} Na_3PO_4 溶液和 3 滴 6mol·L^{-1} HNO_3 溶液，然后加 5 滴 0.1mol·L^{-1} $(NH_4)_2MoO_4$ 溶液，加热试管，如有黄色沉淀出现，表示有 PO_4^{3-} 存在。

（8）S^{2-} 的鉴定

在试管中加 1 滴 0.2mol·L^{-1} Na_2S 溶液和 1 滴 2mol·L^{-1} NaOH 溶液，再加一滴亚硝酰铁氰化钠溶液，如溶液变成紫色，表示有 S^{2-} 存在。

（9）Cl^- 的鉴定

在试管中加 1 滴 0.2mol·L^{-1} NaCl 溶液和 1 滴 6mol·L^{-1} HNO_3 酸化，然后加 1 滴 0.1mol·L^{-1} $AgNO_3$ 溶液，生成白色沉淀。在沉淀上加几滴 6mol·L^{-1} $NH_3·H_2O$，沉淀溶

解，再加几滴 $6mol\cdot L^{-1}$ HNO_3 酸化，如果重新生成白色沉淀，表示有 Cl^- 存在。

（10）Br^- 的鉴定

在试管中加 2 滴 $0.2mol\cdot L^{-1}$ KBr 溶液、1 滴 $3mol\cdot L^{-1}$ H_2SO_4 溶液和 2 滴 CCl_4，然后逐滴加入 5 滴氯水并振荡试管，若 CCl_4 层出现黄色或橙红色表示有 Br^- 存在。

（11）I^- 的鉴定

在试管中加 2 滴 $0.2mol\cdot L^{-1}$ KI 溶液、1 滴 $3mol\cdot L^{-1}$ H_2SO_4 溶液和 2 滴 CCl_4，然后逐滴加入氯水并振荡试管至氯水过量，若 CCl_4 层出现紫色然后褪至无色，表示有 I^- 存在。

2. 混合离子的分离

（1）Cl^-、Br^-、I^- 混合物的分离与鉴定

取 5 滴 Cl^-、Br^-、I^- 混合离子溶液，滴加 $0.1mol\cdot L^{-1}$ $AgNO_3$ 使之完全转化为卤化银 AgX，离心分离，弃去清液。

用 $6mol\cdot L^{-1}$ $NH_3\cdot H_2O$ 将 AgCl 溶解。离心分离，取出清液放入试管中，滴加 $6mol\cdot L^{-1}$ HNO_3 酸化，如重新生成白色沉淀，表示有 Cl^- 存在。

在余下的 AgBr、AgI 沉淀中加入稀 H_2SO_4 酸化，然后加入米粒大小锌粉或镁粉，并加热，将 Br^-、I^- 转入溶液。酸化后滴加入氯水和 CCl_4 振荡，CCl_4 层显紫红色表示有 I^-，继续滴加氯水紫色褪去，CCl_4 层显棕黄色表示有 Br^- 存在。

（2）S^{2-}、SO_3^{2-}、$S_2O_3^{2-}$ 混合物的分离和鉴定

取 3 滴含有 S^{2-}、SO_3^{2-}、$S_2O_3^{2-}$ 的溶液，滴加 2 滴 $2mol\cdot L^{-1}$ NaOH，再加入 1 滴亚硝酰铁氰化钠，若有特殊红紫色出现，表示有 S^{2-} 存在。

另取 10 滴含有 S^{2-}、SO_3^{2-}、$S_2O_3^{2-}$ 的溶液，加少量固体 $CdCO_3$ 除去 S^{2-}，离心分离，将滤液分为两份，在一份中加入亚硝酰铁氰化钠、过量饱和 $ZnSO_4$ 溶液及 $K_4[Fe(CN)_6]$ 溶液，如有红色沉淀，表示有 SO_3^{2-} 存在。在另一份溶液中滴加过量 $AgNO_3$ 溶液，若有沉淀生成且由白色→棕色→黑色变化，表示有 $S_2O_3^{2-}$ 存在。

五、思考题

1. 将 $BaCl_2$、$AgNO_3$、Na_2SO_4、$(NH_4)_2CO_3$、KCl 中的两种盐混合，加水溶解时有沉淀产生，这些沉淀既溶于 HCl 溶液，又溶于 HNO_3 溶液。试指出混合物含哪两种盐？

2. 一份混合物溶液，已检出含 Ag^+ 和 Ba^{2+}，则下列哪几种阴离子可不必鉴定？SO_3^{2-}、Cl^-、NO_3^-、SO_4^{2-}、CO_3^{2-}、I^-。

3. 某阴离子未知液经初步试验结果如下：

（1）试液呈酸性时无气体产生；

（2）酸性溶液中加入 $BaCl_2$ 溶液无沉淀；

（3）加入稀硝酸和 $AgNO_3$ 溶液产生黄色沉淀；

（4）酸性溶液中加入 $KMnO_4$，紫色褪去，加 KI-淀粉溶液，蓝色不褪去；

（5）与 KI 无反应。

由以上初步实验结果，推测哪些阴离子可能存在。说明理由并提出进一步验证的步骤。

实验 2-29　生物体中几种元素的定性鉴定

一、实验目的

通过实验了解植物体内的元素成分及某些元素的提取和定性检出方法。

二、实验用品

仪器：试管，漏斗，石棉网，蒸发皿，泥三角，烧杯。

液体试剂：HCl（2mol·L^{-1}），HNO$_3$（浓，6mol·L^{-1}），HAc（2mol·L^{-1}、6mol·L^{-1}），NaOH（2mol·L^{-1}），（NH$_4$）$_2$MoO$_4$（0.1mol·L^{-1}），KSCN（0.2mol·L^{-1}），（NH$_4$）$_2$C$_2$O$_4$（饱和），铝试剂（1%），镁试剂，浓氨水。

材料：树叶（或茶叶、松枝等）。

三、实验原理

植物体主要是由 C、H、O、N 等元素构成，此外还含 P 以及 Ca、Mg、Al、Fe 等金属元素，这些元素虽然量少，但在植物的生命过程中起着重要作用。通过燃烧将植物灰化后用硝酸和水浸溶，P 变成磷酸（或磷酸盐），而 Ca、Mg、Al、Fe 等金属元素以离子的形式进入溶液，这样就可以提取植物中的相应元素进行鉴定。本实验只对植物体内的 P 及 Ca、Mg、Al、Fe 等元素进行提取和鉴定。

四、实验步骤

1. 原材料的灰化

取约 10g 干净、干燥的树叶（大片树叶可用 2～3 片，小片树叶则多用几片），用坩埚钳夹住后直接在酒精灯上引燃，让树叶充分燃烧，若燃烧不够彻底时应将炭化的树叶放到蒸发皿内继续加热，直至其完全灰化。

2. 元素的硝化提取

在研钵中将灰分研细后转移至 100mL 烧杯中，向烧杯中加入 2mL 浓 HNO$_3$ 和 20mL 蒸馏水，充分搅拌并加热，使提取物充分溶解，然后过滤，将滤液浓缩至 5mL，取滤液进行离子鉴定。

3. 有关元素的鉴定

（1）PO$_4^{3-}$ 的鉴定：在试管中加 5 滴滤液，3 滴 6mol·L^{-1} HNO$_3$ 溶液，再加 4 滴 0.1mol·L^{-1}（NH$_4$）$_2$MoO$_4$ 溶液，加热试管，如有黄色沉淀出现，证明有 PO$_4^{3-}$ 存在。

（2）Ca^{2+} 的鉴定：在离心试管中加 5 滴滤液，加 6 滴饱和（NH$_4$）$_2$C$_2$O$_4$ 溶液，生成白色沉淀。离心分离弃去上层清液，将沉淀加几滴水后分成两份，分别试验沉淀与 6mol·L^{-1} HAc 和 2mol·L^{-1} HCl 溶液的反应，若白色沉淀不溶于 6mol·L^{-1} HAc 而溶于 2mol·L^{-1} HCl 溶液，表明有 Ca^{2+} 存在。

（3）Mg^{2+} 的鉴定：取 5 滴滤液于试管中，加几滴 6mol·L^{-1} NaOH 溶液，有 Mg(OH)$_2$ 絮状沉淀生成，再加入 1 滴镁试剂，振荡试管，如沉淀变为天蓝色，表示有 Mg^{2+} 存在。

（4）Al^{3+} 的鉴定：在试管中加入 5 滴滤液，3 滴 2mol·L^{-1} HAc 和 2 滴 0.1% 铝试剂，振荡后水浴中加热片刻，再加入几滴浓 NH$_3$·H$_2$O 溶液，如有红色絮状沉淀生成，表示有 Al^{3+} 存在。

（5）Fe^{3+} 的鉴定：在试管中加入 5 滴滤液、3 滴 KSCN 溶液，振荡均匀，若溶液呈血红色，表示有 Fe^{3+} 存在。

五、思考题

1. 原材料在灰化时若燃烧不完全，对实验结果有何影响？
2. 植物体中还含有哪些元素？

第四节　制备与综合设计实验

实验 2-30　硝酸钾的制备与提纯

一、实验目的

学习用复分解反应进行盐类制备；掌握温度变化对物质溶解度的影响；巩固溶解、过滤、重结晶等实验操作技术。

二、实验用品

仪器：台秤，烧杯，量筒，酒精灯，三脚架，石棉网，漏斗，热滤漏斗，真空水泵，吸滤瓶，布氏漏斗，试管，表面皿。

固体药品：$NaNO_3$，KCl。

液体药品：HNO_3（$2mol \cdot L^{-1}$），$AgNO_3$（$0.1mol \cdot L^{-1}$）。

材料：滤纸，冰。

三、实验原理

本实验以 $NaNO_3$ 和 KCl 为原料，用复分解反应的方法制备 KNO_3 晶体，其反应式为：

$$NaNO_3 + KCl \rightleftharpoons NaCl + KNO_3$$

该反应是可逆的，利用温度对 $NaCl$ 和 KNO_3 溶解度的影响的不同，将它们从溶液中分离。根据表 2-15 中列出的四种盐在不同温度下的溶解度数据可见，$NaCl$ 的溶解度受温度影响最小，而 KNO_3 的溶解度随温度变化最大。将一定浓度的 $NaNO_3$ 和 KCl 混合液加热至沸腾后浓缩，因为 $NaCl$ 的溶解度随温度变化不大，所以浓缩时 $NaCl$ 达到饱和后析出，而此时 KNO_3 的溶解度因温度升高溶解度增大，不会析出晶体。通过热过滤除去 $NaCl$。将滤液冷却至 $10℃$ 以下，KNO_3 因溶解度骤减而大量析出，仅有少量的 $NaCl$ 随 KNO_3 一起析出。粗产品 KNO_3 经重结晶提纯，便可得到较纯的 KNO_3 晶体。

表 2-15　四种盐在不同温度下的溶解度　　　　　单位：g/100g 水

温度/℃ 盐	0	10	20	30	40	50	60	80	100
$NaNO_3$	73	80	88	96	104	114	124	148	180
$NaCl$	35.7	35.8	36.0	36.3	36.6	36.8	37.3	38.4	39.8
KNO_3	13.3	20.9	31.6	45.8	63.9	83.5	110.0	169	246
KCl	27.6	31.0	34.0	37.0	40.0	42.6	45.5	51.1	56.7

四、实验步骤

1. KNO_3 的制备

（1）溶解：分别称取 8.5g $NaNO_3$ 和 7.5g KCl 置于 50mL 烧杯中，加入 15mL 蒸馏水，加热搅拌，使固体溶解。

（2）浓缩：搅拌下，小火加热至沸，随蒸发溶液体积减小，$NaCl$ 逐渐析出，到溶液体积约为原来的 2/3 时，趁热用热滤漏斗过滤（注意热水漏斗中的水不要加满，以免水沸腾后溢出）或减压过滤（动作要快，如有晶体析出，也可用少量温水冲洗抽滤瓶，合并滤液和洗涤液于小烧杯中，浓缩至过滤前的体积），滤液置于小烧杯中。

（3）结晶：将小烧杯中滤液冷至室温后再用冰-水浴冷却至 $10℃$ 以下，将析出的 KNO_3 晶体用减压过滤法尽量抽干后转移到表面皿中，晾干后称重。计算 KNO_3 粗产品的产率。

2. 重结晶法提纯

保留少量（米粒大小）粗产品供纯度检验对比实验用，其余部分按粗产品：水＝2∶1（质量比）的比例加入蒸馏水，小火加热，以防止液体溅出，搅拌，至晶体全部溶解（若溶液沸腾时晶体还未全部溶解，可再加少量蒸馏水使其溶解），停止加热。将滤液冷至室温，再用冰-水浴冷却至 $10℃$ 以下，待析出大量晶体后抽滤，将晶体放在表面皿上晾干，称重，计算产率。

3. 产品纯度检验

取少量粗产品和重结晶得到的产品各放入一小试管中，分别加入 1mL 蒸馏水使其溶解，然后分别加入 2 滴 $2mol \cdot L^{-1}$ 的 HNO_3 和 2 滴 $0.1mol \cdot L^{-1}$ $AgNO_3$ 溶液，对比重结晶前后的实验现象，并加以解释。

五、思考题

1. 根据溶解度计算，本实验应有多少 NaCl 和 KNO_3 晶体析出（不考虑其他盐存在时对溶解度的影响）？

2. 本实验为什么要用热过滤？

3. 何谓重结晶？重结晶的过程中为什么需先加热，而后又冷却？

实验 2-31 硫酸亚铁铵的制备

一、实验目的

通过制备硫酸亚铁铵，了解复盐的特征和制备方法；练习和巩固水浴加热、溶解、过滤、蒸发浓缩、结晶、减压过滤等基本操作；学习用目视比色法检验产品的质量。

二、实验用品

仪器：锥形瓶，烧杯，量筒，蒸发皿，表面皿，玻璃棒，漏斗，布氏漏斗，抽滤瓶，酒精灯，石棉网，铁架台，铁圈，电子天平，温度计，水浴锅，真空泵。

固体试剂：铁屑或铁钉，$(NH_4)_2SO_4$ （s），$NH_4Fe(SO_4)_2 \cdot 12H_2O$。

液体试剂：H_2SO_4（$3mol \cdot L^{-1}$），Na_2CO_3 （10%），KSCN（25%），乙醇 （95%）。

材料：滤纸，pH 试纸。

三、实验原理

硫酸亚铁铵 $(NH_4)_2Fe(SO_4)_2 \cdot 6H_2O$，俗称摩尔盐，为浅绿色单斜晶体，易溶于水，难溶于乙醇。摩尔盐在空气中不易被氧化，是最稳定的亚铁盐，常用于配制亚铁离子的标准溶液。

表 2-16 几种盐的溶解度　　　　　　　　单位：g/100g 水

盐 ＼ 温度/℃	0	10	20	30	40	50	60
$FeSO_4 \cdot 7H_2O$	28.6	37.5	48.5	60.2	73.6	88.9	100.7
$(NH_4)_2SO_4$	70.6	73.0	75.4	78.0	81.0	—	88.0
$FeSO_4 \cdot (NH_4)_2SO_4 \cdot 6H_2O$	12.5	17.2	—	—	33.0	40.0	—

常用的制备方法是先用 Fe 与稀 H_2SO_4 作用制得 $FeSO_4$，再与等物质的量的 $(NH_4)_2SO_4$ 在水溶液中作用生成硫酸亚铁铵：

$$Fe + H_2SO_4 = FeSO_4 + H_2 \uparrow$$

$$FeSO_4 + (NH_4)_2SO_4 + 6H_2O = FeSO_4 \cdot (NH_4)_2SO_4 \cdot 6H_2O$$

由表 2-16 相关物质的溶解度可知，复盐的溶解度比单盐小，因此溶液经蒸发浓缩、冷却后，复盐在水溶液中首先结晶，析出 $(NH_4)_2FeSO_4 \cdot 6H_2O$ 晶体。

Fe^{3+} 是产品中的主要杂质，常以 Fe^{3+} 含量多少来衡量 $(NH_4)_2FeSO_4 \cdot 6H_2O$ 产品的质量等级，本实验采用目视比色法进行产品质量的等级评定。具体做法是：将适量样品溶于水，加入一定量的 KSCN 与 Fe^{3+} 作用，配制成含血红色 $[Fe(CNS)_n]^{3-n}$ 的待测溶液，然后与含一定量相同离子的系列标准溶液进行比色，以确定 Fe^{3+} 杂质含量范围。如果样品溶液的颜色比某一标准溶液浅，则认为 Fe^{3+} 含量低于某一规定限度，从而确认产品的质量等级，这种分析方法也称为限量分析。本实验仅做摩尔盐中 Fe^{3+} 的限量分析。

四、实验内容

1. 铁钉的净化：称取约 4.0g 铁钉放入 250mL 锥形瓶中，加入约 20mL10％Na$_2$CO$_3$ 溶液，小火加热煮沸约 10min 以除去油污，倾去碱液后用水洗净铁钉。

2. 制备 FeSO$_4$：在装有铁钉的锥形瓶中加入 25mL 3mol·L^{-1} 的 H$_2$SO$_4$ 溶液，水浴加热（温度 60~80℃为宜），反应过程中适当补充少量蒸馏水，以维持反应液体积。反应完成后（约需 30min），再加入 1mL 3mol·L^{-1} 的 H$_2$SO$_4$ 溶液（为什么?），并趁热过滤，并用少量热蒸馏水冲洗锥形瓶及滤渣（残渣可用少量水洗 2~3 次），将洗涤液和滤液合并移入洁净的蒸发皿中。将滤渣用吸水纸吸干后称重，计算出反应消耗的铁的质量和 FeSO$_4$ 的理论产量。

3. 制备硫酸亚铁铵：根据 FeSO$_4$ 的产量按等物质的量称取 (NH$_4$)$_2$SO$_4$ 固体，加入上述溶液中，水浴加热，搅拌，使其全部溶解。继续搅拌加热，浓缩至溶液表面刚出现晶膜时为止。自水浴上取下蒸发皿，放置冷却后即有硫酸亚铁铵晶体析出。待冷至室温后减压过滤，用少量乙醇分两次洗去晶体表面所附着的水分。抽干后将晶体带滤纸一块取出，把晶体置于两张洁净干燥的滤纸之间，并轻压以吸干母液，称量，计算产率。

4. 质量检测

① 配制浓度为 0.0100mg·mL^{-1} 的 Fe^{3+} 标准溶液

称取 0.0216g NH$_4$Fe(SO$_4$)$_2$·12H$_2$O 于小烧杯中，先加入少量蒸馏水溶解，再加入 6mL 的 3mol·L^{-1} H$_2$SO$_4$ 溶液酸化，用蒸馏水将溶液在 250mL 容量瓶中定容。此溶液中 Fe^{3+} 浓度即为 0.0100mg·mL^{-1}。

② 配制标准色阶

用移液管分别移取 Fe^{3+} 标准溶液 5.00mL、10.00mL、20.00mL 于 25mL 比色管中，各加 1mL 3mol·L^{-1} H$_2$SO$_4$ 和 1mL 25％ 的 KSCN 溶液，再用新煮沸后放冷的蒸馏水将溶液稀释至刻度，摇匀，即得到含 Fe^{3+} 量分别为 0.05mg（一级）、0.10mg（二级）和 0.20mg（三级）的三个等级的 Fe^{3+} 标准液。

③ 产品等级的确定

称取 1g 硫酸亚铁铵晶体，加入 25mL 比色管中，用 15mL 新加热沸腾冷至室温的蒸馏水（为什么?）溶解，再加 1.5mL 3mol·L^{-1} H$_2$SO$_4$ 和 1mL 25％ KSCN 溶液，最后加入不含氧的蒸馏水将溶液稀释到 25mL，摇匀，与标准溶液进行目视比色，确定产品的等级。

五、思考题

1. 水浴加热时应注意什么问题？

2. 本实验如何确定所需要的硫酸铵用量？

3. 为什么在制备硫酸亚铁时要使铁过量？

4. 为什么制备硫酸亚铁铵时要保持溶液有较强的酸性？

实验 2-32 三草酸合铁(Ⅲ)酸钾的制备

一、实验目的

了解三草酸合铁(Ⅲ)酸钾的制备方法和性质；用化学平衡原理指导配合物的制备；掌握水溶液中制备无机物的一般方法；继续练习溶解、沉淀、过滤（常压、减压）、浓缩、蒸发结晶等基本操作。

二、实验用品

仪器：烧杯，量筒，漏斗，抽滤瓶，布氏漏斗，表面皿，真空泵。

固体药品：(NH$_4$)$_2$SO$_4$·FeSO$_4$·6H$_2$O，H$_2$C$_2$O$_4$·2H$_2$O，K$_2$C$_2$O$_4$。

液体药品：H_2O_2（3%），H_2SO_4（3mol·L^{-1}），乙醇（95%）。

材料：滤纸。

三、实验原理

三草酸合铁（Ⅲ）酸钾为翠绿色单斜晶体，易溶于水（0℃时 4.7g/100g 水；100℃时 117.7g/100g 水），难溶于乙醇等有机溶剂，光照容易分解。

本制备实验是以摩尔盐 $(NH_4)_2SO_4·FeSO_4·6H_2O$ 为起始原料，通过沉淀、氧化、配位等反应过程，制得三草酸合铁（Ⅲ）酸钾 $K_3[Fe(C_2O_4)_3]·3H_2O$ 配合物。主要反应为：

$$(NH_4)_2SO_4·FeSO_4·6H_2O + H_2C_2O_4 \Longrightarrow FeC_2O_4·2H_2O\downarrow + (NH_4)_2SO_4 + H_2SO_4 + 4H_2O$$

$$2FeC_2O_4·2H_2O + H_2O_2 + H_2C_2O_4 + 3K_2C_2O_4 \Longrightarrow 2K_3[Fe(C_2O_4)_3]·3H_2O + H_2O$$

加入乙醇后，析出三草酸合铁（Ⅲ）酸钾晶体。

三草酸合铁（Ⅲ）配离子 $K_稳 = 1.58 \times 10^{20}$，在溶液中比较稳定。

四、实验内容

1. 草酸亚铁的制备

称取 5g $(NH_4)_2SO_4·FeSO_4·6H_2O$ 晶体、2.0g $H_2C_2O_4·2H_2O$ 晶体于 250mL 烧杯中，加入 40mL 蒸馏水和 10 滴 3mol·L^{-1} H_2SO_4 溶液，加热搅拌使晶体溶解，继续搅拌并加热至沸，停止加热，静置。待黄色 $FeC_2O_4·2H_2O$ 晶体沉到底部后用倾析法弃去上层清液，然后用蒸馏水分两次洗涤沉淀，每次用 15mL，温热并搅拌，然后静置，弃去上层清液。

2. 三草酸合铁（Ⅲ）酸钾的制备

在 $FeC_2O_4·2H_2O$ 晶体中，加入 20mL 蒸馏水和 5.0g 固体 $K_2C_2O_4$，搅拌均匀，水浴上加热至 40℃，在不断搅拌下用滴管慢慢加入 20mL 新配制的 3% H_2O_2 溶液，维持 40℃ 恒温约 10min，以使 Fe(Ⅱ) 充分氧化为 Fe(Ⅲ)。再将溶液加热至沸，加入 0.7g $H_2C_2O_4·2H_2O$ 晶体，搅拌溶解后，再在不断搅拌下分 3 次加入 0.5g $H_2C_2O_4·2H_2O$ 晶体，晶体完全溶解后溶液应呈亮绿色，如果有沉淀则趁热过滤，并控制溶液体积约为 30mL。

3. 三草酸合铁（Ⅲ）酸钾晶体的生成

将溶液冷至室温后分为 2 等份，其中 1 份滴加 10mL 95% 乙醇，边加边搅拌，观察 $K_3[Fe(C_2O_4)_3]·3H_2O$ 晶体的生成，充分沉淀后，抽滤，用少量乙醇洗涤晶体，抽干，再用滤纸吸干后称量，计算产率（注意乘以 2 倍）。

另 1 份溶液置于小烧杯中，盖上表面皿（或盖上一层滤纸，并用皮筋将滤纸固定在烧杯上），放在暗处让溶液慢慢蒸发培养 $K_3[Fe(C_2O_4)_3]·3H_2O$ 大块晶体，供下次实验时观察。

五、思考题

1. 制备 $FeC_2O_4·2H_2O$ 沉淀时加热煮沸的目的是什么？

2. 为什么在此制备中用过氧化氢作氧化剂？能否用其他氧化剂，为什么？

3. 加入 H_2O_2 后要 40℃ 恒温下维持一段时间后为什么还要加热至沸？

4. 如何证明你所制得的产品不是单盐而是配合物？

实验 2-33　海带中提取碘

一、实验目的

学习海带中提取碘的方法；复习巩固灰化、浸取、浓缩、升华操作。

二、实验用品

仪器：烧杯，铁架台，蒸发皿，布氏漏斗，抽滤瓶，循环水真空泵。

固体试剂：$Fe_2(SO_4)_3$ 或 $K_2Cr_2O_7$。

液体试剂：H_2SO_4（$3mol \cdot L^{-1}$）。

材料：海带丝，pH 试纸。

三、实验原理

碘在人体内有极其重要的生理作用，主要存在于甲状腺中，具有促进体内物质和能量代谢、促进身体生长发育、提高精神系统的兴奋性等生理功能。人体中缺碘，会罹患甲状腺肿（即大脖子病）、克汀病等，给人类健康造成极大的损害，对婴幼儿的危害尤其严重。人体一般每日摄入 $0.1 \sim 0.15mg$ 碘就可以满足需要。在碘缺乏地区，一般通过食用碘盐的方法补充碘。碘在自然界中的存在很分散，海洋中碘的含量也很少，但有些海洋生物可以在体内富集碘，如在每 100g 海带中含碘量为 240mg，常吃海带可纠正由缺乏碘而引起的疾病。

本实验通过灼烧、灰化、浸取、炒干等操作，将海带中的碘转化为碘化物，再用氧化剂将其氧化为 I_2，通过升华分离，从而提取海带中的碘。

$$Fe_2(SO_4)_3 + 2KI \Longrightarrow I_2 + K_2SO_4 + 2FeSO_4$$

或

$$K_2Cr_2O_7 + 6KI \Longrightarrow 3I_2 + 4K_2O + Cr_2O_3$$

四、实验步骤

1. 称取 10g 干燥的海带，在酒精灯上点燃，将海带灰收集在蒸发皿中，加热、搅拌、灼烧，使海带完全灰化。

2. 将海带灰研细后转移至烧杯中，加入 25mL 蒸馏水熬煮 5min 后，抽滤。重复加入 25mL 蒸馏水熬煮一次，抽滤，最后用少量水洗涤滤渣，将滤液合并。

3. 滤液里加 $3mol \cdot L^{-1}$ H_2SO_4 酸化至 pH 值显中性，除去碳酸盐。

4. 将滤液在蒸发皿中蒸发至糊状，调 $pH \approx 1$，然后尽量炒干，转移至研钵中，加入 1.2g $Fe_2(SO_4)_3$（或 0.5g $K_2Cr_2O_7$）固体与之一起研细并混合均匀。

图 2-56 碘升华装置

5. 在蒸发皿上盖一张刺有许多小孔且孔刺向上的滤纸，取一只大小合适的玻璃漏斗，颈部塞一小团棉花，罩在蒸发皿上（必要时安装铁架台和万能夹固定一下），小心加热蒸发皿使生成的碘升华（见装置图 2-56）。碘蒸气在滤纸上凝聚，并在漏斗中看到紫色碘蒸气。当再无紫色碘蒸气产生时，停止加热。取下滤纸，将新得到的碘回收在棕色试剂瓶中。若碘较少可用少量 KI 溶液或酒精将其溶解并收集在试剂瓶内。

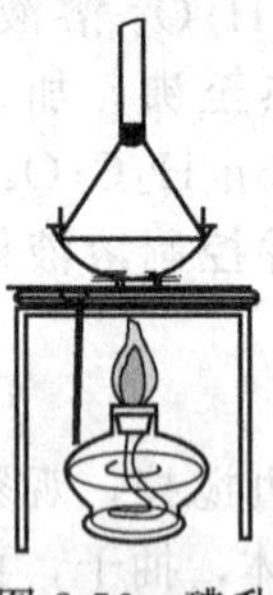

五、思考题

1. 哪些因素影响产率？

2. 设计实验验证产物为 I_2。

实验 2-34　明矾的制备及晶体的培养

一、实验目的

1. 学习用废铝材料制备明矾的方法。

2. 巩固对铝和氢氧化铝两性的认识，掌握复盐晶体的制备方法。

3. 掌握明矾 $[KAl(SO_4)_2 \cdot 12H_2O]$ 大晶体的培养技能。

4. 熟悉明矾产品中钾、铝和硫酸根离子的定性检出方法。

二、实验用品

仪器：烧杯，量筒，台秤，温度计，酒精灯，三足架，石棉网，过滤装置，玻璃棒。

固体试剂：KOH。

液体试剂：H_2SO_4（$3mol \cdot L^{-1}$）

材料：废铝（铝合金罐头盒或易拉罐等），砂纸，滤纸，涤纶丝线（缝衣线）。

三、实验原理

1. 明矾的制备原理

$$Al + KOH + 3H_2O \xmapsto{} K[Al(OH)_4] + H_2 \uparrow$$

$$2K[Al(OH)_4] + H_2SO_4 \xmapsto{} 2Al(OH)_3 \downarrow + K_2SO_4 + 2H_2O$$

$$2Al(OH)_3 + 3H_2SO_4 \xmapsto{} Al_2(SO_4)_3 + 6H_2O$$

$$Al_2(SO_4)_3 + K_2SO_4 + 24H_2O \xmapsto{} 2KAl(SO_4)_2 \cdot 12H_2O$$

2. 关于晶体培养

明矾 $[KAl(SO_4)_2 \cdot 12H_2O]$ 是铝钾矾，属于八面体晶形，本实验要练习培养铝钾矾晶体。铝钾矾溶解度和过饱和曲线如图 2-57 所示。图中 BB′曲线是物质的溶解度曲线，曲线下方为不饱和区，在此区域内不会有晶体析出，因此称为稳定区。CC′曲线是过饱和曲线，此线上方为不稳定区，将此区域里的溶液稍加振荡或在其中投入晶种或某种物质（甚至灰尘掉入）就会立即析出大量晶体。两线之间的区域叫准稳定区，在此区域内，晶体可以缓慢地生长成大块的具有规则外形的晶体。欲从不饱和溶液中制得晶体，有两种

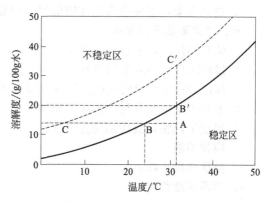

图 2-57 溶解度和过饱和曲线

途径：一是由 A→B→C 的途径，即保持溶液的浓度不变，降低温度；另一途径是 A→B′→C′，即在保持温度不变时，蒸发溶剂使溶液浓度增大。前一种方法叫冷却法，后一种方法叫蒸发法。这两种方法都可以使溶液从稳定区进入准稳定区或不稳定区，从而析出晶体。在不稳定区，晶体生长的速度快，晶粒多，但晶体细小。要想得到大而完美的晶体，应将溶液处于准稳定区，让晶体慢慢地生长。

四、实验步骤

废铝→KOH 溶解→过滤→硫酸酸化→浓缩→结晶→分离→单晶培养→明矾单晶

1. $KAl(SO_4)_2 \cdot 12H_2O$ 的制备

在 250mL 锥形瓶中称取 4.2g KOH 溶于 50mL 蒸馏水中得 50mL 1.5mol · L⁻¹KOH 溶液，缓慢加入 2g 经处理过的废铝（砂纸打磨后，剪碎），小火加热（反应激烈，小心不要溅入眼内），反应完毕后趁热过滤（或用布氏漏斗抽滤），滤液接入 250mL 烧杯中，少量蒸馏水冲洗（约 20mL）漏斗和搅棒。取滤液，在不断搅拌下，滴加 3mol·L⁻¹ H_2SO_4（按化学反应式计量），加热至沉淀完全溶解，并适当浓缩溶液（约剩 30mL 左右），用大烧杯装自来水，反应液连同容器一起放在自来水烧杯中冷却结晶。过滤，晶体回收，滤液（饱和溶液）用干净的 100mL 烧杯接收，用于培养大晶体。

2. 明矾大晶体的培养

$KAl(SO_4)_2 \cdot 12H_2O$ 为正八面体晶形，应让晶种有足够的时间长大。籽晶能够生长的前提是溶液浓度处于适当过饱和的准稳定区（图 2-57 的 C′B′BC）；晶体生长的容器要干净；

图 2-58 大晶体培养

另外，生长晶体的过程不能震动。本实验通过将室温下的饱和溶液在室温下静置，靠溶剂的自然挥发来创造溶液的稳定状态。人工投放晶种让其逐渐长成单晶。

以缝纫用的涤纶线把事先准备好的籽晶系好，剪去余头，缠系在玻璃棒上悬吊在已过滤的饱和溶液中（图 2-58，如果溶液不饱和，晶种就会溶解。如果有溶解现象，应立刻取出晶种，待溶液冷却至饱和再将晶种放人），盖上滤纸以免进入灰尘，放在实验厨里或烧杯上写名字，然后统一放在不易震动的地方，下周实验观察大晶体的形成。

明矾不同温度下的溶解度如下：

温度/℃	0	10	20	30	40	50	60	70	80	90	100
溶解度/g	3	4	5.9	8.4	11.7	17	25	40	71	109	154

3. 设计方案，定性检出晶体中的钾、铝和硫酸根离子。

五、注意事项及思考题

1. 抛光铝片时，小心不要割伤手。
2. 接收明矾饱和溶液的烧杯，一定要洗干净才有利于晶体的生长。
3. 如何知道你制成的明矾溶液在室温时为饱和溶液？
4. 下列哪些条件有利于生成大晶体：
① 温度下降快，致使结晶速度快；
② 搅拌溶液；
③ 温度缓慢下降；
④ 结晶速度很慢；
⑤ 100℃时的饱和溶液冷却至室温；
⑥ 室温时溶液刚好饱和。
5. 试画出铝钾矾的晶体图。

实验 2-35 聚合硫酸铁的制备

一、实验目的

通过聚合硫酸铁的制备，摸索反应的最佳条件及产品质量的检验方法，从而学习水溶液中通过氧化还原反应制备无机盐的方法，培养独立设计实验的能力。

二、实验用品

仪器：锥形瓶，电磁搅拌器，滴液漏斗，pHS-3C 型酸度计，密度计，恒温水浴，量筒（250～500mL），721 型分光光度计。

试剂：固体 $FeSO_4 \cdot 7H_2O$，H_2O_2，浓 H_2SO_4。

三、实验原理

聚合硫酸铁（PFS）也称碱式硫酸铁或羟基硫酸铁，是一种无机高分子絮凝剂。与其他絮凝剂如三氯化铁、硫酸铝、碱式氯化铝等相比，聚合硫酸铁生产成本低、适用 pH 范围广、杂质去除率高、残留物浓度低、脱色效果好，因而广泛应用于工业废水、城市污水、工业用水以及生活饮用水的净化处理。

七水合硫酸亚铁在酸性条件下，可被双氧水氧化成硫酸铁，经水解、聚合反应得到红棕色的聚合硫酸铁。主要反应如下：

氧化反应：$2FeSO_4 + H_2O_2 + H_2SO_4 \xrightarrow{\quad\quad} 2Fe_2(SO_4)_3 + 2H_2O$

水解反应：$\qquad\qquad Fe_2(SO_4)_3 + nH_2O \Longrightarrow Fe_2(OH)_n(SO_4)_{3-n/2} + n/2H_2SO_4$

聚合反应：$\qquad\qquad m[Fe_2(OH)_n(SO_4)_{3-n/2}] \Longrightarrow [Fe_2(OH)_n(SO_4)_{3-n/2}]_m$

氧化、水解、聚合三个反应同时存在于一个体系当中，且相互影响。其中氧化反应是三个反应中较慢的一步，控制着整个反应过程。

四、实验内容

把七水合硫酸亚铁加到250mL锥形瓶中加水溶解，在不断搅拌下，按一定比例滴加浓硫酸和双氧水，反应约2h，把得到的产品在一定温度下进一步熟化8～24h，即可得到较高盐基度的红棕色聚合硫酸铁（PFS）。

1. H_2SO_4 用量的影响

在250mL锥形瓶中加入30g $FeSO_4 \cdot 7H_2O$ 和30mL水并加入几毫升浓硫酸（摸索加入1.7mL、3.5mL、5mL、9mL不同体积浓硫酸的最佳条件），用滴液漏斗插入液面以下慢慢滴入 H_2O_2 13mL，控制 H_2O_2 加入量约为1mL·min^{-1}。通过产品质量检验，得出最佳硫酸用量。

问题：加入浓硫酸的作用是什么？硫酸用量对产品质量有何影响？

2. H_2O_2 用量的影响

在250mL锥形瓶中加入30g $FeSO_4 \cdot 7H_2O$、30mL水及上述实验摸索到的最佳浓硫酸用量。按上述试验的速度用滴液漏斗滴加不同量的（5mL、9mL、13mL） H_2O_2，通过产品质量检验，得出最佳 H_2O_2 用量。

问题：H_2O_2 的用量、H_2O_2 加入速度对产品质量有何影响？

3. 产品质量检验

本实验通过观察产品的外观和絮凝效果，测定产品的密度、去浊率及产品的pH值来确定最佳试验条件。

（1）聚合硫酸铁的絮凝作用

取2个50mL烧杯，各加入0.5g泥土，加水至50mL，搅拌。在一烧杯中加入1%聚合硫酸铁产品少许，搅拌均匀，静置后观察现象，与另一烧杯对比，记录溶液澄清所需时间。

（2）去浊率的测定

取200mL水样，加入1:100稀释后的聚合硫酸铁5mL，剧烈搅拌几分钟。取上层清液（液面以下2～3cm处），测定其吸光度（实验时选用波长为380nm），比较处理前后吸光度的差别，则分别得到去浊率。

（3）密度的测定（密度计法）

将聚铁试样注入清洁、干燥的量筒内，不得有气泡。将量筒置于恒温水浴中，待温度恒定后，将密度计缓缓地放入试样中，待密度计在试样中稳定后，读出密度计弯月面下缘的刻度，即为20℃试样的密度。

（4）pH值的测定

本实验以测定1%水溶液的pH值为准。用pH＝4.00的标准缓冲溶液定位后，将1%的试样溶液倒入烧杯，将复合电极浸入被测溶液中，至pH值稳定时读数。

把相关数据填入表2-17中，与国家标准对比。

表2-17 聚合硫的铁的国家标准及产品性能

项 目	聚合硫酸铁国家标准[①]		本实验产品
	1品	2品	
外观	红棕色溶液	红棕色溶液	
密度/g·mL^{-1} ≥	1.45	1.33	

续表

项 目		聚合硫酸铁国家标准[①]		本实验产品
		1品	2品	
Fe^{3+}/%	≥	11.0	9.0	
Fe^{2+}/%	≤	0.10	0.20	
盐基度/%	≥	12.0	8.0	
pH(1%水溶液)		2.0~3.0	2.0~3.0	

① 《净水剂聚合六硫酸铁》国家标准（GB 14591—93）。

五、思考题

1. 分析反应温度、搅拌速度及搅拌时间对聚合硫酸铁质量的影响？

2. 什么叫熟化？熟化的目的是什么？

3. 除了 H_2O_2，制备聚合硫酸铁时还可以使用其他氧化剂吗，为什么？

实验 2-36 碱式碳酸铜的制备

一、实验目的

通过对碱式碳酸铜制备条件的探求及对生成物颜色、状态的分析，研究反应物的合理配料比，确定制备反应合适的温度条件，以培养独立设计实验的能力。

二、实验用品

由学生根据需要自行列出实验仪器、药品、材料清单，经指导教师同意即可进行实验。

三、实验原理

碱式碳酸铜 $Cu_2(OH)_2CO_3$ 为天然孔雀石的主要成分，呈暗绿色或淡蓝绿色，加热至200℃即分解，在水中的溶解度度很小。$Cu_2(OH)_2CO_3$ 的化学组成可认为是 $Cu(OH)_2$ 和 $CuCO_3$ 的混合物，两种物质都难溶且溶解度相近，因此铜盐溶液与 Na_2CO_3 溶液反应就会生成碱式碳酸铜沉淀，新制备的试样在沸水中容易分解。

思考：

① 哪些铜盐适合制取碱式碳酸铜？写出硫酸铜溶液和碳酸钠溶液的反应方程式。

② 估计反应条件，如反应温度、反应物浓度及反应物配料比对反应产物的影响？

四、实验内容

1. 反应物溶液的配制

分别配制 100mL 0.5mol·L^{-1} Na_2CO_3 溶液和 100mL 0.5mol·L^{-1} $CuSO_4$ 溶液。

2. 制备反应条件的探求

(1) $CuSO_4$ 和 Na_2CO_3 溶液的最佳配比

取四支试管，各加入 2.0mL 0.5mol·L^{-1} 的 $CuSO_4$ 溶液；再取四支编号的试管，分别加入 1.6mL、2.0mL、2.4mL 及 2.8mL 0.5mol·L^{-1} Na_2CO_3 溶液。将八支试管置于75℃的恒温水浴中。几分钟后，依次将 $CuSO_4$ 溶液分别倒入 Na_2CO_3 溶液中，振荡试管，比较各试管中沉淀生成的速率、沉淀的数量及颜色，从中得到两种反应物溶液的最佳混合配比。

思考：

① 各试管中沉淀的颜色为何会有差别？估计何种颜色产物的碱式碳酸铜含量最高？

② 若将 Na_2CO_3 溶液倒入 $CuSO_4$ 溶液中，其结果是否会有所不同？

(2) 反应温度的探求

取三支试管，各加入 2.0mL 0.5mol·L^{-1} 的 $CuSO_4$ 溶液；另取三支试管，各加入由上述实验得到的最佳用量的 $0.5mol \cdot L^{-1}$ 的 Na_2CO_3 溶液。从这两列试管中各取一支编成一组，将三组试管分别置于室温、$50℃$、$100℃$ 的恒温水浴中，数分钟后将 $CuSO_4$ 溶液倒入 Na_2CO_3 溶液中，振荡并观察现象，由实验结果确定制备反应的适合温度。

思考：

①反应温度对本实验有何影响？

②反应在哪种温度下进行会出现褐色产物？这种褐色物质是什么？

3. 碱式碳酸铜的制备

取 $60mL$ $0.5mol \cdot L^{-1}$ 的 $CuSO_4$ 溶液，根据上面实验确定的反应物合适比例及适宜温度制取碱式碳酸铜。待沉淀完全后，弃掉溶液，用蒸馏水洗涤沉淀数次，直到沉淀中不再含 SO_4^{2-} 为止，吸干。将所得产品在烘箱中于 $100℃$ 烘干，待冷至室温后称量，并计算产率。

思考：

怎样检验沉淀中是否含有 SO_4^{2-}？

五、实验习题

1. 除反应物的配比和反应温度对本实验的结果有影响外，你认为还有哪些因素可能影响实验结果？请设计一实验以证明你的猜想，写出实验步骤。

2. 自行设计一个实验，来测定产物中铜及碳酸根的含量，从而分析所制得的碱式碳酸铜中 $Cu(OH)_2$ 和 $CuCO_3$ 所占的比例。

实验 2-37　未知物的鉴别或鉴定

一、实验目的

运用元素及化合物的基本性质，进行常见物质的鉴别或鉴定；进一步学习常见离子的重要反应；了解未知物分析的基本方法。

二、实验用品

由学生根据需要自行列出实验仪器、药品、材料清单，经指导教师同意即可进行实验。

三、实验原理

当一个试样需要鉴定或一组未知物需要鉴别时，通常可根据以下几个方面进行判断。

1. 物态和颜色

(1) 观察试样在常温时的聚集状态，如果是晶体要观察它的晶形。

(2) 观察试样的颜色。溶液试样可根据离子的颜色，固体试样可根据化合物的颜色及其溶液的颜色，预测哪些离子可能存在，哪些离子不可能存在。

2. 溶解性

首先试验在水中的溶解性，在冷水中的溶解性怎样？在热水中又怎样？不溶于水的固体试样有可能溶于酸或碱，可依次用盐酸（稀、浓）、硝酸（稀、浓）、氢氧化钠（稀、浓）溶液试验其溶解性。

3. 酸碱性

酸或碱可直接加入指示剂或用 pH 试纸检测作出判断。两性物质可利用它既溶于酸又溶于碱的性质进行判断。可溶性盐的酸碱性可用它的水溶液加以判断。有时还可根据试液的酸碱性来排除某些离子存在的可能性。

4. 热稳定性

物质的热稳定性有时差别很大。有的物质在常温时就不稳定，有的物质加热时易分解，还有的物质受热时易挥发或升华。可根据试样加热后物相的转变、颜色的变化、有无气体放出等现象进行初步判断。

5. 鉴定或鉴别反应

经过前面对试样的观察和初步试验，再进行相应的鉴定或鉴别反应，就能给出准确的判断。在基础无机化学实验中鉴定反应大致采用以下几种方法。

（1）通过与某种试剂的反应，生成沉淀，或沉淀溶解，或放出气体。还可再对生成的沉淀或气体进行检验。

（2）显色反应。

（3）焰色反应。

（4）硼砂珠实验。

（5）其他特征反应。

进行未知试样的鉴别和鉴定时要特别注意干扰离子的存在，尽量采用特效反应进行鉴别和鉴定。

四、实验内容

根据下述实验内容列出实验用品及分析步骤。

1. 区分两种金属：铝片和锌片。

2. 鉴别四种黑色或近于黑色的氧化物：CuO、Co_2O_3、PbO_2、MnO_2。

3. 未知混合液分别含有 Cr^{3+}、Mn^{2+}、Fe^{3+}、Co^{2+}、Ni^{2+} 中的大部分或全部，设计一实验方案以确定未知液中含有哪几种离子，哪几种离子不存在。

4. 鉴别下列化合物：$CuSO_4$、$FeCl_3$、$BaCl_2$、$NiSO_4$、$CoCl_2$、NH_4HCO_3、NH_4Cl。

5. 盛有以下 10 种硝酸盐溶液的试剂瓶标签脱落，试加以鉴别：

$AgNO_3$、$Hg(NO_3)_2$、$Hg_2(NO_3)_2$、$Pb(NO_3)_2$、$NaNO_3$、$Cd(NO_3)_2$、$Zn(NO_3)_2$、$Al(NO_3)_3$、KNO_3、$Mn(NO_3)_2$。

6. 盛有下列 10 种固体钠盐的试剂瓶标签被腐蚀，试加以鉴别：

$NaNO_3$、Na_2S、$Na_2S_2O_3$、Na_3PO_4、$NaCl$、Na_2CO_3、$NaHCO_3$、Na_2SO_4、$NaBr$、Na_2SO_3。

7. 溶液中可能有如下 10 种阴离子：S^{2-}、SO_3^{2-}、SO_4^{2-}、PO_4^{3-}、NO_3^-、NO_2^-、Cl^-、Br^-、I^-、CO_3^{2-} 中的 4 种，试写出分析步骤及鉴定结果。

第三章 分析化学实验

第一节 基本知识

一、分析化学实验常用仪器

1. 天平

分析天平，台秤。

2. 实验用品

称量瓶，酸式滴定管、碱式滴定管，移液管，吸量管，吸耳球，容量瓶，锥形瓶，量筒，试剂瓶，烧杯，表面皿，培养皿，玻璃坩埚，玻璃漏斗，坩埚，干燥器，滤纸，洗瓶等。

3. 测量仪器

分光光度计，酸度计等。

4. 其他

烘箱，马弗炉，酒精灯，展开槽等。

二、分析化学试剂

分析化学中将化学试剂分为标准试剂、通用试剂和专用试剂。

1. 标准试剂

分析化学中的标准试剂又称为基准试剂。例如：标定氢氧化钠溶液的邻苯二甲酸氢钾，标定盐酸溶液的无水碳酸钠，标定 EDTA 的碳酸钙，氧化还原试剂重铬酸钾等。

基准试剂通常用于直接配制标准溶液或标定其他标准溶液。

2. 通用试剂

通用试剂是实验室常用的试剂，一般分为三个等级：一级（优级纯，G. R.，绿标签）、二级（分析纯，A. R.，红标签）、三级（化学纯，C. P.，蓝标签）。

分析化学实验通常使用分析纯试剂。滴定分析中的标准溶液，一般选用分析纯试剂配制，再用基准试剂进行标定。滴定分析中的其他试剂一般也为分析纯。

3. 专用试剂

指具有特殊用途的试剂。例如生物化学实验使用的生化试剂，纸色谱分离氨基酸中使用的显色剂茚三酮等。

三、常用溶液的配制方法

分析化学实验配制溶液均需使用纯水（蒸馏水或去离子水）。

1. 标准溶液的配制方法

标准溶液通常用 $mol \cdot L^{-1}$ 表示，配制方法分为直接法和标定法。

（1）直接法 准确称量基准试剂，溶解、定容后即成为具有准确浓度的标准溶液。例如：氧化还原滴定中配制 $c(K_2Cr_2O_7) = 0.01700 mol \cdot L^{-1}$ 时，应在分析天平上准确称取基准试剂 1.2503g $K_2Cr_2O_7$，加水溶解，定量转移至 250mL 容量瓶，稀释至刻度即可。

（2）标定法 不能直接配制成准确浓度的标准溶液，可先配制成大约浓度的溶液，再用基准试剂标定。例如：酸碱滴定中配制 $0.1mol \cdot L^{-1}$ NaOH 标准溶液，可在台秤上称取 NaOH 固体 2g，溶解后转入试剂瓶中，稀释至 500mL，得到接近 $0.1mol \cdot L^{-1}$ 的 NaOH 溶液，然后用基准试剂邻苯二甲酸氢钾标定，确定其准确浓度。

2. 一般溶液

指示剂通常以 $g \cdot L^{-1}$ 表示，例如酚酞指示剂（$2g \cdot L^{-1}$，乙醇溶液）。其他溶液可用 $mol \cdot L^{-1}$ 或等体积比表示，例如量取 1 份体积原装 HCl 与 1 份体积水均匀混合，可表示为 $6mol \cdot L^{-1}$ HCl，亦可表示为 1＋1（或 1：1）HCl 溶液。

配制好的溶液应盛放在适当的试剂瓶中，立即贴好标签，注明溶液的名称、浓度及配制日期。

四、试样称量方法

分析天平的使用方法详见本书"实验 2-3 试剂的取用和溶液配制"。

1. 直接称量法

用于称量某一物体的质量，例如珠宝、小烧杯、坩埚等非粉末状固体物品。将被称量物品直接置于分析天平秤盘上称量其准确质量。

2. 固定质量称量法（增量法）

用于称取某一固定质量的试剂（如基准物质）或试样。将干燥的干净小容器（如小烧杯）或硫酸纸轻放在分析天平的称量盘上，归零，然后按图 3-1 所示方法用样品匙将样品缓缓加入到容器中，当达到所需质量时停止加样。关闭天平门，待读数稳定后记录样品质量。

这种称量操作的速度较慢，适于称量不易吸潮、在空气中能稳定存在的粉末状或小颗粒（最小颗粒小于 0.1mg）样品，以便容易调节其质量。

3. 递减称量法（减量法、差减法）

用于称量一定质量范围的样品或试剂。在称量过程中样品易吸水、易氧化或易与 CO_2 反应时，要选择此法。由于称量试样的质量是由两次称量之差求得，故又称差减法。

称量步骤如下：从干燥器中取出称量瓶（注意：手指不要直接触及称量瓶和瓶盖），按图 3-2 所示方法用小纸条套住称量瓶，小纸片夹住称量瓶盖柄，打开瓶盖，用样品匙加入适量试样（一般为称一份试样的整数倍），盖上瓶盖。将称量瓶置于天平盘上，称出称量瓶加试样后的准确质量。取出称量瓶，在接收器的上方，倾斜瓶身，用称量瓶盖轻敲瓶口上部使试样慢慢落入容器中。当倾出的试样接近所需量时，一边继续用瓶盖轻敲瓶口，一边逐渐将瓶身竖直，使黏附在瓶口上的试样落下，盖好瓶盖，把称量瓶放回天平盘上，准确称量其质量。两次质量之差，即为试样的质量。按上述方法连续递减，可称取多份试样。

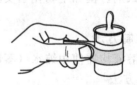
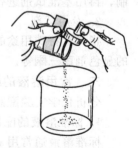

图 3-1　固定质量称量法示意图　　　　图 3-2　递减称量法操作示意图

电子天平称量的样品质量要记录到小数点后第 4 位，即 0.1mg。

五、玻璃仪器的洗涤

分析化学实验开始前，使用的玻璃器皿应清洗洁净。常用的烧杯、锥形瓶、量筒等一般的玻璃器皿，可用毛刷蘸去污粉或洗涤剂刷洗，再用自来水冲洗干净，最后用纯蒸馏水润洗3次。滴定管、移液管、容量瓶等具有精密刻度的器皿不能用毛刷刷洗。根据器皿的污染程度和污染物的性质，可选择水洗、合成洗涤剂洗涤或洗液洗涤。再用自来水冲洗干净，最后用纯蒸馏水润洗3次。

洗净的标准是，清洁透明，水沿器壁流下，形成水膜而不挂水珠。

洗涤方法见本书"实验2-1仪器的认领与洗涤"的相关内容。

第二节 基本操作实验

滴定分析是化学分析最重要的手段，滴定操作是常量分析最基本的操作技能。分析天平与称量方法的正确使用、玻璃器皿的正确洗涤与规范操作直接影响分析结果的准确度。

实验3-1 分析天平的称量练习

一、实验目的
掌握分析天平的正确操作和使用规则；掌握常用称量方法；正确记录实验数据。

二、主要仪器与试剂
仪器：分析天平，台秤，称量瓶，表面皿（或硫酸纸），小烧杯，样品匙。
粉末样品，如细砂、石英砂、$NaCl$，$K_2Cr_2O_7$，Na_2CO_3 等。

三、实验步骤
1. 开启天平，预热30min后备用。
2. 直接称量法
用正确方法取2个干净、干燥的小烧杯（或瓷坩埚），分别在分析天平上用直接称量法准确称量其质量至0.1mg，记录为 m_0 和 m_0'。
3. 递减称量法
称取 0.3～0.4g 试样两份。
用正确操作方法[1]取一个干燥、洁净的称量瓶，在台秤上称其大致质量，然后加入约1.2g试样。在分析天平上准确称量其总质量（称量瓶＋试样），记录为 m_1。取出称量瓶，在第一个已知准确质量的小烧杯上方，倾斜瓶身，用称量瓶盖轻敲瓶口上部使试样慢慢落入容器中。当倾出的试样接近总体积的1/3时，一边继续用瓶盖轻敲瓶口，一边逐渐将瓶身竖直，使黏附在瓶口上的试样落下，盖好瓶盖，把称量瓶放回天平盘上，准确称量其质量 m_2。如果 m_2-m_1 值不在 0.3～0.4g 范围内，继续倾样直到满足要求。以同样方法称取第二份试样到第二个已知准确质量的小烧杯中，准确称量称量瓶和剩余试样的质量，记录为 m_3。

分别准确称量两个小烧杯＋试样的质量 m_1' 和 m_2'。

计算两份试样的质量 m_{s1} 和 m_{s1}'、m_{s2} 和 m_{s2}'，如果 $|m_{s1}-m_{s1}'|$ 和 $|m_{s2}-m_{s2}'|$ 均小于 0.4mg，即达到实验的要求。
4. 固定质量称量法
称取 0.5000g 试样两份。
用正确方法取一个洁净、干燥的表面皿（或一片硫酸纸）放到分析天平的称量盘上，按"TAR"键去皮（天平读数为0.0000g），用样品匙取试样轻轻倒入表面皿上，注意天平读数值。准确称量0.5000g试样，记录数据 m_4；重复上述步骤。再加入0.5000g试样，记录数据 m_5。

注意：读数时一定要关闭天平门。

称量结束后，关闭天平。若有试样洒落[2]在天平内，用小毛刷清扫干净。清扫工作台。盖上天平罩。填写使用情况。

样品回收到试剂瓶中。

四、实验结果与数据处理

称量练习记录表格

递减称量法		
称量编号	Ⅰ	Ⅱ
m（称量瓶＋试样）/g	$m_1=$	$m_2=$
m（倾出试样）/g	$m_2=$ $m_{s1}=$	$m_3=$ $m_{s2}=$
m（烧杯）/g	$m_0=$	$m'_0=$
m（烧杯＋试样）/g	$m'_1=$	$m'_2=$
m（烧杯中试样）/g	$m'_{s1}=$	$m'_{s2}=$
|偏差|/mg		
固定质量称量法		
称量编号	Ⅰ	Ⅱ
m/g	$m_4=$	$m_5=$

五、思考题

（1）本实验中要求称量偏差不大于 0.4mg，为什么？

（2）递减称量法称量过程中能否用样品勾取样，为什么？

六、附注

[1] 用一干净的纸条套住称量瓶，也可采用戴一次性手套、专用手套等方法避免手直接接触称量瓶。

[2] 在称量过程中，不能将试剂散落在称量容器以外的地方。

实验 3-2 滴定分析基本操作练习

一、实验目的

学习并掌握滴定分析常用仪器的洗涤和正确使用方法；通过练习滴定操作，初步掌握甲基橙、酚酞指示剂的使用及终点的确定。

二、实验原理

滴定分析是将已知准确浓度的标准溶液（滴定剂）通过滴定管滴加到含有被测组分的试液中，直到待测物质恰好完全反应。这时加入标准溶液的物质的量与待测物质的物质的量符合反应式的化学计量关系。根据标准溶液的浓度和所消耗的体积可以计算出待测物质的含量。这一类分析方法称为滴定分析法。

滴定分析中，通常在待测溶液中加入一种指示剂，利用指示剂颜色的突变来判断反应到达了"化学计量点"。滴定分析使用的溶液是试液、标准溶液和指示剂，使用的主要器皿是滴定管、锥形瓶、容量瓶和移液管。

0.1mol·L^{-1} HCl 溶液（强酸）和 0.1mol·L^{-1} NaOH（强碱）相互滴定时，化学计量点的 pH 值为 7.0，滴定的 pH 突跃范围为 4.3～9.7。选取在突跃范围内变色的指示剂，可保证测定有足够的准确度。甲基橙（简写为 MO）的 pH 变色范围是 3.1（红）～4.4（黄），酚酞（简写为 pp）的 pH 变色范围是 8.0（无色）～9.6（红）。

在指示剂不变的情况下，一定浓度的 HCl 溶液和 NaOH 溶液相互滴定时，所消耗的体积之比值 V_{HCl}/V_{NaOH} 应是一定的，即使改变被滴定溶液的体积，该体积比也不变。借此，可以检验滴定操作技术和判断终点的能力。

三、主要仪器与试剂

仪器：台秤，酸式滴定管，碱式滴定管，25.00mL 移液管，10mL 量筒，试剂瓶，烧杯。

试剂：浓盐酸，NaOH 固体，甲基橙溶液（$1g \cdot L^{-1}$），酚酞指示剂（$2g \cdot L^{-1}$，乙醇溶液），百里酚蓝-甲酚红混合指示剂。

四、实验步骤

1. 溶液配制

① $0.1 mol \cdot L^{-1}$ HCl 溶液 用量筒量取约 4.2mL 浓溶液，倒入装有约 490mL 水的 500mL 试剂瓶中，加水稀释至 500mL，盖上玻璃塞，摇匀。贴标签。

② $0.1 mol \cdot L^{-1}$ NaOH 溶液 称取 NaOH 固体 4g 于 250mL 烧杯中，加入已除 CO_2 的蒸馏水使之溶解，稍冷后转入试剂瓶中，加水稀至 1L，用橡皮塞塞好瓶口，充分摇匀。贴标签。

2. 滴定管的准备

滴定管在使用前，经检漏、涂凡士林（如果滴定管不漏则该步骤省略）、洗涤、润洗、装液、排出管尖气泡和调液面"0.00"刻度等操作后，准备滴定。

3. 确定滴定终点的练习

① 以甲基橙为指示剂、以 HCl 滴定 NaOH 滴定终点的判断

在锥形瓶中加入约 30mL 水，从碱式滴定管中放出 2～3 滴 NaOH 溶液，加入 1 滴甲基橙指示剂，观察其黄色；然后用酸式滴定管滴加 HCl 溶液，使试液由黄变橙为滴定终点；再滴加 NaOH 溶液至黄。如此反复滴加 HCl 和 NaOH 溶液，直至能做到加半滴 NaOH 溶液由橙变黄，而加半滴 HCl 溶液由黄变橙为止，达到能通过加入半滴溶液而确定终点。

② 以酚酞为指示剂、以 NaOH 滴定 HCl 滴定终点的判断

在锥形瓶中加入约 30mL 水，从酸式滴定管中放出 2～3 滴 HCl 溶液，加入 2 滴酚酞指示剂。用碱式滴定管进行滴定，当试液呈现微红色且 30s 不褪色为滴定终点；滴加 HCl 溶液使红色褪去，再用 NaOH 滴定至微红色刚好出现。如此反复练习，准确确定滴定终点。

4. 酸碱溶液的相互滴定

① 以甲基橙为指示剂、HCl 溶液滴定 NaOH 溶液 从碱式滴定管放出体积约 25mL NaOH 溶液于锥形瓶中，控制放液速度为每秒 3～4 滴，加入 2 滴甲基橙指示剂，用 $0.1 mol \cdot L^{-1}$ HCl 溶液进行滴定。右手不断摇动锥形瓶，左手控制滴定速度。开始滴定时，速度可稍快，呈"见滴成线"；接近终点时，一滴一滴加入，即加一滴摇几下，再加再摇；最后，每加半滴摇几下。当溶液由黄色变为橙色即为终点。静置 1min 后，从滴定管架取下滴定管，手持滴定管上部无刻度处，让滴定管自然垂直，"三线重合"读数，将 V_{HCl} 记录到表格中。平行滴定三份。计算体积比 V_{HCl}/V_{NaOH}，要求相对偏差在 $\pm 0.3\%$ 以内。

② 以酚酞为指示剂、NaOH 溶液滴定 HCl 溶液 用移液管（使用前用 HCl 溶液润洗 3 次）吸取 25.00mL 浓度为 $0.1 mol \cdot L^{-1}$ 的 HCl 溶液于 250mL 锥形瓶中，加 2～3 滴酚酞指示剂，用 $0.1 mol \cdot L^{-1}$ NaOH 溶液进行滴定。右手不断摇动锥形瓶，用左手拇指和食指捏稍高于玻璃珠右上方的胶管，向右边挤胶管，使玻璃珠向手心一侧移动，在胶管与玻璃珠之间形成一条缝隙，溶液即可流出。仍以三段式（见滴成线、一滴一滴、半滴半滴）控制滴定速度。当溶液由无色呈微红色且静置 30s 不褪色即为终点。记录 V_{NaOH} 到表格中。平行测定三份，要求三次之间所消耗 NaOH 溶液的体积的最大差值不超过 $\pm 0.04mL$。

③ 同②操作，改变指示剂，选用百里酚蓝-甲酚红混合指示剂。平行测定三份，同样要求三次之间所消耗 NaOH 溶液的体积的最大差值不超过 ± 0.04 mL。

保存 NaOH 和 HCl 溶液，用于酸碱滴定实验。

五、实验结果与数据处理

（1）HCl 溶液滴定 NaOH 溶液（指示剂：甲基橙）

滴定序号 记录项目	I	II	III
V_{NaOH} 初读数/mL			
V_{NaOH} 终读数/mL			
V_{NaOH}/mL			
V_{HCl} 初读数/mL			
V_{HCl} 终读数/mL			
V_{HCl}/mL			
V_{HCl}/V_{NaOH}			
平均值 V_{HCl}/V_{NaOH}			
绝对偏差			
平均偏差/%			
相对平均偏差/%			

（2）NaOH 溶液滴定 HCl 溶液（指示剂：酚酞）

滴定序号 记录项目	I	II	III
V_{HCl}/mL			
V_{NaOH} 初读数/mL			
V_{NaOH} 终读数/mL			
V_{NaOH}/mL			
n 次间 V_{NaOH} 最大绝对差值/mL			

六、思考题

1. HCl 和 NaOH 标准溶液可用直接法配制吗？为什么？

2. 配制 NaOH 溶液时，应选用何种天平称取试剂？为什么？

3. 滴定管、移液管分别用什么溶液润洗？锥形瓶是否需要润洗？为什么？

4. HCl 与 NaOH 反应生成 NaCl 和水，为什么用 HCl 滴定 NaOH 时以甲基橙作为指示剂，而用 NaOH 滴定 HCl 溶液时使用酚酞（或其他适当的指示剂）？

第三节 酸碱滴定实验

实验 3-3 食用白醋中醋酸浓度的测定

一、实验目的

了解基准物质邻苯二甲酸氢钾（$KHC_8H_4O_4$）的性质；掌握 NaOH 标准溶液的配制和

标定方法；掌握强碱滴定弱酸的原理及指示剂的选择原理。

二、实验原理

醋酸为有机弱酸（$K_a = 1.8 \times 10^{-5}$），用 NaOH 滴定醋酸的滴定反应为：

$$HAc + NaOH \rightleftharpoons NaAc + H_2O$$

反应产物 NaAc 为强碱弱酸盐，滴定突跃在碱性范围内，因此选用酚酞作指示剂。

由于 NaOH 易吸收空气中的水分和 CO_2，因此不能直接配制标准溶液，必须用基准试剂进行标定。一般用邻苯二甲酸氢钾为基准物质，与 NaOH 的标定反应如下：

滴定突跃在碱性范围内，也选用酚酞作指示剂。

三、主要仪器与试剂

1. 分析天平，电子台秤，碱式滴定管，250mL 容量瓶，移液管（25mL，50mL）。

2. 酚酞指示剂（$2g \cdot L^{-1}$，乙醇溶液），NaOH 固体。

3. 邻苯二甲酸氢钾（$KHC_8H_4O_4$，基准物质，在 $100 \sim 125℃$ 干燥 1h 后，置于干燥器中备用）。

4. 食用白醋。

四、实验步骤

1. $0.1mol \cdot L^{-1}$ NaOH 标准溶液的配制和标定

配制方法见本书"实验 3-2 滴定分析基本操作练习"。

准确称取邻苯二甲酸氢钾 $0.4 \sim 0.5g$ 3 份，分别置于 250mL 锥形瓶中，加水 30mL 使之溶解。加入 $2 \sim 3$ 滴酚酞指示剂，用 NaOH 标准溶液滴定至溶液呈微红色，在 30s 内不褪色即为终点，记下每份滴定时所消耗 NaOH 溶液的体积，根据消耗的 NaOH 体积和邻苯二甲酸氢钾用量即可计算 NaOH 溶液的准确浓度。

2. 食用白醋含量的测定

准确移取食用白醋 25.00mL 置于 250mL 容量瓶中，用蒸馏水稀释至刻度，摇匀。用 50mL 移液管平行移取 3 份上述试液，分别置于 250mL 锥形瓶中，加入 $2 \sim 3$ 滴酚酞指示剂，用 NaOH 标准溶液滴定至溶液呈微红色并在 30s 内不褪即为终点。计算每升食用白醋中含醋酸的质量。

设计表格，将实验数据和实验结果记录在实验报告表格中。

五、思考题

1. 用什么天平称取 NaOH，用什么天平称取 $KHC_8H_4O_4$？为什么？

2. 测定食用白醋含量时，为什么选用酚酞为指示剂？能否选用甲基橙或甲基红为指示剂？

3. 如果已标定的 NaOH 标准溶液在保存时吸收了空气中的 CO_2，以它测定 HCl 溶液的浓度，若用酚酞为指示剂，对测定结果产生何种影响？改用甲基橙为指示剂，结果又如何？

实验 3-4 工业纯碱总碱度的测定

一、实验目的

掌握 HCl 标准溶液的配制及标定过程；掌握强酸滴定二元弱碱的滴定原理及指示剂的选择。

二、实验原理

工业纯碱也称为苏打，其主要成分为 Na_2CO_3，可能还含有少量 NaCl、Na_2SO_4、NaOH 及 $NaHCO_3$ 等成分。用 HCl 标准溶液测定 Na_2CO_3 含量时，其他碱性杂质（NaOH 或 $NaHCO_3$）同样被中和，因此实践中常采用酸碱滴定法测定其总碱度。Na_2CO_3 与 HCl

的滴定反应为：

$$Na_2CO_3 + 2HCl \xrightarrow{\quad\quad} 2NaCl + H_2CO_3$$
$$H_2CO_3 \xrightarrow{\quad\quad} CO_2\uparrow + H_2O$$

反应产物 H_2CO_3 易形成过饱和溶液并分解为 CO_2 逸出。化学计量点的 pH 值为 3.8～3.9，因此可选用甲基橙为指示剂。

由于试样易吸收水分和 CO_2，在测定前应在 270～300℃将试样烘干 2h，以除去吸附水并使 $NaHCO_3$ 全部转化为 Na_2CO_3。工业纯碱的总碱度通常以 $w(Na_2CO_3)$ 或 $w(Na_2O)$ 表示。由于试样均匀性较差，取样时应称取较多试样，使其具有代表性。测定的允许误差可适当放宽。

三、主要仪器与试剂

1. 分析天平，台秤，酸式滴定管。

2. 甲基橙（$1g\cdot L^{-1}$），甲基红（$2g\cdot L^{-1}$，60%的乙醇溶液），HCl 溶液（$6mol\cdot L^{-1}$）。

3. 无水 Na_2CO_3（于 180℃干燥 2～3h。也可将 $NaHCO_3$ 置于瓷坩埚内，在 270～300℃的烘箱内干燥 1h，使之转变为 Na_2CO_3。然后置于干燥器内冷却后备用）。

硼砂（$Na_2B_4O_7\cdot10H_2O$，应在置有 NaCl 和蔗糖的饱和溶液的干燥器内保存，以使相对湿度为 60%，防止结晶水失去）。

4. 工业纯碱。

四、实验步骤

1. $0.1mol\cdot L^{-1}$ HCl 溶液的标定

配制方法见本书"实验 3-2 滴定分析基本操作练习"。

① 用无水 Na_2CO_3 基准物质标定 HCl 溶液　准确称取 0.15～0.20g 无水 Na_2CO_3 3 份，分别倒入 250mL 锥形瓶中。然后加入 20～30mL 水使之溶解，再加入 1～2 滴甲基橙指示剂，用待标定的 HCl 溶液滴定至溶液的黄色恰变为橙色即为终点。计算 HCl 溶液的浓度。

② 用硼砂（$Na_2B_4O_7\cdot10H_2O$）标定 HCl 溶液　准确称取硼砂 0.4～0.6g 3 份，分别倒入 250mL 锥形瓶中，加水 50mL 使之溶解，加入 2 滴甲基红指示剂，用待标定 HCl 溶液滴定，当溶液由黄色恰变为浅红色即为终点。根据硼砂的质量和滴定时所消耗的 HCl 溶液的体积计算 HCl 溶液的浓度。

2. 总碱度的测定

准确称取试样约 2g 倾入烧杯中，加少量水使其溶解，必要时可稍加热促进溶解。冷却后，将溶液定量转入 250mL 容量瓶中，加水稀释至刻度，充分摇匀。

移取试液 25.00mL 放入 250mL 锥形瓶中，然后加入 20mL 水，1～2 滴甲基橙指示剂，用 HCl 标准溶液滴定，当溶液由黄色恰变为橙色即为终点。平行测定 3 次，计算试样中 Na_2O 或 Na_2CO_3 含量，即为总碱度。测定的各次相对偏差应在 ±0.5% 以内。

设计表格，将实验数据和实验结果记录在实验报告表格中。

五、思考题

1. 若无水 Na_2CO_3 保存不当，吸收了 1% 的水分，用其标定 HCl 溶液浓度时，对结果会产生什么影响？

2. 基准物质 Na_2CO_3 和 $Na_2B_4O_7\cdot10H_2O$ 标定 HCl 溶液各有哪些优缺点？

3. 以 HCl 溶液为滴定剂，如何使用甲基橙及酚酞两种指示剂来判别试样是由 NaOH-Na_2CO_3 或 Na_2CO_3-$NaHCO_3$ 组成的？

实验 3-5　有机酸摩尔质量的测定

一、实验目的

掌握以滴定分析法测定酸碱物质摩尔质量的基本原理和方法；巩固用误差理论处理分析

结果的理论知识。

二、实验原理

有机弱酸与 NaOH 反应方程式为：$n\text{NaOH} + H_n A \Longrightarrow \text{Na}_n A + n H_2 O$

当上述反应符合准确滴定的要求时，可以用酸碱滴定法测得所配制的有机酸的浓度并计算出有机酸的物质的量，然后根据下述公式计算其摩尔质量 M_A：

$$M_A = \frac{n m_A}{c_B V_B}$$

式中，c_B 及 V_B 分别为 NaOH 的物质的量浓度及滴定所消耗的体积；m_A 为称取的有机酸的质量。测定时，n 值须为已知。

三、主要仪器与试剂

1. 分析天平，台秤，250mL 容量瓶，碱式滴定管。
2. 酚酞指示剂（$2g \cdot L^{-1}$，乙醇溶液），NaOH 固体。
3. 邻苯二甲酸氢钾（$KHC_8H_4O_4$）基准物质。
4. 有机酸试样（草酸、酒石酸、柠檬酸、乙酰水杨酸，苯甲酸等）。

四、实验步骤

1. $0.1 \text{mol} \cdot L^{-1}$ NaOH 溶液的配制和标定。

配制与标定方法见"实验 3-3 食用白醋中醋酸浓度的测定"。但要求平行标定 7 次，且求得的 NaOH 浓度的平均相对偏差不大于 0.2%。

2. 有机酸摩尔质量的测定

用差减法准确称取有机酸试样 1 份于 50mL 烧杯中，加水溶解，定量转入 250mL 容量瓶中，用水稀释至刻度，摇匀。

用移液管平行移取 3 份 25.00mL 试样溶液，分别放入 250mL 锥形瓶中，加酚酞指示剂 2 滴，用 NaOH 标准溶液滴定至溶液由无色变为微红色，30s 内不褪色即为终点。根据公式计算有机酸摩尔质量 M_A。

设计表格，将实验数据和实验结果记录在实验报告表格中。

五、思考题

1. 用 NaOH 滴定有机酸时能否使用甲基橙作为指示剂？为什么？
2. $Na_2C_2O_4$ 能否作为酸碱滴定的基准物质？为什么？
3. 草酸、柠檬酸、酒石酸等多元有机酸能否用 NaOH 溶液分步滴定？为什么？

实验 3-6 硫酸铵肥料中含氮量的测定（甲醛法）

一、实验目的

了解弱酸强化的基本原理，掌握甲醛法测定氮的原理及方法。

二、实验原理

硫酸铵是常用的氮肥，强酸弱碱盐。由于铵盐中 NH_4^+ 的酸性太弱（$K_a = 5.6 \times 10^{-10}$），不能满足直接滴定的判据 $cK_a \geqslant 10^{-8}$，因此不能用 NaOH 标准溶液直接滴定，一般采用甲醛法将弱酸强化后测定铵盐中的氮含量。

甲醛与 NH_4^+ 作用生成质子化的六亚甲基四胺和 H^+，反应式为：

$$4NH_4^+ + 6HCHO \Longrightarrow (CH_2)_6 N_4 H^+ + 3H^+ + 6H_2O$$

$(CH_2)_6 N_4 H^+$ 的 $K_a = 7.1 \times 10^{-6}$，可以被 NaOH 准确滴定，因而该反应称为弱酸的强化。这里 4mol NH_4^+ 在反应中生成了 4mol 可被准确滴定的酸，所以氮与 NaOH 的化学计量数比为 $1:1$。

若试样中含有游离酸，在加入甲醛之前应事先以甲基红为指示剂，用 NaOH 溶液预中和至甲基红变为黄色（pH≈6），然后再加入甲醛，以酚酞为指示剂，用 NaOH 标准溶液滴定强化后的产物。

三、主要仪器与试剂

1. 分析天平，台秤，碱式滴定管，移液管。

2. 甲基红指示剂（$2g \cdot L^{-1}$，60%乙醇溶液），酚酞指示剂（$2g \cdot L^{-1}$，乙醇溶液），$KHC_8H_4O_4$（基准试剂），NaOH 固体。

3. 甲醛（18%，即 1+1）：甲醛中常含有微量酸，应事先将其中和。具体方法为：取原瓶装甲醛的上层清液置于烧杯中，加入蒸馏水稀释一倍，再加入 2～3 滴酚酞指示剂，用 NaOH 标准溶液滴定甲醛溶液至溶液呈现微红色即可。

4. 硫酸铵。

四、实验步骤

1. $0.1 mol \cdot L^{-1}$ NaOH 溶液的配制和标定

配制与标定方法见"实验 3-3 食用白醋中醋酸浓度的测定"。

2. 试样中氮含量的测定

准确称取 2～3g $(NH_4)_2SO_4$ 试样于小烧杯中，加入少量蒸馏水，用玻璃棒搅拌溶解，然后将溶液定量转移至 250mL 容量瓶中，稀释至刻度，摇匀。

准确移取 25.00mL 试液于 250mL 锥形瓶中，加 1 滴甲基红指示剂，用 NaOH 标准溶液中和至溶液恰变黄色，然后加入 10mL（1+1）甲醛溶液，再加 1～2 滴酚酞指示剂，充分摇匀。放置 1min 后，用 NaOH 标准溶液滴定至微红色，并持续 30s 不褪色即为终点。平行测定 3 次，计算试样中氮的含量。

设计表格，将实验数据和实验结果记录在实验报告表格中。

五、思考题

1. 能否用甲醛法测定 NH_4NO_3、NH_4Cl、NH_4HCO_3 或 $CO(NH_2)_2$ 中的氮含量？

2. 实验中加入甲醛的作用是什么？

第四节　络合滴定实验

实验 3-7　EDTA 标准溶液的配制和标定

一、实验目的

掌握 EDTA 标准溶液的配制和标定方法；熟悉铬黑 T 和二甲酚橙指示剂的使用。

二、实验原理

EDTA 是最常用的氨羧络合剂，具有很强的络合能力，几乎能与所有金属离子络合。利用这一性质，用 EDTA 标准溶液可以滴定试样溶液中的待测金属离子。

EDTA 常因吸附约 0.3% 的水分和含有少量杂质而不能直接配制标准溶液。通常先把 EDTA 配成所需要的大概浓度，然后用基准物质标定。用于标定 EDTA 的基准物质有金属 Cu、Zn、Ni、Pb 等（含量不低于 99.95%）以及它们的金属氧化物，或某些盐类如 $ZnSO_4 \cdot 7H_2O$、$MgSO_4 \cdot 7H_2O$、$CaCO_3$ 等。选用纯金属为基准物质时，应将金属表面氧化膜用细砂纸擦去，或用稀酸把氧化膜溶掉，然后用蒸馏水，再用乙醚或丙酮冲洗，于 105℃ 的烘箱中烘干，冷却后再使用。

在络合滴定中，通常利用金属离子指示剂（简称金属指示剂）指示滴定终点。本实验以铬黑 T（EBT）为指示剂，在 pH＝10 的缓冲溶液中，用金属离子 M（Ca^{2+} 或 Zn^{2+}）标定

EDTA 浓度。滴定原理如下：

> 滴定前　　　M＋EBT（蓝色）══ M-EBT（紫红色）　　溶液呈紫红色
>
> 滴定过程　　M＋EDTA（无色）══ M-EDTA（无色）　　溶液仍呈紫红色
>
> 滴定终点　　M-EBT＋EDTA══ M-EDTA＋EBT（蓝色）溶液呈指示剂本身颜色，即蓝色

金属指示剂通常既是络合剂又是有机弱酸，和酸碱指示剂一样，其本身的颜色与溶液的 pH 值有关。使用金属指示剂时，必须注意选用合适的 pH 值范围。

三、主要仪器与试剂

1. 分析天平，电子台秤，电炉，酸式滴定管，聚乙烯塑料试剂瓶，小烧杯，表面皿，250mL 容量瓶，25.00mL 移液管。

2. 乙二胺四乙酸二钠盐（$Na_2H_2Y \cdot 2H_2O$，相对分子质量为 372.2），$CaCO_3$ 基准物质（于 110℃烘箱中干燥 2h，稍冷后置于干燥器中冷却至室温，备用），金属锌（纯度为 99.99％）或 ZnO 基准物质，六亚甲基四胺（$200g \cdot L^{-1}$），二甲酚橙水溶液（$2g \cdot L^{-1}$），HCl 溶液（1+1），氨水（1+2），甲基红（$1g \cdot L^{-1}$，60％乙醇溶液）。

NH_3-NH_4Cl 缓冲溶液：称取 20g NH_4Cl，溶于水后，加 100mL 原装氨水，用蒸馏水稀释至 1L，pH 值约等于 10。

Mg^{2+}-EDTA 溶液：先配制 $0.05mol \cdot L^{-1}$ 的 $MgCl_2$ 和 $0.05mol \cdot L^{-1}$ EDTA 溶液各 500mL，然后在 pH＝10 的氨性条件下，以铬黑 T 作指示剂，用上述 EDTA 滴定 Mg^{2+}，按所得比例把 $MgCl_2$ 和 EDTA 混合，确保 Mg：EDTA＝1：1。

3. 铬黑 T（$5g \cdot L^{-1}$）：称 0.50g 铬黑 T，溶于 100mL 三乙醇胺-无水乙醇（1+3）溶液中，低温保存，有效期约 100 天。

四、实验步骤

1. **标准溶液和 EDTA 溶液的配制**

① $0.01mol \cdot L^{-1}$ EDTA 溶液的配制　计算配制 1L $0.01mol \cdot L^{-1}$ EDTA 所需的质量。用台秤称取所需质量的 EDTA 于 250mL 烧杯中，加水，搅拌，温热溶解，冷却后转入聚乙烯塑料瓶中，稀释至 1L，摇匀备用。

② $0.01mol \cdot L^{-1}$ Ca^{2+} 标准溶液的配制　计算配制 $0.01mol \cdot L^{-1}$ Ca^{2+} 标准溶液 250mL 所需的 $CaCO_3$ 的质量。用差减法称取计算质量的 $CaCO_3$ 基准物于 100mL 烧杯中，称量值与计算值偏离最好不超过 10％。先用少量水润湿 $CaCO_3$，盖上表面皿，用小滴管从烧杯嘴处往烧杯中滴加约 5mL HCl（1+1）溶液，使 $CaCO_3$ 全部溶解。再加 50mL 水，微沸几分钟以除去 CO_2[1]。冷却后用水冲洗表面皿和烧杯内壁，将 Ca^{2+} 溶液定量转移至 250mL 容量瓶中，稀释至刻度，摇匀，计算 Ca^{2+} 标准溶液的浓度。

③ $0.01mol \cdot L^{-1}$ 锌标准溶液的配制　计算配制 $0.01mol \cdot L^{-1}$ 锌标准溶液 250mL 所需金属锌基准物质的质量。差减法准确称取锌基准物质，置于 100mL 烧杯中，称量值与计算值偏离不超过 5％。向烧杯中加入 6mL HCl（1+1）溶液，立即盖上表面皿。待锌完全溶解，以少量水冲洗表面皿和烧杯内壁，定量转移 Zn^{2+} 溶液至 250mL 容量瓶中，用水稀释至刻度，摇匀，计算锌标准溶液的浓度。

以 ZnO 配制标准溶液时，基准物质需在 110℃烘干至恒重。差减法准确称取 ZnO 基准物质于 100mL 烧杯中，加入 3mL HCl（1+1）溶液使之溶解。将此溶液全部转移至 250mL 容量瓶中，用水稀释至刻度，摇匀，计算锌标准溶液的浓度。

2. **标定操作**

① 以铬黑 T 为指示剂标定 EDTA　移取 25.00mL Ca^{2+} 标准溶液于锥形瓶中，加入 1 滴甲基红，用氨水中和 Ca^{2+} 标准溶液中的 HCl，当溶液恰好由红变黄即可。加入 20mL 水和 5mL Mg^{2+}-EDTA（是否需要准确加入？），然后加入 10mL NH_3-NH_4Cl 缓冲溶液，再加

3 滴铬黑 T 指示剂，立即用待标定的 EDTA 溶液滴定，当溶液由酒红色转变为蓝紫色即为终点。平行滴定 3 次。

② 以二甲酚橙为指示剂标定 EDTA 移取 25.00mL Zn^{2+} 标准溶液于锥形瓶中，加入 2 滴二甲酚橙指示剂，滴加 $200g \cdot L^{-1}$ 六亚甲基四胺至溶液呈现稳定的紫红色，然后再加入 5mL 六亚甲基四胺。用待标定的 EDTA 滴定，当溶液由紫红色恰转变为黄色即为终点。平行滴定 3 次。计算 EDTA 的准确浓度。

设计表格，将实验数据和实验结果记录在实验报告表格中。

保存 EDTA、Ca^{2+}、Zn^{2+} 标准溶液。

五、思考题

1. 络合滴定法与酸碱滴定法相比较有哪些不同点？操作中应注意哪些问题？
2. 在中和标准物质中的 HCl 时，能否用酚酞取代甲基红？为什么？
3. 以 Ca^{2+} 为基准物质标定 EDTA 浓度时，为何加入 Mg^{2+}-EDTA？
4. 滴定时为什么要加入 NH_3-NH_4Cl 或六亚甲基四胺溶液，它们起到什么样的作用？如果没有它们存在将会导致什么现象发生？

六、附注

[1] 因在氨性溶液中，当 $Ca(HCO_3)_2$ 含量较高时，会析出 $CaCO_3$ 沉淀，使滴定终点拖长，导致指示剂变色不敏锐。因此，在滴定前要除去 CO_2。

实验 3-8 自来水总硬度的测定

一、实验目的

了解水硬度的表示方法；掌握络合滴定法测定水硬度的方法。

二、实验原理

水的硬度主要是由水中的 Ca^{2+}、Mg^{2+} 的量决定的，其测定方法以络合滴定法最为简便。水硬度分为总硬度以及钙-镁硬度两种，前者是 Ca^{2+}、Mg^{2+} 总量，后者则是 Ca^{2+} 和 Mg^{2+} 的各自含量。

世界各国表示水硬度的方法不尽相同，表 3-1 列出一些国家水硬度的换算关系。

表 3-1 一些国家水硬度单位换算

硬度单位	$mmol \cdot L^{-1}$	德国硬度	法国硬度	英国硬度	美国硬度
$1mmol \cdot L^{-1}$	1.00000	2.8040	5.0050	3.5110	50.050
1 德国硬度	0.35663	1.0000	1.7848	1.2521	17.848
1 法国硬度	0.19982	0.5603	1.0000	0.7015	10.000
1 英国硬度	0.28483	0.7987	1.4255	1.0000	14.255
1 美国硬度	0.01998	0.0560	0.1000	0.0702	1.000

我国采用 $mmol \cdot L^{-1}$ 或 $mg \cdot L^{-1}$（$CaCO_3$）为单位表示水的硬度。现在我国《生活饮用水卫生标准》GB 5749—2006 规定城乡生活饮用水总硬度不得超过 $450mg \cdot L^{-1}$（$CaCO_3$）。

由络合物的稳定常数（$K_{CaY} = 10^{10.7}$，$K_{MgY} = 10^{8.7}$）可知，Ca^{2+}、Mg^{2+} 两种离子均能被 EDTA 准确滴定。本实验在 pH=10 的缓冲溶液中，以铬黑 T 为指示剂，用 EDTA 络合滴定法测定自来水的总硬度。用三乙醇胺掩蔽 Fe^{3+}、Al^{3+}、Cu^{2+}、Pb^{2+}、Zn^{2+} 等共存离子，用 Na_2S 掩蔽重金属离子，除去可能存在的干扰。

从 EDTA 标准溶液的用量，即可计算水样中的 Ca^{2+}、Mg^{2+} 总量，然后再换算成相应的硬度单位。计算公式为：

$$水的总硬度 = \frac{cV}{水样体积} \times 1000$$

或 $$水的总硬度 = \frac{cVM(CaCO_3)}{水样体积} \times 1000$$

注意：如果水样中 Mg^{2+} 的浓度小于 Ca^{2+} 浓度的 1/20，则需加入 5mL Mg^{2+}-EDTA 溶液。

三、主要仪器与试剂

1. EDTA 标准溶液（0.01mol·L^{-1}），Ca^{2+} 标准溶液（0.01mol·L^{-1}），NH_3-NH_4Cl 缓冲溶液（pH≈10），Mg^{2+}-EDTA 溶液，HCl 溶液（1+1），铬黑 T 指示剂（5g·L^{-1}）。

2. 三乙醇胺（200g·L^{-1}），Na_2S（20g·L^{-1}）。

四、实验步骤

1. EDTA 溶液的配制和标定

方法见"实验 3-7 EDTA 标准溶液的配制和标定"。

2. 自来水总硬度的测定

准确移取 100.00mL 自来水于 250mL 锥形瓶中，加入 1～2 滴 HCl 溶液使试液酸化，煮沸数分钟以除去 CO_2。冷却后，加入 3mL 三乙醇胺（200g·L^{-1}）溶液、5mL 氨性缓冲液、1mL Na_2S 溶液，再加入 3 滴铬黑 T 指示剂，立即用 EDTA 标液滴定，当溶液由红色变为纯蓝色即为终点。平行测定 3 份，计算水样的总硬度，以 mmol·L^{-1} 表示结果。

将实验数据和实验结果记录在实验报告表格中。

五、思考题

1. 在测定水的硬度时，为何要将 Fe^{3+}、Al^{3+} 去除？

2. 在测定水的硬度时，先于三个锥形瓶中加水样，再加 NH_3-NH_4Cl 缓冲液，然后再一份一份地滴定，这样做好不好？为什么？

3. 试设计一采用络合滴定法测定钙-镁硬度的实验。

实验 3-9 铋、铅含量的连续测定

一、实验目的

掌握用控制酸度的方法实现混合金属离子分别滴定的原理；掌握络合滴定法连续滴定的方法。

二、实验原理

EDTA 与金属离子具有广泛络合作用，而实际测量的试样往往是多种金属离子的混合溶液。对混合离子溶液通常采用控制酸度法、掩蔽法进行选择性滴定。若被测金属离子分别满足 $\lg K' \geqslant 8$ 且两金属离子满足 $\Delta \lg K \geqslant 6$，就可以采用控制酸度的方法对它们进行分别滴定。

Bi^{3+}、Pb^{2+} 与 EDTA 络合物的 $\lg K$ 分别为 27.94 和 18.04，满足上述两条件，可利用控制不同的酸度进行分别滴定。以二甲酚橙为指示剂，在 pH≈1（HNO_3 溶液）时滴定 Bi^{3+}，在 pH≈5～6（六亚甲基四胺溶液）时滴定 Pb^{2+}。Bi^{3+}、Pb^{2+} 均与二甲酚橙形成紫红色的络合物，终点时溶液由紫红色变为黄色。

三、主要仪器与试剂

1. EDTA 标准溶液（0.01mol·L^{-1}），Zn^{2+} 标准溶液（0.01mol·L^{-1}），二甲酚橙（2g·L^{-1}），六亚甲基四胺溶液（200g·L^{-1}），HCl 溶液（1+1）。

2. Bi^{3+}-Pb^{2+} 混合液：含 Bi^{3+}、Pb^{2+} 各约 0.01mol·L^{-1}。称取 48g $Bi(NO_3)_3$ 及 33g $Pb(NO_3)_2$，移入含 312mL HNO_3 的烧杯中，在电炉上微热溶解后，稀释至 10L。

四、实验步骤

1. Zn^{2+} 标准溶液的配制

见"实验 3-7　EDTA 标准溶液的配制和标定"。

2. EDTA 溶液的配制和标定

见"实验 3-7　EDTA 标准溶液的配制和标定",用二甲酚橙为指示剂标定 EDTA。

3. Bi^{3+}、Pb^{2+} 含量的测定

用移液管移取 25.00mL Bi^{3+}、Pb^{2+} 溶液于 250mL 锥形瓶中,加 2 滴二甲酚橙指示剂,用 EDTA 标液滴定,当溶液由紫红色恰变为黄色,即为滴定 Bi^{3+} 的终点,记录消耗的 EDTA 标准溶液的体积 V_1,然后在锥形瓶中滴加六亚甲基四胺溶液,至呈现稳定的紫红色后,再过量加入 5mL,此时溶液的 pH 值约 5~6。用 EDTA 标准溶液滴定,当溶液由紫红色恰转变为黄色,即为滴定 Pb^{2+} 的终点,记录消耗的 EDTA 标准溶液的体积 V_2,根据 V_1、V_2 计算混合液中 Bi^{3+}、Pb^{2+} 的含量(以 $g \cdot L^{-1}$ 表示)。

平行测定 3 次。将实验数据和实验结果记录在实验报告表格中。

五、思考题

1. 滴定 Bi^{3+}、Pb^{2+} 的酸度各控制为多少?酸度过高或过低对滴定有何影响?

2. 在滴定 Pb^{2+} 前为什么用六亚甲基四胺调节 pH 值,而不用 NaOH、NaAc 或 $NH_3 \cdot H_2O$?

实验 3-10　胃舒平药片中铝和镁的测定

一、实验目的

学习药剂测定的前处理方法;了解用返滴定法测定铝的原理;掌握沉淀分离的操作方法。

二、实验原理

胃舒平是一种中和胃酸的胃药,主要成分为氢氧化铝、三硅酸镁($Mg_2Si_3O_8 \cdot 5H_2O$)及少量中药颠茄浸膏,此外药片成型时还加入了糊精等辅料。

药片中铝和镁的含量可用 EDTA 络合滴定法测定,其他成分不干扰测定。药片溶解后,分离除去不溶性物质。然后取适量试液加入过量的 EDTA 标准溶液,并调溶液 pH 值为 3~4,煮沸数分钟,使 EDTA 与 Al^{3+} 反应完全。冷却后再调节 pH 值为 5~6,以二甲酚橙为指示剂,用锌标准溶液返滴过量的 EDTA,即可测出铝含量。另取试液,调节 pH=8~9,将 Al^{3+} 沉淀分离,在 pH=10 的条件下,以铬黑 T 为指示剂,用 EDTA 滴定滤液中的 Mg^{2+}。

三、主要仪器与试剂

1. 研钵,电炉。

2. HCl 溶液(1+1),$NH_3 \cdot H_2O$(1+1),六亚甲基四胺溶液($200g \cdot L^{-1}$),二甲酚橙(XO,$2g \cdot L^{-1}$),NH_4Cl 固体,三乙醇胺溶液(1+2),NH_3-NH_4Cl 缓冲溶液(pH=10),甲基红指示剂($2g \cdot L^{-1}$,乙醇溶液),铬黑 T($5g \cdot L^{-1}$)。

3. 胃舒平药片。

四、实验步骤

1. 标准溶液的配制与标定

① $0.02mol \cdot L^{-1} Zn^{2+}$ 标准溶液　配制方法见"实验 3-7　标准溶液的配制和标定"。

② $0.02mol \cdot L^{-1}$ EDTA 溶液的配制　配制与标定方法见"实验 3-7　标准溶液的配制和标定"。

2. 样品的处理

取"胃舒平"药片 10 片,研细[1],准确称取药粉 2.0g 左右于 250mL 烧杯中,加入(1+1)HCl 溶液 20mL,加蒸馏水 100mL,煮沸。冷却后定量转移至 250mL 容量瓶中,用水稀释至标线,摇匀,静置 10min。取上清液过滤。测定用滤液应为无色透明。

3. 铝的测定

准确移取上述滤液 5.00mL，加水 25mL 左右，滴加（1＋1）NH₃·H₂O 溶液至刚出现浑浊，再加（1＋1）HCl 溶液至沉淀刚好溶解，并多加 6～7 滴。准确加入 EDTA 标准溶液 25.00mL，再加入 10mL 六亚甲基四胺溶液[2]，使溶液 pH 值为 5～6。煮沸 10min，冷却，加 2～3 滴 XO［此时溶液应为黄色，若为红色，滴加（1＋1）HCl 调至黄色］，用锌标准溶液滴定至黄色变为红色即为终点，平行测定三次，计算药片中铝的含量。

4. 镁的测定

吸取试液 25.00mL，滴加（1＋1）NH₃·H₂O 至刚出现沉淀，再加入（1＋1）HCl 溶液至沉淀恰好溶解，加入固体 NH₄Cl 2.0g，滴加六亚甲基四胺溶液至沉淀出现并过量 15mL，加热至 80℃。维持 10～15min，冷却后过滤，以少量蒸馏水洗涤沉淀数次。收集滤液和洗涤液于 250mL 锥形瓶中，加入三乙醇胺溶液 10mL、氨性缓冲溶液 10mL 及甲基红指示剂 1 滴[3]，铬黑 T 指示剂少许，用 EDTA 标准溶液滴定至溶液由暗红色变为蓝绿色为终点。平行测定三次，计算药片中镁的含量。

将实验数据和实验结果记录在实验报告表格中。

五、思考题

1. 实验中为什么要称取大样混匀后再分取部分试样进行实验？
2. 在控制一定的条件下能否用 EDTA 标准溶液直接滴定铝？
3. 实验中加入六亚甲基四胺的作用是什么？

六、附注

［1］胃舒平药片试样中铝镁含量可能不均匀，为使测定结果具有代表性，本实验取较多样品研细后取部分进行分析。

［2］实验结果表明，用六亚甲基四胺溶液调节 pH 值分离 Al(OH)₃ 结果比用氨水好，可以减少 Al(OH)₃ 的吸附。

［3］测定镁时，加入甲基红一滴，能使终点更敏锐。

实验 3-11 铝合金中铝含量的测定

一、实验目的

掌握置换滴定原理；学会铝合金的溶样方法；正确调节溶液的 pH 值。

二、实验原理

铝合金中杂质元素较多，主要有 Si、Mg、Cu、Mn、Fe、Zn。通常采用 HNO₃-HCl 混合酸或 NaOH 溶样（必要时，加入 H₂O₂ 助溶）。测定铝时若直接采用返滴定法，则所有能与 EDTA 形成稳定络合物的离子都会产生干扰，缺乏选择性。因此一般都在返滴定法的基础上，结合置换滴定法测定铝合金中的铝。

先调节溶液 pH 值为 3～4，加入一定量过量的 EDTA 标准溶液，煮沸，使 Al³⁺ 与 EDTA 络合，冷却后再调节溶液的 pH 值为 5～6，以二甲酚橙为指示剂，用 Zn²⁺ 标准溶液滴定过量的 EDTA（不计体积）。然后加入过量 NH₄F，加热至沸，使 AlY⁻ 与 F⁻ 之间发生置换反应，释放出与 Al³⁺ 等物质的量的 EDTA：

$$AlY^- + 6F^- + 2H^+ =\!=\!= AlF_6^{3-} + H_2Y^{2-}$$

释放出来的 EDTA，再用 Zn²⁺ 标准溶液滴定而得铝的含量。

三、主要仪器与试剂

1. 塑料烧杯。
2. 二甲酚橙（XO）水溶液（2g·L⁻¹），NaOH 溶液（200g·L⁻¹），HCl 溶液（1＋1，

1+3），$NH_3 \cdot H_2O$（1+1），六亚甲基四胺溶液（$200g \cdot L^{-1}$），NH_4F 溶液（$200g \cdot L^{-1}$，贮于塑料瓶中），EDTA，锌片，铝合金试样。

四、实验步骤

1. $0.02mol \cdot L^{-1} Zn^{2+}$ 标准溶液

配制方法见"实验 3-7 EDTA 标准溶液的配制和标定"。

2. $0.02mol \cdot L^{-1}$ EDTA 溶液的配制

配制方法与标定见"实验 3-7 EDTA 标准溶液的配制和标定"。

3. 样品的测定

准确称取铝合金试样 0.10～0.12g 于 100mL 塑料烧杯中，加入 10mL NaOH 溶液，在沸水浴中使其完全溶解[1]。稍冷后滴加（1+1）HCl 至有絮状沉淀产生，再多加 10mL（1+1）HCl，将其定量转移至 250mL 容量瓶中，用水稀释至刻度，摇匀。

移取上述试液 25.00mL 于 250mL 锥形瓶中，加 30mL EDTA 溶液，2 滴 XO，此时溶液呈黄色，滴加（1+1）$NH_3 \cdot H_2O$ 至溶液呈紫红色（pH=7～8），再滴加（1+3）HCl 使溶液呈黄色，并过量 3 滴。煮沸 3min，冷却。加 20mL 六亚甲基四胺，此时溶液应为黄色，若溶液呈红色，则需滴加（1+3）HCl 溶液使其变黄。用锌标准溶液滴定过量的 EDTA，当溶液由黄色变为紫红色时停止滴定（不计滴定的体积）。加入 10mL NH_4F 溶液，加热至微沸，流水冷却至室温。再补加 2 滴 XO，此时溶液应为黄色，若溶液呈红色，则继续滴加（1+3）HCl 溶液使其变黄[2]。再用锌标准溶液滴定至溶液由黄色恰变为紫红色，即为终点。根据耗用的锌标准溶液体积计算试样中 Al 的含量[3]。

平行测定 3 次。将实验数据和实验结果记录在实验报告表格中。

五、思考题

1. 用锌标准溶液滴定多余的 EDTA，为什么不计滴定体积？能否不用锌标准溶液，而用不知准确浓度的 Zn^{2+} 溶液滴定？

2. 实验中使用的 EDTA 需不需要标定？

3. 能否采用 EDTA 直接滴定方法测定铝？

六、附注

[1] 若有黑色碳化物颗粒，则滴加 30% H_2O_2 进行破坏。

[2] 将含有六亚甲基四胺的溶液加热时，由于六亚甲基四胺的部分水解，而使溶液 pH 值升高，致使 XO 显红色，所以应补加 HCl 使溶液呈黄色后，再进行滴定。

$$(CH_2)_6N_4 + 6H_2O \rightleftharpoons 6HCHO + 4NH_3$$

[3] NH_4F 会腐蚀玻璃，实验完毕应尽快清洗仪器。

第五节　氧化还原滴定实验

实验 3-12　高锰酸钾标准溶液的配制和标定

一、实验目的

掌握高锰酸钾溶液的配制方法和保存条件；掌握用草酸钠基准试剂标定高锰酸钾溶液浓度的原理和方法。

二、实验原理

$KMnO_4$ 是氧化还原滴定中最常用的氧化剂之一。市售的 $KMnO_4$ 中常含有杂质，主要为 MnO_2，而且由于蒸馏水中的少量有机物质会与 $KMnO_4$ 作用析出 $MnO(OH)_2$ 沉淀，又会促使 $KMnO_4$ 进一步分解，因此 $KMnO_4$ 不能直接配制成标准溶液，而是配制一个大概浓度的溶液，在暗处放置几天后，滤去沉淀，再标定出准确浓度。$KMnO_4$ 滴定法通常是在酸性条件下进行。

标定 $KMnO_4$ 溶液的基准物质有 As_2O_3、纯铁丝或 $Na_2C_2O_4$ 等。若以 $Na_2C_2O_4$ 标定，在稀 H_2SO_4 介质中，其反应式为：

$$5C_2O_4^{2-} + 2MnO_4^- + 16H^+ \Longrightarrow 2Mn^{2+} + 10CO_2\uparrow + 8H_2O$$

此反应速率较慢，可加热或在 Mn^{2+} 催化条件下进行。滴定初期反应速率很慢，$KMnO_4$ 溶液必须逐滴加入，否则滴加过快会发生 $KMnO_4$ 的分解：

$$4KMnO_4 + 2H_2SO_4 \Longrightarrow 4MnO_2 + 2K_2SO_4 + 2H_2O + 3O_2\uparrow$$

待 Mn^{2+} 生成后，由于 Mn^{2+} 的催化作用，加快了反应速率，故能顺利地滴定到呈现稳定的微红色为终点，因而称为自动催化反应。稍过量的滴定剂（2×10^{-6} $mol\cdot L^{-1}$）本身的紫红色即显示终点，不需另加指示剂。

三、主要仪器与试剂

1. 真空泵，抽滤瓶，玻璃砂芯漏斗（G_3 或 G_4），棕色试剂瓶，表面皿，电炉，酸式滴定管。

2. 高锰酸钾固体，草酸钠固体（基准试剂，于 105℃ 干燥 2h 后备用），H_2SO_4（1+5）。

四、实验步骤

1. 0.02 $mol\cdot L^{-1}$ $KMnO_4$ 溶液的配制

用台秤称取 1.6g $KMnO_4$，溶于 500mL 水中，盖上表面皿，加热至沸并保持微沸状态 1h，冷却后于室温下放置 2～3 天，用玻璃砂芯漏斗过滤，滤液贮存于棕色试剂瓶中。

2. 用 $Na_2C_2O_4$ 标定 $KMnO_4$ 溶液

用分析天平准确称取 0.13～0.16g 基准物质 $Na_2C_2O_4$ 三份，分别置于 250mL 锥形瓶中，加入 40mL 水和 10mL（1+5）H_2SO_4 使其溶解后，加热至 70～80℃[1]（开始冒蒸气时的温度），趁热用 $KMnO_4$ 溶液进行滴定[2]。开始滴定时反应很慢，滴定速度宜慢，一定要等到前一滴 $KMnO_4$ 的红色完全褪去后再滴入下一滴[3]。随着滴定的进行，溶液中 Mn^{2+}（催化剂）浓度不断增大，反应速率加快，滴定速度可适当加快。当滴定至溶液呈微红色且 30s 内不褪色时即为终点。平行标定三份[4]，计算 $KMnO_4$ 溶液的浓度。

将实验数据和实验结果记录在实验报告表格中。

保存 $KMnO_4$ 溶液。

五、思考题

1. $KMnO_4$ 溶液的配制过程中能否用滤纸过滤，为什么？

2. 在滴定时，$KMnO_4$ 溶液为什么要放在酸式滴定管中？

3. $KMnO_4$ 与 $Na_2C_2O_4$ 的反应为什么要在硫酸介质中进行？酸度过高或过低有何影响？能否用硝酸或盐酸介质？

六、附注

[1] 在室温下，$KMnO_4$ 与 $Na_2C_2O_4$ 之间的反应速率缓慢，故需将溶液加热，但温度不能太高，超过 85℃，部分 $H_2C_2O_4$ 会分解。$H_2C_2O_4 \Longrightarrow CO_2\uparrow + CO\uparrow + H_2O$

[2] $KMnO_4$ 颜色较深，液面的弯月面下沿不易看出，读数时应以液面的上沿最高线为准。

[3] 滴定初期，反应很慢，$KMnO_4$ 溶液必须逐滴加入，如滴加过快，部分 $KMnO_4$ 来不及与 $Na_2C_2O_4$ 反应而在热的酸性溶液中分解：$4MnO_4^- + 4H^+ \Longrightarrow 4MnO_2 + 2H_2O + 3O_2\uparrow$

[4] 酸式滴定管用后必须及时清洗。

实验 3-13 过氧化氢含量的测定

一、实验目的

掌握 $KMnO_4$ 法测定 H_2O_2 的原理及方法。

二、实验原理

H_2O_2 在工业、生物、医药等方面应用很广泛。H_2O_2 分子中有一个过氧键—O—O—，在酸性溶液中它是一个强氧化剂，但遇 $KMnO_4$ 时表现为还原剂。在稀硫酸溶液中，H_2O_2 与 $KMnO_4$ 溶液的反应式为：

$$5H_2O_2 + 2MnO_4^- + 6H^+ \rightleftharpoons 2Mn^{2+} + 5O_2\uparrow + 8H_2O$$

若 H_2O_2 试样是工业产品，用 $KMnO_4$ 法测定误差较大，因产品中常加入少量有机稳定剂，此类有机物也消耗 $KMnO_4$。遇此情况应采用间接碘量法测定。

在生物化学中，可用 $KMnO_4$ 法间接测定过氧化氢酶的活性。例如，血液中存在的过氧化氢酶能催化 H_2O_2 的分解反应，所以用一定量的 H_2O_2 与其作用，然后在酸性条件下用 $KMnO_4$ 标准溶液滴定剩余的 H_2O_2，就可以了解酶的活性了。

三、主要仪器与试剂

1. 真空泵，抽滤瓶，玻璃砂芯漏斗（G_3 或 G_4），棕色试剂瓶，表面皿，电炉，酸式滴定管。

2. $KMnO_4$ 固体，$Na_2C_2O_4$ 基准物质，H_2SO_4（1+5），H_2O_2。

四、实验步骤

1. $KMnO_4$ 溶液的配制与标定

见"实验 3-12 高锰酸钾标准溶液的配制和标定"。

2. H_2O_2 含量的测定

用吸量管吸取 1.00mL 原装 H_2O_2 置于 250mL 容量瓶中[1]，加水稀释至刻度，摇匀备用。准确移取 25.00mL 溶液置于 250mL 锥形瓶中，加水 60mL、（1+5）H_2SO_4 30mL，用 $KMnO_4$ 标准溶液滴定至微红色并持续 30s 内不褪色即为终点。平行测定三次，计算未经稀释样品中 H_2O_2 的含量。将实验数据和实验结果记录在实验报告表格中。

五、思考题

用 $KMnO_4$ 法测定 H_2O_2 时，为什么在稀 H_2SO_4 介质中进行，能否用 HNO_3、HCl 或 HAc 代替？

六、附注

[1] 原装 H_2O_2 约 30%，密度约为 1.1g·cm^{-3}。吸取 1mL 30% H_2O_2 或者移取 10mL 3% H_2O_2 均可。

实验 3-14　水样化学耗氧量（COD）的测定（高锰酸钾法）

一、实验目的

了解水样化学耗氧量（COD）测定的意义；掌握酸性高锰酸钾法测定水样 COD 的原理及方法。

二、实验原理

化学耗氧量（COD）是指用适当氧化剂处理水样时，水中易被强氧化剂氧化的还原性物质（主要是有机物）所消耗的氧化剂的量，通常换算成氧的含量（以 mg·L^{-1} 计）来表示。COD 是量度水体受还原性物质污染程度的综合性指标，是环境保护和水体监控中经常需要测定的项目。COD 值越高，说明水体污染越严重。COD 的测定分为酸性高锰酸钾法、碱性高锰酸钾法和重铬酸钾法，本实验采用酸性高锰酸钾法。测定时，在 H_2SO_4 介质中，向水样中加入一定量的 $KMnO_4$ 溶液，加热水样，使其中的还原性物质与 $KMnO_4$ 充分反应，剩余的 $KMnO_4$ 用一定量过量的 $Na_2C_2O_4$ 还原，再以 $KMnO_4$ 标准溶液返滴定过量的 $Na_2C_2O_4$。

反应方程式为：

$$4MnO_4^- + 5C + 12H^+ = 4Mn^{2+} + 5CO_2 \uparrow + 6H_2O$$

$$2MnO_4^- + 5C_2O_4^{2-} + 16H^+ = 2Mn^{2+} + 10CO_2 \uparrow + 8H_2O$$

测定结果的计算式为：

$$COD = \frac{\left[\frac{5}{4}c_{MnO_4^-}(V_1+V_2)_{MnO_4^-} - \frac{1}{2}(cV)_{C_2O_4^-}\right] \times 32.00g \cdot mol^{-1} \times 1000}{V_{水样}} (O_2\ mg/L)$$

式中，V_1 为加入 $KMnO_4$ 溶液的体积；V_2 为滴定消耗的 $KMnO_4$ 溶液的体积。

由于 Cl^- 对高锰酸钾法有干扰，因而本法仅适合于地表水、地下水、饮用水和生活污水中 COD 的测定，含 Cl^- 较高的工业废水则应采用 $K_2Cr_2O_7$ 法测定。

三、主要仪器与试剂

1. 酸式滴定管，电炉。

2. $KMnO_4$ 标准溶液（$0.002mol \cdot L^{-1}$），H_2SO_4（1+3），$Na_2C_2O_4$ 基准物质。

3. 水样。

四、实验步骤

1. $0.002mol \cdot L^{-1}$ $KMnO_4$ 标准溶液的配制

准确移取 25.00mL $0.02mol \cdot L^{-1}$ $KMnO_4$ 标准溶液（见实验 3-12 高锰酸钾标准溶液的配制和标定）于 250mL 容量瓶中，以新煮沸且冷却的蒸馏水稀释至刻度。

2. $0.005mol \cdot L^{-1}$ $Na_2C_2O_4$ 标准溶液的配制

准确称取 0.17g 左右 $Na_2C_2O_4$ 基准物，置于小烧杯中，加少量水溶解后，定量转移至 250mL 容量瓶中，以水稀释至刻度，摇匀，计算其准确浓度。

3. 水样 COD 的测定

根据水质污染程度取水样 10～100mL[1]，置于 250mL 锥形瓶中，加 10mL H_2SO_4（1+3），再准确加入 10mL $0.002mol \cdot L^{-1}$ $KMnO_4$ 溶液（用什么器皿加？），立即加热至沸（若此时红色褪去，说明水样中有机物含量较多，应补加适量 $KMnO_4$ 溶液至试样溶液呈现稳定的红色）。从冒第一个大泡开始计时，用小火准确煮沸 10min，取下锥形瓶，冷却 1min（约 80℃），趁热加入 25.00mL $0.005mol \cdot L^{-1}$ $Na_2C_2O_4$ 标准溶液，摇匀（此时溶液应当由红色转为无色，否则应增加 $Na_2C_2O_4$ 的用量）。趁热用 $KMnO_4$ 标准溶液滴定至稳定的淡红色即为终点。平行测定 3 次。计算水样中化学耗氧量。

另取 100mL 蒸馏水代替水样，同样操作，求得空白值，计算耗氧量时将空白值减去。

将实验数据和实验结果记录在实验报告表格中。

五、思考题

1. 水样加入 $KMnO_4$ 煮沸后，若紫红色消失说明什么？应如何处理？

2. 水样的化学耗氧量的测定有何意义？有哪些测定方法？

3. 可以采取何种措施避免 Cl^- 对酸性高锰酸钾法测定结果的干扰？

六、附注

[1] 水样采集后，应加入 H_2SO_4 使 pH<2，抑制微生物繁殖。试样尽快分析，必要时在 0～5℃ 保存，应在 48h 内测定。取水样的量由外观可初步判断：洁净、透明的水样取 100mL，污染严重、浑浊的水样取 10～30mL，补加蒸馏水至 100mL。

实验 3-15 铁矿石中铁含量的测定

一、实验目的

掌握 $K_2Cr_2O_7$ 法测定铁矿石中铁含量的原理及方法；掌握酸溶法溶解矿石试样的方法；

了解二苯胺磺酸钠指示剂的作用原理。

二、实验原理

铁矿石中铁含量的测定,主要采用重铬酸钾法。

铁矿石用浓 HCl 溶液分解后,在热、浓 HCl 溶液中,用 $SnCl_2$ 将 Fe^{3+} 还原至 Fe^{2+}:

$$2FeCl_4^- + SnCl_4^{2-} + 2Cl^- \rightleftharpoons 2FeCl_4^{2-} + SnCl_6^{2-}$$

Sn^{2+} 过量将对测定产生干扰。本实验采用以甲基橙为指示剂,在 Sn^{2+} 将 Fe^{3+} 还原完后,过量的 Sn^{2+} 将甲基橙还原为氢化甲基橙而褪色,不仅指示了还原反应的终点,Sn^{2+} 还能继续使氢化甲基橙还原成 N,N-二甲基对苯二胺和对氨基苯磺酸,过量的 Sn^{2+} 便可以消除。

在 Sn^{2+} 还原 Fe^{3+} 的过程中,HCl 溶液浓度应控制在 $4mol \cdot L^{-1}$ 左右,若大于 $6mol \cdot L^{-1}$,Sn^{2+} 会先将甲基橙还原为无色,无法指示 Fe^{3+} 的还原反应。若 HCl 溶液浓度低于 $2mol \cdot L^{-1}$,则甲基橙褪色缓慢。

将 Fe^{3+} 还原为 Fe^{2+} 后,在 H_2SO_4-H_3PO_4 介质中,以二苯胺磺酸钠为指示剂,用 $K_2Cr_2O_7$ 标准溶液滴定 Fe^{2+}。滴定反应为:

$$6Fe^{2+} + Cr_2O_7^{2-} + 14H^+ \rightleftharpoons 6Fe^{3+} + 2Cr^{3+} + 7H_2O$$

滴定突跃范围为 $0.93 \sim 1.34V$,但是指示剂二苯胺磺酸钠的条件电位为 $0.85V$,因此需要加入 H_3PO_4 使滴定生成的 Fe^{3+} 生成 $Fe(HPO_4)_2^-$ 而降低 Fe^{3+}/Fe^{2+} 电对的电位,使突跃范围扩大为 $0.71 \sim 1.34V$,二苯胺磺酸钠可以正确指示滴定终点,同时也消除了 $FeCl_4^-$ 黄色对终点观察的干扰。$Sb(V)$、$Sb(III)$ 对本实验有干扰,应该除去。

三、主要仪器与试剂

1. 电炉。

2. $SnCl_2$ 溶液（$100g \cdot L^{-1}$）:称取 10g $SnCl_2 \cdot 2H_2O$ 溶于 40mL 浓热 HCl 溶液中,加水稀释至 100mL。

$SnCl_2$ 溶液（$50g \cdot L^{-1}$）。

3. $K_2Cr_2O_7$ 基准物质（在 $150 \sim 180℃$ 下干燥 2h,置于干燥器中冷却至室温）。

4. H_2SO_4-H_3PO_4 混酸:将 150mL 浓 H_2SO_4 缓慢加至 700mL 水中,冷却后加入 150mL 浓 H_3PO_4 混匀。

5. HCl 溶液（$12mol \cdot L^{-1}$）。

6. 甲基橙（$1g \cdot L^{-1}$）,二苯胺磺酸钠（$2g \cdot L^{-1}$）。

7. 铁矿石粉。

四、实验步骤

1. $0.017mol \cdot L^{-1} K_2Cr_2O_7$ 标准溶液的配制

准确称取 $1.2 \sim 1.3g$ $K_2Cr_2O_7$ 于小烧杯中,加适量水溶解,定量转移至 250mL 容量瓶中,加水稀释至刻度,摇匀,计算 $K_2Cr_2O_7$ 的准确浓度。

2. 铁矿石中铁含量的测定

准确称取 $1.0 \sim 1.2g$ 铁矿石粉于 250mL 烧杯中,用少量水润湿,加入 20mL 浓 HCl 溶液,盖上表面皿,将试样在通风橱中低温加热分解 20min,若有带色不溶残渣,可滴加 $20 \sim 30$ 滴 $100g \cdot L^{-1}$ $SnCl_2$ 助溶[1],再加热 10min。试样分解完全时,残渣应接近白色（SiO_2）,用少量水吹洗表面皿及烧杯内壁,冷却后转移至 250mL 容量瓶中,稀释至刻度,摇匀。

准确移取试样溶液 25.00mL 于锥形瓶中,加入 8mL 浓 HCl,在电炉上加热近沸,加入 6 滴甲基橙指示剂,趁热边摇动锥形瓶边逐滴加 $100g \cdot L^{-1}$ $SnCl_2$ 至溶液由橙变红,然后滴

加 $50g \cdot L^{-1}$ $SnCl_2$ 至溶液变为淡粉色，再摇几下直至粉色褪去[2]。立即流水冷却，加 50mL 蒸馏水、20mL 硫磷混酸、4 滴二苯胺磺酸钠，立即用 $K_2Cr_2O_7$ 标准溶液滴定到溶液呈稳定的紫红色为终点。平行测定 3 次，计算铁矿石中铁的含量，用质量分数表示。将实验数据和实验结果记录在实验报告表格中。

五、思考题

1. $SnCl_2$ 还原 Fe^{3+} 时需要控制的酸度条件是多少？怎样控制 $SnCl_2$ 不过量？

2. 分解铁矿石时，需注意什么？为什么？

3. 以 $K_2Cr_2O_7$ 溶液滴定 Fe^{2+} 时，为什么要加入 H_3PO_4？

六、附注

[1] 若硅酸盐试样难于分解时，可加入少许氟化物助溶，但此时不能用玻璃器皿分解试样。磁铁矿等不能被酸分解的试样，可采用 Na_2O_2-Na_2CO_3 碱熔融，或 $NaOH$-Na_2O_2 在 520℃±10℃的铂坩埚中全熔。

[2] 若刚加入 $SnCl_2$，红色立即褪去，说明 $SnCl_2$ 已经过量，可补加 1 滴甲基橙，以除去稍过量的 $SnCl_2$，此时溶液若呈现浅粉色，表明 $SnCl_2$ 已不过量。

实验 3-16　碘和硫代硫酸钠标准溶液的配制和标定

一、实验目的

掌握 I_2 溶液和 $Na_2S_2O_3$ 溶液的配制及标定原理；了解淀粉指示剂的作用原理；掌握直接碘量法和间接碘量法的测定条件。

二、实验原理

碘量法主要使用 $Na_2S_2O_3$ 和 I_2 两种标准溶液。

普通的 I_2 纯度不高，需先配成近似浓度，然后再标定。

I_2 微溶于水而易溶于 KI 溶液，但在稀的 KI 溶液中溶解得很慢，故配制 I_2 溶液时不能过早加水稀释，应先将 I_2 与 KI 混合，用少量水充分研磨，溶解完全后再稀释至所需浓度。贮于棕色瓶中，放暗处保存。还要避免与橡胶等有机物接触，防止其浓度发生变化。

标定 I_2 溶液的基准物质通常是 $Na_2S_2O_3$ 标准溶液，反应方程式为：

$$I_2 + 2S_2O_3^{2-} = S_4O_6^{2-} + 2I^-$$

硫代硫酸钠（$Na_2S_2O_3 \cdot 5H_2O$）一般都含有少量杂质，且易风化和潮解，因此不能用直接法配制标准溶液。另外，$Na_2S_2O_3$ 溶液易分解，光照和水中的 O_2、CO_2、微生物等都能使其分解。为了减少溶解在水中的 O_2、CO_2 和杀死微生物，应用新煮沸并冷却的蒸馏水配制溶液，并加入少量 Na_2CO_3（浓度约为 0.02%）使溶液呈弱碱性，以抑制 $Na_2S_2O_3$ 分解和微生物生长。贮于棕色瓶中，暗处放置几天后再标定。长期使用的溶液应定期标定。

通常用 $K_2Cr_2O_7$ 作基准物，以淀粉做指示剂，用间接碘量法标定 $Na_2S_2O_3$ 溶液：一定量的 $K_2Cr_2O_7$ 先与过量的 KI 反应，析出定量的 I_2，用 $Na_2S_2O_3$ 溶液滴定析出的 I_2，依据化学计量关系得 $Na_2S_2O_3$ 溶液浓度。反应方程式为：

$$Cr_2O_7^{2-} + 6I^- + 14H^+ = 2Cr^{3+} + 3I_2 + 7H_2O$$
$$I_2 + 2S_2O_3^{2-} = S_4O_6^{2-} + 2I^-$$

三、主要仪器与试剂

1. 碘量瓶，棕色试剂瓶，酸式滴定管。

2. $Na_2S_2O_3 \cdot 5H_2O$ 固体，Na_2CO_3 固体，KI 固体，KI 溶液（$100g \cdot L^{-1}$，现用现配），I_2 固体，HCl 溶液（1+1）。

3. 淀粉指示剂（$5g \cdot L^{-1}$）：称取 0.5g 可溶性淀粉，用少量水搅匀。加入 100mL 沸水，搅匀。现配现用。

四、实验步骤

1. 溶液的配制

① 0.05mol·L^{-1} I$_2$ 溶液的配制　称取 2.6g I$_2$ 和 5g KI 于烧杯中，加水少许，用玻璃棒搅拌至 I$_2$ 全部溶解后，加水稀释至 200mL。摇匀，贮存于棕色瓶中。

② 0.1mol·L^{-1} Na$_2$S$_2$O$_3$ 溶液的配制　用电子台秤称取 13g Na$_2$S$_2$O$_3$·5H$_2$O 溶于 500mL 新煮沸的冷蒸馏水中，加入 0.1g Na$_2$CO$_3$，贮于棕色瓶中，在暗处放置一周后标定。

③ K$_2$Cr$_2$O$_7$ 标准溶液的配制　配制 c(K$_2$Cr$_2$O$_7$)＝0.017mol·L^{-1} 的 K$_2$Cr$_2$O$_7$ 标准溶液，方法见"实验 3-15 铁矿石中全铁含量的测定"。

2. 溶液的标定

① Na$_2$S$_2$O$_3$ 溶液的标定　准确移取 25.00mL 0.017mol·L^{-1} K$_2$Cr$_2$O$_7$ 标准溶液于 250mL 碘量瓶中，加入 5mL（1+1）HCl 溶液及 10mL 100g·L^{-1} KI 溶液，混匀，于暗处放置 5min[1]。用 100mL 水稀释[2]，用 Na$_2$S$_2$O$_3$ 溶液滴定至浅黄绿色后加入 2mL 5g·L^{-1} 淀粉指示剂[3]，继续滴定至溶液蓝色变为绿色即为终点。平行测定三次。计算 Na$_2$S$_2$O$_3$ 溶液的浓度。

② I$_2$ 溶液的标定　移取 25.00mL I$_2$ 溶液于 250mL 锥形瓶中，加入 100mL 水稀释，用已标定好的 Na$_2$S$_2$O$_3$ 标准溶液滴定至浅黄色，加入 2mL 淀粉溶液，继续滴定至蓝色刚好消失即为终点。平行测定三次，计算 I$_2$ 溶液的浓度。

将实验数据和实验结果记录在实验报告表格中。

保存 I$_2$ 溶液、Na$_2$S$_2$O$_3$ 溶液、K$_2$Cr$_2$O$_7$ 溶液。

五、思考题

1. 如何配制和保存浓度比较稳定的 I$_2$ 和 Na$_2$S$_2$O$_3$ 标准溶液？

2. 用 K$_2$Cr$_2$O$_7$ 作基准物标定 Na$_2$S$_2$O$_3$ 溶液时，为什么要加入过量的 KI 和 HCl 溶液？为什么放置一定时间后才加水稀释？如果：（1）加 KI 溶液而不加 HCl 溶液，（2）加酸后不放置暗处，（3）不放置或少放置一定时间即加水稀释，会产生什么影响？

3. 为什么用 I$_2$ 溶液滴定 Na$_2$S$_2$O$_3$ 溶液时应预先加入淀粉指示剂？而用 Na$_2$S$_2$O$_3$ 滴定 I$_2$ 溶液时必须在将近终点之前才加入？

六、附注

[1] K$_2$Cr$_2$O$_7$ 与 I$^-$ 的反应较慢，在稀溶液中速率更慢，一般通过加入过量 KI 和提高酸度使反应速率加快。K$_2$Cr$_2$O$_7$ 与 KI 的反应不是立刻完成的，故需要放置 5min。

[2] 稀释使溶液的酸度降低，以防止 Na$_2$S$_2$O$_3$ 在滴定过程中遇强酸而分解。同时生成的 Cr^{3+} 显蓝绿色，妨碍终点观察。滴定前预先稀释，可使 Cr^{3+} 浓度降低，蓝绿色变浅，终点时溶液由蓝色变到绿色，容易观察。

[3] 淀粉指示剂不能过早加入，否则大量的 I$_2$ 与淀粉结合成蓝色物质，这部分 I$_2$ 不容易与 Na$_2$S$_2$O$_3$ 反应，因而使滴定产生误差。

实验 3-17　间接碘量法测定铜合金中铜含量

一、实验目的

掌握间接碘量法测定铜的原理及方法；掌握 Na$_2$S$_2$O$_3$ 溶液的配制及标定要点；了解淀粉指示剂的配制及作用原理。

二、实验原理

铜合金一般采用间接碘量法测定铜的含量。在弱酸性溶液中，Cu^{2+} 可被过量的 KI 还原成 CuI 沉淀，同时析出 I_2。反应如下：

$$2Cu^{2+} + 4I^- \Longrightarrow 2CuI\downarrow + I_2 \quad 或 \quad 2Cu^{2+} + 5I^- \Longrightarrow 2CuI\downarrow + I_3^-$$

析出的 I_2（I_3^-）以淀粉为指示剂，用 $Na_2S_2O_3$ 标准溶液滴定：

$$I_2 + 2S_2O_3^{2-} \Longrightarrow 2I^- + S_4O_6^{2-}$$

因 CuI 沉淀强烈吸附 I_3^-，使滴定终点不明显，测定结果偏低。故在临近终点时加入少量 SCN^-，将 CuI（$K_{sp} = 1.1 \times 10^{-12}$）转化为 CuSCN 沉淀（$K_{sp} = 4.8 \times 10^{-15}$）：

$$CuI + SCN^- \Longrightarrow CuSCN\downarrow + I^-$$

从而把吸附的碘释放出来，可提高测量的准确度。

SCN^- 应在接近终点时加入，否则 I_2 会被大量的 SCN^- 还原，而使测定结果偏低。一般所测溶液的 pH 值应控制在 $3.0 \sim 4.0$。若酸度过低，Cu^{2+} 易水解，则使反应不完全，测量结果偏低，而且溶液反应慢，使滴定终点拖长；若酸度过高，I^- 易被空气中的氧氧化为 I_2（Cu^{2+} 催化此反应），则使测量结果偏高。

由于 Fe^{3+} 能与 I^- 反应，对 Cu^{2+} 的测定有干扰，必须将其除去，通常使用 NH_4HF_2 掩蔽。同时 NH_4HF_2（即 $NH_4F\cdot HF$）是一种很好的缓冲溶液，能使溶液的 pH 值控制在 $3.0 \sim 4.0$ 之间。

三、主要仪器与试剂

1. 棕色试剂瓶，碘量瓶，酸式滴定管。

2. 淀粉溶液（$5g\cdot L^{-1}$），KI 固体，$Na_2S_2O_3$，NH_4SCN（$100g\cdot L^{-1}$），HCl（$1+1$），Na_2CO_3，$K_2Cr_2O_7$ 标准溶液（$0.017mol\cdot L^{-1}$），H_2SO_4（$1mol\cdot L^{-1}$），NH_4HF_2，H_2O_2（30%），HAc（$1+1$），氨水（$1+1$）。

3. 黄铜试样（质量分数为 $80\% \sim 90\%$）。

四、实验步骤

1. $Na_2S_2O_3$ 溶液的配制和标定

配制和标定方法见"实验 3-16 碘和硫代硫酸钠标准溶液的配制和标定"。

2. 铜合金中铜含量的测定

准确称取 $0.10 \sim 0.15g$ 黄铜试样 3 份，分别置于 250mL 锥形瓶中，加入 10mL（$1+1$）HCl 溶液，再滴加约 2mL 30% H_2O_2 溶液，加热使试样分解完全，然后继续加热煮沸 $1 \sim 2min$，使过量 H_2O_2 除去。冷却，然后加入 60mL 水，滴加氨水溶液直到溶液中刚刚有稳定的沉淀出现，再加入 8mL HAc 溶液及 2g NH_4HF_2 固体，摇匀，再加入 1g KI 固体，摇匀，立即用 $Na_2S_2O_3$ 标准溶液滴定至溶液呈浅黄色。再加入 3mL 淀粉指示剂[1]，继续用 $Na_2S_2O_3$ 标准溶液滴定至溶液呈浅蓝色，加入 10mL NH_4SCN 溶液[2]，继续滴定直至蓝色消失，即为滴定终点。计算黄铜试样中 Cu 的含量。将实验数据和实验结果记录在实验报告表格中。

五、思考题

1. 碘量法测定铜时，加入 NH_4HF_2 的目的是什么，为什么 NH_4SCN 在临近终点时加入？

2. 已知 $E^{\ominus}_{Cu^{2+}/Cu^+} = 0.159V$，$E^{\ominus}_{I_3^-/I^-} = 0.545V$，为何本实验中 Cu^{2+} 却能使 I^- 氧化为 I_2？

3. 在用 $K_2Cr_2O_7$ 标定 $Na_2S_2O_3$ 溶液时，先加入 5mL HCl 溶液，使 $K_2Cr_2O_7$ 与 I^- 反应，而用 $Na_2S_2O_3$ 溶液滴定时却要加入 150mL 蒸馏水稀释，为什么？

六、附注

[1] 加淀粉不能太早，因滴定反应中产生大量 CuI 沉淀，若淀粉与 I_2 过早形成蓝色络

合物，大量 I_3^- 被 CuI 沉淀吸附，终点呈较深的灰色，不好观察。

［2］加入 NH_4SCN 不能过早，而且加入后要剧烈摇动，有利于沉淀的转化和释放出吸附的 I_3^-。

实验 3-18　维生素 C 含量的测定（直接碘量法）

一、实验目的

掌握碘标准溶液的配制及标定；通过维生素 C（又叫抗坏血酸，Vc）的测定，了解直接碘量法的原理及操作过程。

二、实验原理

直接碘量法是基于 I_2 的氧化性进行滴定的方法。所使用的滴定剂为 I_2 标准溶液。

维生素 C 是人体中最重要的维生素之一，缺乏时会产生坏血病，因此又称为抗坏血酸，属水溶性维生素。维生素 C 的分子式为 $C_6H_8O_6$，分子中的烯二醇基具有还原性，能被 I_2 氧化成二酮基：

$$C-C-C-C-C-CH(OHOHH\ OHH) + I_2 \Longrightarrow C-C-C-C-C-CH(OHH) + 2HI$$

维生素 C 的半反应式为：

$$C_6H_8O_6 \Longrightarrow C_6H_6O_6 + 2H^+ + 2e^- \qquad E^\ominus \approx +0.18V$$

1mol 维生素 C 与 1mol I_2 定量反应，维生素 C 的摩尔质量为 $176.12g \cdot mol^{-1}$。因此用直接碘量法可以测定药片、注射液及蔬菜水果中的 Vc 含量。

由于维生素 C 的还原性很强，在空气中极易被氧化，尤其是在碱性介质中，因此测定时必须加入 HAc 使溶液呈弱酸性，减少维生素 C 的副反应。

维生素 C 在医药和化学上应用非常广泛。在分析化学中常用在分光光度法和络合滴定法中作为还原剂，如使 Fe^{3+} 还原为 Fe^{2+}，Cu^{2+} 还原为 Cu^+，硒（Ⅲ）还原为硒等。

三、主要仪器与试剂

1. 研钵，棕色试剂瓶（500mL），碘量瓶，酸式滴定管。

2. $Na_2S_2O_3$ 标准溶液（$0.01mol \cdot L^{-1}$，见实验 3-16 碘和硫代硫酸钠标准溶液的配制和标定），淀粉溶液（$5g \cdot L^{-1}$），醋酸（$2mol \cdot L^{-1}$）。

3. 维生素 C 药片或水果（橘子、橙子、番茄等）。

四、实验步骤

1. $0.1mol \cdot L^{-1}$ I_2 溶液的配制

称取 $3.3g$ I_2 和 $5g$ KI，置于研钵中，在通风橱中加入少量水研磨，待 I_2 全部溶解后，将溶液转入棕色试剂瓶中。加水稀释至 250mL，充分摇匀，放暗处保存。

2. $0.01mol \cdot L^{-1}$ I_2 溶液的配制和标定

准确移取（1）中配好的 I_2 溶液 25.00mL，置于 250mL 容量瓶中，加水稀释至刻度，摇匀备用。

吸取 25.00mL $Na_2S_2O_3$ 标准溶液 3 份，分别置于 250mL 锥形瓶中，加 50mL 水及 2mL 淀粉指示剂，用 I_2 溶液滴定至溶液呈稳定的蓝色，30s 内不褪色即为终点。计算 I_2 溶液的浓度。

本实验测定均使用此稀溶液。

3. 维生素 C 药片中 Vc 含量的测定

准确称取 $0.2\sim0.3g$ 试样置于小烧杯中，立即加入 10mL HAc 溶液和少量水，用玻璃棒搅拌使试样溶解，然后将溶液定量转入 100mL 容量瓶中，加水稀释至刻度，摇匀备用。

移取 10.00mL Vc 试液，加入 50mL 水，2mL 淀粉指示剂，立即用 I_2 标准溶液滴定至呈现稳定的蓝色。平行测定 3 次，计算 Vc 的含量。

4. 水果中 Vc 含量的测定

用 100mL 小烧杯准确称取新榨取的果浆 30～50g，立即加入 10mL 2mol·L^{-1} 醋酸，定量转移到 250mL 锥形瓶中，加入 2mL 淀粉溶液，立即用 I_2 标准溶液滴定至溶液呈稳定的蓝色，30s 内不褪色即为终点。计算水果中 Vc 的含量。

设计表格，将实验数据和实验结果记录在实验报告表格中。

五、思考题

1. Vc 本身呈酸性，为何溶解时还要加入醋酸？

2. 测定时，能否将 Vc 试液都取好了，再一份一份滴定，为什么？

实验 3-19　葡萄糖含量的测定（碘量法）

一、实验目的

掌握碘量法测定葡萄糖含量的方法；进一步掌握返滴定法技能。

二、实验原理

一定量过量的 I_2 在碱性条件下加入葡萄糖溶液中，I_2 与 OH^- 作用可生成次碘酸钠（NaIO），次碘酸钠可将葡萄糖（$C_6H_{12}O_6$）分子中的醛基定量地氧化为羧基。过量的未与葡萄糖作用的 IO^- 在碱性溶液中歧化生成 I^- 和 IO_3^-，当酸化时它们又反应生成 I_2，用 $Na_2S_2O_3$ 标准溶液滴定析出的 I_2，从而可计算出葡萄糖的含量。涉及的反应如下：

I_2 与 NaOH 作用生成 NaIO 和 NaI：$I_2 + 2OH^- \rightleftharpoons IO^- + I^- + H_2O$

$C_6H_{12}O_6$ 和 NaIO 定量作用：$C_6H_{12}O_6 + IO^- \rightleftharpoons C_6H_{12}O_7 + I^-$

总反应式为：$I_2 + C_6H_{12}O_6 + 2OH^- \rightleftharpoons C_6H_{12}O_7 + 2I^- + H_2O$

未与葡萄糖作用的 NaIO 在碱性溶液中歧化成 NaI 和 $NaIO_3$：$3IO^- \rightleftharpoons IO_3^- + 2I^-$

在酸性条件下，$NaIO_3$ 又恢复成 I_2 析出：$IO_3^- + 5I^- + 6H^+ \rightleftharpoons 3I_2 + 3H_2O$

用 $Na_2S_2O_3$ 滴定析出的 I_2：$I_2 + 2S_2O_3^{2-} \rightleftharpoons S_4O_6^{2-} + 2I^-$

因为 1mol 葡萄糖与 1mol I_2 作用，而 1mol IO^- 可产生 1mol I_2，从而可以测定出葡萄糖的含量。

三、主要仪器与试剂

1. I_2 标准溶液（0.05mol·L^{-1}，见实验 3-16 碘和硫代硫酸钠标准溶液的配制和标定），$Na_2S_2O_3$ 标准溶液（0.1mol·L^{-1}，见实验 3-16 碘和硫代硫酸钠标准溶液的配制和标定），NaOH 溶液（1.0mol·L^{-1}），淀粉溶液（5g·L^{-1}），HCl 溶液（1+1）。

2. 葡萄糖试样。

四、实验步骤

准确称取约 0.5g 葡萄糖试样于 100mL 烧杯中，加适量的水溶解以后，定量转移至 100mL 容量瓶中，定容并混匀。移取 25.00mL 该试液于 250mL 碘量瓶中[1]，从酸式滴定管中加入 25.00mL I_2 标准溶液。在摇动下缓慢滴加 NaOH 溶液[2]，直至溶液呈浅黄色。将碘量瓶加塞放置 10～15min 后，用少量水冲洗内壁，然后加入 2mL（1+1）HCl 溶液，立即用 $Na_2S_2O_3$ 标准溶液滴定至溶液呈淡黄色，加 2mL 淀粉指示剂，继续滴定至蓝色恰好消失即为终点。平行测定三次，计算试样中葡萄糖的含量。要求相对平均偏差小于 0.3%。

设计表格，将实验数据和实验结果记录在实验报告表格中。

五、思考题

1. 碘量法主要误差有哪些？如何避免？

2. 溶液酸化后要立即用 $Na_2S_2O_3$ 标准溶液滴定，为什么？

六、附注

[1] 无碘量瓶时可用锥形瓶盖上表面皿代替。

[2] 加 NaOH 的速度不能过快，否则过量 NaIO 来不及和 $C_6H_{12}O_6$ 反应，就歧化成氧化性较差的 IO_3^-，可能导致 $C_6H_{12}O_6$ 不能完全被氧化，使测定结果偏低。

第六节　沉淀滴定与重量分析实验

沉淀反应可用于滴定分析和重量分析。重量分析法是分析化学中最经典、最基本的方法，不需要基准物质，通过直接沉淀和称量可测得物质的含量，测定结果准确度高。它的操作时间较长，但由于其不可替代的特点，目前在某些元素的常量分析或其化合物的定量分析中还经常使用。

重量分析对沉淀的要求是：沉淀的溶解度要小。沉淀的溶解损失不应超过天平的称量误差；沉淀必须纯净，不应混进沉淀剂和其他杂质；沉淀应易于过滤和洗涤，因此进行沉淀时希望得到颗粒大的晶形沉淀。

重量分析的基本操作包括：沉淀→陈化→过滤和洗涤→烘干、炭化、灰化→灼烧至恒重。每一步操作都要严格按照操作规程进行。

一、沉淀的进行

晶形沉淀的沉淀条件可简要概括为"稀、热、慢、搅、陈"。试液及沉淀剂的浓度要适当"稀"，并且要加"热"；沉淀剂的滴加速度要适当"慢"，边沉淀边"搅"拌；防止溶液的过饱和或局部过饱和。沉淀完全后要"陈"化。

二、沉淀的陈化

沉淀完全后盖上表面皿放置过夜陈化，目的是使不完整的晶体转变成完整晶体，小晶体长成大晶体。陈化也可在水浴中保温 1h。

三、沉淀的过滤和洗涤

操作步骤包括：折滤纸→作水柱→滤上清液→烧杯内沉淀的洗涤→沉淀的转移→漏斗内沉淀的洗涤。

(1) 选择滤纸和漏斗　重量分析使用"中速"或"慢速"定量滤纸（无灰滤纸）。根据沉淀量的多少选择滤纸的大小，一般要求沉淀的总体积不得超过滤纸锥体高度的 1/3。滤纸的大小应与漏斗的大小相适应，一般滤纸上沿应低于漏斗上沿 0.5～1cm。漏斗一般选长颈（颈长 15～20cm）的，锥体角度应为 60°。颈的直径要小（通常是 3～5mm），以便在颈内容易形成水柱。

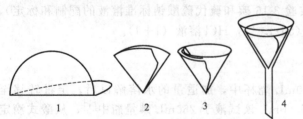

图 3-3　滤纸的折叠和安放

(2) 滤纸的折叠　用干净的手将滤纸对折，然后再对折，展开后成 60°的圆锥体，一边为一层，另一边为三层（如图 3-3 所示）。为保证滤纸与漏斗密合，第二次对折先不要折死，如果滤纸放入漏斗后上边缘不十分密合，可以稍微改变滤纸的折叠角度，直到与漏斗密合，此时可把第二次的折边折死。

(3) 做水柱　为了使滤纸和漏斗内壁贴紧而无气泡，常把滤纸三层的外面两层滤纸折角处撕下一角，此小块滤纸保存在洁净干燥的表面皿上，以备擦拭烧杯中的沉淀用。滤纸放好后，用手按住滤纸三层的一边，从洗瓶吹出少量水润湿滤纸，轻压滤纸，赶出气泡，使滤纸锥体上部与漏斗壁刚好贴合。加水至滤纸边缘，漏斗颈内应全部充满水形成水柱。形成水柱的漏斗，可借水柱的重力抽吸漏斗内的液体，使过滤速度加快。如漏斗颈内没形成水柱，可用手指堵住漏斗下口，把滤纸的三层边稍掀起，用洗瓶向滤纸与漏斗之间的空隙里加水，使漏斗颈和锥体的大部分被水充满，然后压紧滤纸边，松开堵住下口的手指，水柱即可形成。

把洁净的漏斗放在漏斗架上，下面放一洁净的烧杯承接滤液，应使漏斗颈口斜面长的一边紧贴杯壁，这样滤液可顺杯壁流下，不致溅出。漏斗放置的高度应以其颈的出口不触及烧杯中的滤液为宜。

（4）过滤上清液　一般采用倾析法过滤上清液。待沉淀沉降后，将上层清液先倒入漏斗中，沉淀尽可能留在烧杯中。溶液应沿着玻璃棒流入漏斗中，玻璃棒的下端对着三层滤纸处，但不要接触滤纸。一次倾入的溶液一般最多只充满滤纸的 2/3，以免沉淀因毛细作用越过上层滤纸而损失。停止倾注时，可沿玻璃棒将烧杯嘴往上提一小段，扶正烧杯；在扶正烧杯以前不可将烧杯嘴离开玻璃棒，并注意不让沾在玻璃棒上的液滴或沉淀损失。把玻璃棒放回烧杯内，但勿把玻璃棒靠在烧杯嘴部（如图 3-4 所示）。

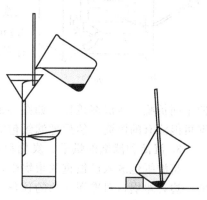

（5）初步洗涤（杯内沉淀洗涤）　洗涤应遵循"少量多次"的原则。待上层清液倾出后，再往烧杯中加入少量洗涤液，搅起沉淀充分洗涤，再静置，待沉淀沉降后，再倾出上层液，如此重复 3～4 次。这样既可以充分洗涤沉淀，又不致使沉淀堵塞滤纸，可加快过滤速度。

图 3-4　倾析法过滤操作和倾斜静置

（6）沉淀的转移　初步洗涤若干次后，可将沉淀转移到滤纸上。转移的方法是：在烧杯中加入少量洗涤液，将沉淀充分搅起，立即将悬浊液一次转移到滤纸中（这时必须十分小心地进行，因为每一滴悬浮液的损失都会使整个分析工作失败）。再向烧杯中加入少量洗涤液，搅起沉淀，如上法转移。如此重复几次，一般可将大部分沉淀转移到滤纸上。最后少量沉淀的转移可按如图 3-5 所示的方法进行，即将烧杯倾斜放在漏斗上方，烧杯嘴朝着漏斗，将玻璃棒架在烧杯嘴上，玻璃棒下端对着三层滤纸处，用洗瓶冲洗烧杯内壁，沉淀连同溶液一起流入漏斗中。重复上述步骤，直至沉淀完全转移为止。待沉淀完全转移后，用前面撕下的滤纸角擦拭黏附在烧杯壁上的沉淀，将擦过的滤纸也放在漏斗里的沉淀中。

图 3-5　少量沉淀的转移

图 3-6　滤纸上沉淀的洗涤

（7）漏斗内沉淀洗涤　沉淀全部转移到滤纸上后，需做最后的洗涤，以除去沉淀表面吸附的杂质和残留的母液。洗涤的方法是"从缝到缝，螺旋向下，少量多次"，即用洗瓶中流出的细流从滤纸多重边缘开始冲洗滤纸边缘稍下一些的部位，按螺旋形向下移动（如图 3-6 所示）到多重边缘停止，使沉淀集中于滤纸底部。每次洗涤时洗涤剂的用量要少，便于尽快沥干。重复上述步骤，直至沉淀洗干净为止。

四、沉淀的烘干和灼烧

1. 坩埚的准备

沉淀的烘干和灼烧一般在坩埚中进行。使用前先用自来水洗去坩埚中的污物，将其放入热盐酸或热铬酸洗液中，以洗去 Al_2O_3、Fe_2O_3 和油脂，然后用蒸馏水冲净后烘干。用

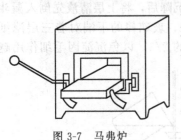
图 3-7　马弗炉

$FeCl_3$ 或 $K_4[Fe(CN)_6]$ 在坩埚和盖子上编号，干后，将它放入马弗炉（见图 3-7）中，在 $800\sim1000℃$ 灼烧。第一次灼烧约 40min，取出稍冷后放入干燥器中冷至室温，称重。第二次再灼烧 $15\sim20min$，再冷却称量。两次称量之差小于 0.2mg，即认为达到了恒重。恒重的坩埚应放在干燥器中保存备用。

2. 沉淀的打包

接步骤三中第 7 步，用玻璃棒将滤纸的三层部分挑起，向中间折叠，将沉淀盖住（如图 3-8 所示），再用玻璃棒轻轻转动滤纸包，以便擦净漏斗内壁可能沾有的沉淀，然后把滤纸包的三层部分向上放入已恒重的坩埚中。

3. 沉淀和滤纸的烘干、炭化和灰化

将滤纸包放入已恒重的坩埚中，让滤纸层数较多的一边朝泥三角，坩埚底应放在泥三角的一边，坩埚口对准泥三角的顶角，如图 3-9（a）所示，把坩埚盖斜倚在坩埚口的中部，然后开始用小火加热，把火焰对准坩埚盖的中心，如图 3-9（b）所示，使火焰加热坩埚盖，热空气由于对流而通过坩埚内部，使水蒸气从坩埚上部逸出。待沉淀干燥后，将煤气灯（或酒精喷灯）移至坩埚底部，如图 3-9（c）所示，仍以小火继续加热，使滤纸炭化变黑。炭化时要注意，不要使滤纸着火燃烧。将瓷坩埚斜放在泥三角上，沉淀颗粒可能因飞散而损失。一旦滤纸着火，应立即移去灯火，盖好坩埚盖，让火焰自行熄灭，切勿用嘴吹。稍等片刻再打开盖子，继续加热。直到滤纸全部炭化不再冒烟后，逐渐升高温度，并用坩埚钳夹住坩埚不断转动，使滤纸完全灰化呈灰白色。

图 3-8　沉淀的打包

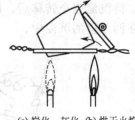

(a) 坩埚的位置　　(c) 炭化、灰化　(b) 烘干火焰
　　　　　　　　火焰
图 3-9　沉淀的干燥、炭化和灰化

4. 沉淀的灼烧及恒重

滤纸全部灰化后，立即将带有沉淀的坩埚移入马弗炉内，沉淀在与灼烧空坩埚相同的条件下进行灼烧，灼烧完全后，先关闭电源，然后打开炉门，用先预热好的长坩埚钳将坩埚移到炉口旁边冷却片刻，再移到干燥、洁净的泥三角上，冷却至红热消退，再冷 1min 左右，

将它移入干燥器中继续冷却（一般冷却 30min），待它与室温相同时，称量；再次灼烧、冷却，再称量，直至恒重为止。

如果用玻璃坩埚、减压抽滤、微波干燥法进行重量分析时，沉淀抽滤后将坩埚移入微波炉内进行干燥至恒重。

实验 3-20 氯化物中氯含量的测定（莫尔法）

一、实验目的
了解 $AgNO_3$ 标准溶液的配制和标定；掌握莫尔法测定氯的原理和方法。

二、实验原理
在中性或弱碱性溶液中，以铬酸钾作指示剂，用硝酸银标准溶液直接滴定氯化物中 Cl^- 含量的方法称为莫尔法。

由于 $AgCl$（$K_{sp}=1.8\times10^{-10}$）溶解度小于 Ag_2CrO_4（$K_{sp}=2.0\times10^{-12}$）溶解度，所以当 Cl^- 定量沉淀后，过量 1 滴的 $AgNO_3$ 即与 CrO_4^{2-} 形成砖红色的 Ag_2CrO_4 沉淀，指示滴定终点。

滴定反应： $\qquad Ag^+ + Cl^- \Longrightarrow AgCl\downarrow$（白色）

指示反应： $\qquad 2Ag^+ + CrO_4^{2-} \Longrightarrow Ag_2CrO_4\downarrow$（砖红色）

莫尔法滴定条件主要是控制溶液的酸度和铬酸钾的浓度。

滴定必须在中性或弱碱性溶液中进行，适宜的酸度范围是 $pH=6.5\sim10.5$。有铵盐存在时溶液的 pH 值应控制在 $6.5\sim7.2$ 之间。酸度过高，不产生 Ag_2CrO_4 沉淀；酸度过低，则生成 Ag_2O 沉淀。

K_2CrO_4 指示剂的用量对滴定终点的准确判断有影响。如果 K_2CrO_4 指示剂加入过多或过少，会导致 Ag_2CrO_4 沉淀的析出偏早或偏迟，使终点提前或延迟出现。一般 K_2CrO_4 用量应控制在 5×10^{-3} mol·L^{-1} 为宜。

凡能与 Ag^+ 生成难溶化合物或络合物的阴离子如 PO_4^{3-}、AsO_4^{3-}、SO_3^{2-}、S^{2-}、CO_3^{2-} 和 $C_2O_4^{2-}$ 等，对测定均有干扰，应预先将其分离除去。Al^{3+}、Fe^{3+}、Bi^{3+} 和 Sn^{4+} 等高价金属离子在中性或弱碱性溶液中易水解产生沉淀，也不应存在。凡能与 CrO_4^{2-} 生成难溶化合物的阳离子，如 Ba^{2+} 和 Pb^{2+} 等，也干扰测定。

三、主要仪器与试剂
1. 棕色试剂瓶（500mL），酸式滴定管，容量瓶（100mL、250mL），吸量管（1mL），移液管（25mL）。

2. NaCl 基准物：在 $500\sim600℃$ 高温炉中灼烧 30min 后，置于干燥器中冷却。或将 NaCl 置于带盖的瓷坩埚中，加热，并不断搅拌，待爆炸声停止后，继续加热 15min，将坩埚放入干燥器中冷却后使用。

3. $AgNO_3$ 固体，K_2CrO_4 溶液（50g·L^{-1}）。

4. 食盐或含氯试样（含氯质量分数约为 60%）。

四、实验步骤
1. 0.1mol·L^{-1} $AgNO_3$ 溶液的配制

称取 8.5g $AgNO_3$ 溶解于 500mL 不含 Cl^- 的水中，将溶液转入棕色试剂瓶中，置于暗处保存，以防 $AgNO_3$ 见光分解[1]。

2. $AgNO_3$ 溶液的标定

准确称取 0.5g 左右的 NaCl 基准物置于小烧杯中，加少量水溶解，定量转移至 100mL 容量瓶中，用水稀释至刻度，摇匀。移取 25.00mL NaCl 溶液于锥形瓶中，加入 25mL 水，用吸量管加入 1mL K_2CrO_4 溶液，在不断摇动下，用 $AgNO_3$ 标准溶液滴定至锥形瓶中的白色沉淀中出现砖红色，即为终点。平行测定三份，计算 $AgNO_3$ 标准溶液的浓度。

3. 试样中氯含量的测定

准确称取 1.6g 左右试样，置于小烧杯中，加少量水溶解后，定量转入 250mL 容量瓶中。加水稀释至刻度，摇匀。

准确移取 25.00mL 试液 3 份，分别置于锥形瓶中，加 20mL 水，用吸量管加入 1mL K_2CrO_4 溶液，在不断摇动下，用 $AgNO_3$ 标准溶液滴定至锥形瓶中的白色沉淀中出现砖红色，即为终点。计算试样中的氯含量。

必要时进行空白测定，即取 25.00mL 蒸馏水按上述同样操作测定，计算时应扣除空白测定所耗 $AgNO_3$ 标准溶液的体积。

设计表格，将实验数据和实验结果记录在实验报告表格中。

实验结束后，将滴定管洗涤干净[2]，并回收硝酸银[3]。

五、思考题

1. K_2CrO_4 溶液加入的多少对 Cl^- 测定有何影响？

2. 莫尔法测定氯含量时，溶液酸度应控制在什么范围内，为什么？

六、附注

[1] $AgNO_3$ 见光析出金属银，$2AgNO_3 \longrightarrow 2Ag + 2NO_2 + O_2$，故需保存在棕色瓶中。$AgNO_3$ 若与有机物接触，则起还原作用，加热颜色变黑，若与皮肤接触则会形成棕色蛋白银，一般约一周才能褪去，故勿使 $AgNO_3$ 与皮肤接触。

[2] 实验结束后，盛装 $AgNO_3$ 溶液的滴定管应先用蒸馏水冲洗 2～3 次，再用自来水冲洗，以免产生 AgCl 沉淀，难以洗净。

[3] 银为贵金属，含银废液应予以回收，切记不能随意倒入水槽。

实验 3-21　钡盐中钡含量的测定

一、实验目的

掌握重量分析法的基本操作；掌握晶形沉淀的性质及沉淀条件的控制；了解氯化钡中钡含量的测定原理和方法。

二、实验原理

硫酸钡晶形沉淀重量分析法简称 $BaSO_4$ 重量法，既可用于测定 Ba^{2+} 含量，也可用于测定 SO_4^{2-} 的含量。测定 Ba^{2+} 含量时，用过量的稀 H_2SO_4 将 Ba^{2+} 沉淀为 $BaSO_4$ 晶形沉淀，沉淀经陈化、过滤、洗涤、烘干、炭化、灰化、灼烧、恒重后，变为 $BaSO_4$ 称量形式，即可求出 Ba^{2+} 含量。

晶形沉淀的适宜沉淀条件是"稀、热、慢、搅、陈"五字原则。为了得到较大颗粒和纯净的 $BaSO_4$ 晶形沉淀，试样用水溶解后，加稀 HCl 酸化，加热至微沸，在不断搅动下，缓慢地加入热的沉淀剂稀 H_2SO_4，生成的 $BaSO_4$ 沉淀要放置陈化，这样才有利于得到较好的晶形沉淀。

为了使 $BaSO_4$ 沉淀完全，H_2SO_4 必须过量。由于 H_2SO_4 在高温下可挥发除去，故沉淀带下的 H_2SO_4 不致引起误差，因此沉淀剂可过量 50%～100%。如果用 $BaSO_4$ 重量法测定 SO_4^{2-} 时，因为 $BaCl_2$ 灼烧时不易挥发除去，沉淀剂 $BaCl_2$ 只允许过量 20%～30%。

三、主要仪器与试剂

1. 分析天平，干燥器，瓷坩埚，玻璃坩埚，漏斗架，马弗炉，电炉，酒精喷灯，烧杯（100mL、250mL、500mL），量筒（10mL），定量滤纸（慢速或中速），沉淀帚；玻璃坩埚，抽滤瓶，真空泵，微波炉。

2. H_2SO_4（$1mol \cdot L^{-1}$、$0.1mol \cdot L^{-1}$），HCl（$2mol \cdot L^{-1}$），HNO_3（$2mol \cdot L^{-1}$），$AgNO_3$（$0.1mol \cdot L^{-1}$）。

3. $BaCl_2 \cdot 2H_2O$（s）。

四、实验步骤

（一）马弗炉灼烧干燥法

1. 空坩埚恒重

洗净两只带盖瓷坩埚，晾干，编号，放在马弗炉中 $800℃ \pm 20℃$ 灼烧至恒重（相邻两次灼烧后的称量差值不大于 0.4mg）。第一次灼烧 40min，取出稍冷片刻，放入干燥器中冷至室温（约 30min）后，称重。第二次后每次只灼烧 20min，冷至室温，再称重。如此同样操作，直到恒重。

2. 称样及沉淀的制备

准确称取两份 0.4～0.6g $BaCl_2 \cdot 2H_2O$ 试样，分别置于 250mL 烧杯中（烧杯编号），加入约 100mL 水及 3mL HCl 溶液[1]，搅拌溶解，盖上表面皿，加热至近沸。

另取 4mL $1mol \cdot L^{-1}$ H_2SO_4 两份，分别置于两个 100mL 烧杯中，各加水 30mL，加热至近沸。趁热将两份 H_2SO_4 溶液分别用小滴管逐滴加入到两份热的钡盐溶液中，并用玻璃棒不断搅拌（注意勿使玻璃棒触及杯壁及杯底，以免划上伤痕，使沉淀黏附在其中，难以洗下），直至两份 H_2SO_4 溶液加完为止。待 $BaSO_4$ 沉淀下沉后，于上层清液中加入 1 滴 $1mol \cdot L^{-1}$ H_2SO_4 溶液，仔细观察沉淀是否完全（如果上层清液中仍有浑浊出现，必须再滴入沉淀剂 $0.1mol \cdot L^{-1}$ H_2SO_4 溶液，直到沉淀完全为止）。盖上表面皿，将玻璃棒靠在烧杯嘴边（切勿将玻璃棒拿出杯外），放置过夜陈化。也可将沉淀放在水浴或沙浴上，保温 40min，陈化。冷却后再将沉淀过滤。

3. 沉淀的过滤和洗涤

用慢速或中速定量滤纸过滤沉淀。采用倾析法先过滤上层清液，并尽可能使沉淀沉于杯底。再用稀 H_2SO_4（约 $0.01mol \cdot L^{-1}$，用 1mL $1mol \cdot L^{-1}$ H_2SO_4 加 100mL 水配成，盛入洗瓶中使用）洗涤沉淀 3～4 次，每次约 10mL，均用倾析法过滤上清液。然后，将沉淀定量转移到滤纸上，用沉淀帚由上到下擦拭烧杯内壁，并用折叠滤纸时撕下的小片滤纸擦拭杯壁，并将此小片滤纸放入漏斗中，再用稀 H_2SO_4 洗涤 4～6 次，直至洗涤液中不含 Cl^- 为止[2]。

4. 沉淀的灼烧和恒重

将盛有沉淀的滤纸折成小包，将其放入已恒重的瓷坩埚中，先在电炉或煤气灯或酒精喷灯上进行烘干、炭化、灰化[3]，然后在马弗炉中 $800℃ \pm 20℃$[4] 灼烧至恒重。计算 $BaCl_2 \cdot 2H_2O$ 中 Ba 的含量。设计表格，将实验数据和实验结果记录在实验报告表格中。

（二）微波干燥法

1. 空玻璃坩埚恒重

将两个玻璃坩埚洗净，用真空泵抽 2min，置于微波炉中中高火干燥至恒重。第一次干燥 10min，第二次后每次只进行 4min。

2. 称样及沉淀的制备

方法同实验步骤（一）2.。

3. 沉淀的过滤和洗涤

沉淀经陈化后，用倾析法在玻璃坩埚中进行减压过滤。沉淀的洗涤、定量转移方法同实验步骤（一）3.。Cl^- 检验后，继续抽滤直至不再产生水雾。

4. 沉淀的干燥和恒重

将坩埚移入微波炉中干燥至恒重。计算 $BaCl_2 \cdot 2H_2O$ 中 Ba 的含量。

设计表格，将实验数据和实验结果记录在实验报告表格中。

五、思考题

1. 沉淀 $BaSO_4$ 时，为什么要在稀溶液中进行，不断搅拌的目的是什么？

2. 为什么要在 HCl 酸化的溶液中沉淀 $BaSO_4$，HCl 加入过多好不好？

3. 制备晶形沉淀的最佳条件是什么，实验过程中是如何操作的？

4. 如何判断沉淀完全，沉淀剂加入过多有何影响？

5. 微波干燥法与马弗炉灼烧干燥法相比有什么不同？

六、附注

[1] 硫酸钡重量法一般在 $0.05\text{mol} \cdot \text{L}^{-1}$ 左右盐酸介质中进行沉淀，这是为了防止产生 $BaCO_3$、$BaHPO_4$、$BaHAsO_4$ 沉淀以及防止生成 $Ba(OH)_2$ 共沉淀。同时，适当提高酸度，增加 $BaSO_4$ 在沉淀过程中的溶解度，以降低其相对过饱和度，有利于获得较好的晶形沉淀。

[2] 由于 Cl^- 是沉淀中的主要杂质，一般认为滤液中无 Cl^-，则说明其他杂质也已经洗去。检验的方法是，用表面皿收集数滴滤液，加 1 滴 HNO_3 酸化，加 2 滴 $AgNO_3$，如果没有白色浑浊产生，表示 Cl^- 已洗干净。

[3] 滤纸灰化时空气要充分，否则 $BaSO_4$ 易被滤纸的炭还原为灰黑色的 BaS：

$$BaSO_4 + 4C \Longrightarrow BaS + 4CO\uparrow$$

$$BaSO_4 + 4CO \Longrightarrow BaS + 4CO_2\uparrow$$

如遇此情况，可加 $2\sim3$ 滴（1:1）H_2SO_4，小心加热，冒烟后重新灼烧。

[4] 灼烧温度不能太高，如超过 950℃，可能有部分 $BaSO_4$ 分解：$BaSO_4 \Longrightarrow BaO + SO_3\uparrow$

实验 3-22 可溶性硫酸盐中硫的测定

一、实验目的

掌握沉淀重量法测定硫含量的原理和方法；掌握晶形沉淀的制备、过滤、洗涤、灼烧及恒重的基本操作技术。

二、实验原理

$BaSO_4$ 的溶解度很小（$K_{sp} = 8.7 \times 10^{-11}$），25℃时在水中的溶解度为 $2.5\text{mg} \cdot \text{L}^{-1}$，在过量沉淀剂存在下，其溶解的量可忽略不计。$BaSO_4$ 性质非常稳定，干燥后的组成与化学式完全相符。可溶性硫酸盐中的 SO_4^{2-} 可以用 Ba^{2+} 定量沉淀为 $BaSO_4$，经过滤、洗涤、灼烧后，称量 $BaSO_4$ 质量，从而求得硫的含量，这是一种准确度较高的经典方法。

三、主要仪器与试剂

1. 分析天平，瓷坩埚，玻璃漏斗，漏斗架，干燥器，马弗炉，酒精喷灯，电炉，烧杯（100mL、250mL），量筒（10mL），定量滤纸（慢速或中速），沉淀帚。

2. 无水 Na_2SO_4，HNO_3，HCl 溶液（$2.0\text{mol} \cdot \text{L}^{-1}$），$BaCl_2$ 溶液（10%），$AgNO_3$ 溶液（$0.1\text{mol} \cdot \text{L}^{-1}$）。

3. Na_2SO_4 固体。

四、实验步骤

1. 空坩埚恒重

方法见"实验 3-21 钡盐中钡含量的测定"。

2. 称样及沉淀的制备

准确称取 $0.5\sim0.6\text{g}$ 无水 Na_2SO_4 试样（经 $100\sim105$℃干燥），置于 250mL 烧杯中，用 25mL 水溶解[1]（若有残渣，过滤，并用 1% 稀盐酸洗涤残渣数次，再用水洗至不含 Cl^-

为止。洗涤液合并于滤液中）。加入 $2mol \cdot L^{-1}$ HCl 溶液 3mL[2]，用水稀释至 100mL。加热近沸。

另取 10mL 10％ $BaCl_2$ 于 100mL 烧杯中，加水 5mL，加热至近沸，趁热将 $BaCl_2$ 溶液用小滴管逐滴地加到热的 Na_2SO_4 溶液中，并用玻璃棒不断搅拌，直至加完为止。静置 1～2min 让沉淀沉降，然后在上层清液中加 1～2 滴 $BaCl_2$ 溶液，检查沉淀是否完全。此时若无沉淀或浑浊产生，表示沉淀已经完全（否则应再滴加 $BaCl_2$ 稀溶液，直至沉淀完全）。盖上表面皿，将溶液微沸 10min，在约 90℃下保温陈化 1h（也可放置过夜陈化一周），冷却至室温。

3. 沉淀的过滤和洗涤

用慢速定量滤纸过滤，再用热蒸馏水洗涤沉淀至无 Cl^- 为止（Cl^- 检验方法见"实验 3-21 钡盐中钡含量的测定"）。过滤和洗涤方法见"实验 3-21 钡盐中钡含量的测定"。

4. 沉淀的灼烧和恒重

方法见"实验 3-21 钡盐中钡含量的测定"。

平行测定两份试样。

计算 S 的质量分数。设计表格，将实验数据和实验结果记录在实验报告表格中。

五、思考题

1. 重量法所称试样重量应根据什么原则计算？沉淀剂（10％的 $BaCl_2$ 溶液）用量应该怎样计算？

2. 为什么试液和沉淀剂都要预先稀释，而且试液要预先加热？

3. 沉淀完毕后，为什么要保温放置一段时间后才进行过滤？

4. 洗涤沉淀时，为什么用洗涤液要少量、多次？

六、注释

[1] 试样中若含有 Fe^{3+} 等干扰离子，在加 $BaCl_2$ 溶液沉淀之前，可加入 1％ EDTA 溶液 5mL 加以掩蔽。

[2] 沉淀应在酸性溶液中进行，这样可防止生成 $BaCO_3$、$Ba_3(PO_4)_2$、$Ba(OH)_2$ 等沉淀，也有利于形成大颗粒的 $BaSO_4$ 沉淀。但溶液中若含酸不溶物或已被 $BaSO_4$ 吸附的离子，如 Fe^{3+}、NO^- 等，应予分离或掩蔽，Pb^{2+}、Sr^{2+} 严重干扰测定。

第七节　分光光度法分析实验

分光光度法（吸光光度法）测定的理论基础是光的吸收定律。分光光度计根据光的吸收定律制备而成，具有较高的灵敏度和准确度，特别适合微量组分的测定。分光光度法操作简便、快速，适用范围广。

一、分光光度计的结构

分光光度计的结构示意图见图 3-10。

二、使用方法

1. 722 型分光光度计

（1）预热仪器　取下防尘罩，将选择开关置于"T"，打开试样室盖，打开电源开关，使仪器预热 20min。

（2）选定波长　根据实验要求，转动波长手轮，调至所需的单色波长。

（3）固定灵敏度挡　在能使空白溶液很好地调到"100％"透光率的情况下，尽可能采用灵敏度较低的挡，使用时，首先调到"1"挡，灵敏度不够时再逐渐升高。但换挡改变灵敏度后，需重新校正"0％"和"100％"。选好的灵敏度，实验过程中不要再变动。

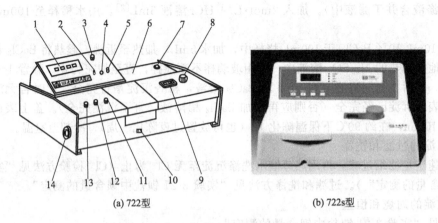

(a) 722型　　　　　　　　　　(b) 722s型

图 3-10　分光光度计外形

1—数字显示器；2—吸光度调零旋钮；3—选择开关；4—吸光度调斜率电位器；5—浓度旋钮；
6—光源室；7—电源开关；8—波长手轮；9—波长刻度窗；10—试样架拉手；
11—100%T旋钮；12—0%T旋钮；13—灵敏度调节旋钮；14—干燥器

（4）调节 $T=0\%$　轻轻旋动"0%"旋钮，使数字显示为"00.0"（注意：此时试样室一定是打开的）。

（5）调节 $T=100\%$　将盛蒸馏水（或空白溶液，或纯溶剂）的比色皿放入比色皿座架中的第一格内，并对准光路，把试样室盖子轻轻盖上，调节透过率"100%"旋钮，使数字显示正好为"100.0"。

重复操作 4 和 5 步骤（即：开盖调 $T=0\%$，关盖调 $T=100\%$），直到显示稳定。

（6）吸光度 A 的测定　将选择开关置于"A"，盖上试样室盖子，将空白液置于光路中，调节吸光度调节旋钮，使数字显示为".000"。将盛有待测溶液的比色皿放入比色皿座架中的其他格内，盖上试样室盖，轻轻拉动试样架拉手，使待测溶液进入光路，此时数字显示值即为该待测溶液的吸光度值。读数后，打开试样室盖，切断光路。

重复上述测定操作 1~2 次，读取相应的吸光度值，取平均值。

（7）浓度的测定　选择开关由"A"旋至"C"，将已标定浓度的样品放入光路，调节浓度旋钮，使得数字显示为标定值，将被测样品放入光路，此时数字显示值即为该待测溶液的浓度值。

（8）关机　实验完毕，切断电源，将比色皿取出洗净，并将比色皿座架用软纸擦净。

2. 722s 型分光光度计

（1）预热仪器　取下防尘罩，打开试样室盖，打开电源开关，使仪器预热 20min。

（2）选定波长　根据实验要求，转动波长手轮，调至所需要的波长。

（3）调节 $T=0\%$　轻按"0%"键，调整零位。

（4）调节 $T=100\%$　将空白溶液和样品液分别装入比色皿中。空白溶液的比色皿放入比色皿座架中的第 1 格内，并对准光路；样品液放在 2、3、4 格内。把试样室盖子轻轻盖上，按"100%"键，调整 $100\%T$。

重复操作 3 和 4 步骤，直到显示稳定。

（5）吸光度 A 的测定　按"MODE"键，使读数窗口显示 ABS 值，数字显示为"0.000"。轻轻拉动试样架拉手，使待测溶液进入光路，此时数字显示值即为该待测溶液的吸光度值。读取 A 值，做好记录。打开试样室盖，切断光路。

（6）关机　实验完毕，切断电源，将比色皿取出洗净，并将比色皿座架用软纸擦净。

（7）做好仪器使用记录。

三、比色皿的正确使用

1. 比色皿是用光学玻璃制成的，不能用毛刷刷洗，也不能用碱溶液或氧化性强的洗涤液洗涤。常用的洗涤方法是将比色皿浸泡于热的洗涤液中一段时间后冲洗干净即可。

2. 拿取比色皿时，手指只能捏住比色皿的毛玻璃面，而不能碰比色皿的光学表面。

3. 使用前必须用待测溶液润洗 2～3 次。

4. 待测液为比色皿高度的 2/3 为宜。

5. 比色皿外壁附着的水或溶液应用擦镜纸或细而软的吸水纸吸干，不要擦拭，以免损伤它的光学表面。

四、注意事项

为了防止光电管疲劳，不要连续光照，预热仪器和不测定时应将试样室盖打开，使光路切断。

实验 3-23　邻二氮菲分光光度法测定铁

一、实验目的

学习如何选择分光光度分析的最佳实验条件；掌握邻二氮菲分光光度法测定铁的原理及方法；学会绘制吸收曲线和标准曲线的方法；掌握分光光度计的结构和使用方法。

二、实验原理

分光光度法测定铁的理论依据是朗伯-比耳定律。如果固定比色皿厚度，测定有色溶液的吸光度，则溶液的吸光度与浓度之间有简单的线性关系，可用标准曲线法进行定量分析。

采用分光光度法测定金属离子含量时，通常要经过取样、显色及测量等步骤。显色反应受多种因素的影响，为了使被测离子全部转变为有色化合物，应当通过条件试验确定显色剂用量、显色时间、显色温度、溶液酸度及加入试剂的顺序等。

条件试验的简单方法是：变动某实验条件，固定其余条件，测得一系列吸光度值，绘制吸光度与某实验条件的关系曲线，根据曲线确定某实验条件的适宜值或适宜范围。

分光光度法测定铁的含量通常选择邻二氮菲（又称邻菲啰啉，Phen）为显色剂。在 pH 值为 2～9 的溶液中，Fe^{2+} 与 Phen 生成稳定的橘红色络合物 $Fe(Phen)_3^{2+}$：

（橘红色）

络合物的 $\lg K_稳 = 21.3$，摩尔吸光系数 $\varepsilon_{508nm} = 1.1 \times 10^4 L \cdot mol^{-1} \cdot cm^{-1}$。铁含量在 $0.1 \sim 6 \mu g \cdot mL^{-1}$ 浓度范围内符合比耳定律。

Fe^{3+} 与邻二氮菲作用可形成蓝色络合物，稳定性较差，因此在实际应用中需加入还原剂使 Fe^{3+} 还原为 Fe^{2+}，常用的还原剂是盐酸羟胺：

$$2Fe^{3+} + 2NH_2OH \cdot HCl \Longrightarrow 2Fe^{2+} + N_2 \uparrow + 4H^+ + 2H_2O + 2Cl^-$$

测定时，酸度高，反应进行较慢；酸度太低，则 Fe^{2+} 易水解，采用 pH 5.0～6.0 的 HAc-NaAc 缓冲溶液，可使显色反应进行完全。

三、主要仪器与试剂

1. 分光光度计，pH 计，容量瓶或比色管（50mL），移液管，吸量管。

2. 铁标准溶液（$100\mu g \cdot mL^{-1}$）：准确称取 0.8634g 分析纯 $NH_4Fe(SO_4)_2 \cdot 12H_2O$，置

于 200mL 烧杯中，加入 20mL 6mol·L^{-1} HCl 溶液和少量水，用玻璃棒搅拌使其溶解，然后定量转移至 1L 容量瓶中，用蒸馏水稀释至刻度，摇匀。

3. 铁标准溶液（10μg·mL^{-1}）：用移液管吸取 10mL 100μg·mL^{-1}铁标准溶液于 100mL 容量瓶中，加入 2mL 6mol·L^{-1} HCl 溶液，用蒸馏水稀释至刻度，摇匀。

4. 邻二氮菲（1.5g·L^{-1}），盐酸羟胺（100g·L^{-1}，用时配制），NaAc（1mol·L^{-1}），NaOH（0.1mol·L^{-1}），HCl（6mol·L^{-1}）。

四、实验步骤

（一）条件实验

1. 吸收曲线的绘制及测定波长的选择

取两个 50mL 容量瓶（或比色管），用吸量管分别加入 0.0mL 和 1.00mL 100μg·mL^{-1} 铁标准溶液，然后依次加入 1.00mL 盐酸羟胺、2.00mL Phen、5.00mL NaAc 溶液，用水稀释至刻度，摇匀。放置 10min。用 1cm 比色皿，以试剂空白（即含 0.0mL 铁标准溶液）为参比溶液，在 460～560nm 之间，每隔 10nm 测一次吸光度，在最大吸收峰附近，每隔 5nm 测量一次吸光度。以波长 λ 为横坐标，吸光度 A 为纵坐标，绘制 A-λ 吸收曲线。选用最大吸收波长 λ$_{max}$为测量波长。

2. 显色剂用量的选择

取 7 个 50mL 容量瓶（或比色管），用吸量管准确加入 1.00mL 100μg·mL^{-1}铁标准溶液、1.00mL 盐酸羟胺溶液。再分别加入 0.10mL、0.30mL、0.50mL、0.80mL、1.00mL、2.00mL、4.00mL Phen，然后加入 5.00mL NaAc 溶液，以水稀释至刻度，摇匀。放置 10min。用 1cm 比色皿，以蒸馏水为参比溶液，在选择的波长（λ$_{max}$）下测定各溶液的吸光度。以 V$_{Phen}$为横坐标，吸光度 A 为纵坐标，绘制 A-V 曲线，得出测定铁时显色剂的适宜用量。

3. 溶液酸度的选择

取 8 个 50mL 容量瓶（或比色管），用吸量管依次加入 1.00mL 100μg·mL^{-1}铁标准溶液、1.00mL 盐酸羟胺、2mL Phen。然后分别加入 0.0mL、0.20mL、0.50mL、1.00mL、1.50mL、2.00mL、2.50mL 和 3.00mL 0.1mol·L^{-1}的 NaOH 溶液，加水稀至刻度，摇匀。放置 10min。用 1cm 比色皿，以蒸馏水为参比溶液，在选择的波长（λ$_{max}$）下测定各溶液的吸光度。同时，用 pH 计测量各溶液的 pH 值。以 pH 为横坐标，吸光度 A 为纵坐标，绘制 A-pH 曲线，得出测定铁的适宜酸度范围。

4. 显色时间的选择

取一个 50mL 容量瓶（或比色管），用吸量管依次加入 1.00mL 100μg·mL^{-1}铁标准溶液、1.00mL 盐酸羟胺、2.00mL Phen、5.00mL NaAc 溶液，以水稀释至刻度，摇匀。立刻用 1cm 比色皿，以蒸馏水为参比溶液，在选定的波长（λ$_{max}$）下测量吸光度。然后依次测量放置 5min、10min、30min、60min、90min、120min 后的吸光度。以时间 t 为横坐标，吸光度 A 为纵坐标，绘制 A-t 曲线，得出铁与邻二氮菲显色反应完全所需要的适宜时间。

（二）铁含量的测定

1. 标准曲线的绘制

取 6 个 50mL 容量瓶（或比色管），用吸量管分别加入 0.0mL、2.00mL、4.00mL、6.00mL、8.00mL、10.00mL 10μg·mL^{-1}铁标准溶液，然后依次加入 1.00mL 盐酸羟胺、2.00mL Phen、5.00mL NaAc 溶液，摇匀。用水稀释至刻度，摇匀后放置 10min。用 1cm 比色皿，以试剂空白为参比溶液（该显色体系的试剂空白为无色溶液），在所选择的波长（λ$_{max}$）下，测量各溶液的吸光度。以铁的浓度为横坐标，吸光度 A 为纵坐标，绘制标准曲线。

2. 试样中铁含量的测定

准确吸取 1.00mL 试液于 50mL 容量瓶（或比色管）中，按上述标准曲线相同条件和步骤，测量其吸光度。从标准曲线上查出其相应的铁含量，然后计算出试液中铁的含量（单位为 $\mu g \cdot mL^{-1}$）。

设计表格，将实验数据和实验结果记录在实验报告表格中。

五、思考题

1. 从实验测得的吸光度求铁含量的依据是什么？如何求得？

2. 试拟出一简单步骤，用分光光度法测定水样中的全铁（总铁）和亚铁的含量。

3. 分光光度法进行测量时，为何使用参比溶液，参比溶液选用的原则是什么？

实验 3-24　分光光度法测定邻二氮菲-铁(Ⅱ) 络合物的组成

一、实验目的

掌握分光光度法测定邻二氮菲-铁络合物组成的原理及方法；进一步巩固分光光度计的正确使用。

二、实验原理

邻二氮菲（Phen）与铁(Ⅱ)形成稳定的络合物，其组成是研究络合平衡的依据。

$$Fe^{2+} + n(Phen) \Longrightarrow Fe(Phen)_n$$

式中，n 为络合物的配位数，可用摩尔比法测定。即配制一系列的溶液，各溶液的金属离子浓度、酸度、温度等条件恒定，只改变配位体的浓度，在络合物的最大吸收波长处测定各溶液的吸光度，以吸光度 A 对摩尔比 c_L/c_M 作图，如图 3-11 所示，将曲线的线性部分延长相交于一点，该点对应的横坐标 c_L/c_M 值即配位数 n。该法适宜于稳定性较高的络合物组成的测定。

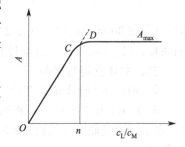

图 3-11　摩尔比法测定络合物组成

三、主要仪器与试剂

1. 分光光度计。

2. 铁标准溶液（$10\mu g \cdot mL^{-1}$，铁标准溶液容易被空气氧化，要在酸性介质中保存），盐酸羟胺水溶液（$100g \cdot L^{-1}$，新配制的水溶液），邻二氮菲溶液（$1.5g \cdot L^{-1}$，邻二氮菲容易变质，需避光保存，溶液颜色变暗时即不能使用，最好用时新配），醋酸钠溶液（$1.0mol \cdot L^{-1}$）。

四、实验步骤

在 9 只 50mL 容量瓶中，各加入 1.0mL 铁标准溶液、1.0mL $100\ g \cdot L^{-1}$ 盐酸羟胺溶液，摇匀，放置 2min。依次加入 1.00mL、1.50mL、2.00mL、2.50mL、3.00mL、3.50mL、4.00mL、4.50mL、5.00mL 邻二氮菲溶液，然后各加 5mL $1.0mol \cdot L^{-1}$ 醋酸钠溶液，用水稀释至刻度，摇匀。用 1cm 比色皿，以水作参比，在 510nm 处测量各溶液的吸光度 A。以 A 对 c_L/c_M 作图，将曲线的线性部分延长并相交，根据交点位置确定络合物的配位数 n。

设计表格，将实验数据和实验结果记录在实验报告表格中。

五、思考题

1. 在什么条件下，才可以用摩尔比法测定络合物的组成？

2. 本实验中为什么可以用水作参比，而不必用试剂空白溶液作参比？

实验 3-25　分光光度法测定碘三离子的稳定常数

一、实验目的

掌握分光光度法测定碘三离子 I_3^- 稳定常数的原理及方法；进一步巩固分光光度计的正确使用。

二、实验原理

碘 I_2、碘离子 I^- 和碘三离子 I_3^- 在紫外光区有光吸收。I_2 吸收峰出现在 203nm，I^- 吸收峰出现在 193nm 和 226nm。在 I_2-KI 混合溶液中，I_2 与 I^- 结合形成 I_3^-：$I_2 + I^- \Longrightarrow I_3^-$。$I_3^-$ 的吸收峰出现在 288nm 和 350nm，见图 3-12。

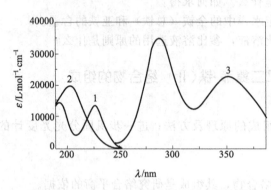

图 3-12　碘、碘离子和碘三离子的吸收光谱
1—I^-；2—I_2；3—I_3^-

I_3^- 的稳定常数可表示为：

$$K = \frac{[I_3^-]}{[I_2][I^-]} = \frac{[I_3^-]}{(c_2 - [I_3^-])(c_1 - [I_3^-])}$$

式中，c_1 和 c_2 分别表示 I^- 和 I_2 的总浓度。

若在 350nm 测量 I_2-KI 混合溶液的吸光度 A，则有：$A = \varepsilon b[I_3^-]$。式中 b 表示液池厚度；ε 表示 I_3^- 的摩尔吸光系数。当 ε 已知时（I_3^- 在 350nm 处的 ε 值为 2.3×10^4 L·mol^{-1}·cm^{-1}），可以由吸光度计算混合溶液中 I_3^- 的浓度，$[I_3^-] = A/b\varepsilon$，进而计算 I_3^- 的稳定常数 K。

三、主要仪器与试剂

1. VIS-722 型分光光度计。

2. I_2-KI 混合溶液[1]：称取 0.127g 研细的 I_2（分析纯）和 0.166g KI（分析纯），溶于 1L 水中（容量瓶），I_2 浓度为 5.00×10^{-4} mol·L^{-1}，KI 浓度为 1.00×10^{-3} mol·L^{-1}（可预先配制）。

3. KI 溶液：称取 0.208g KI，溶于 500mL 水中（容量瓶），浓度为 2.50×10^{-3} mol·L^{-1}。

四、实验步骤

在 5 支 25mL 容量瓶中，分别加入 5.0mL I_2-KI 混合溶液，然后分别加入 1.0mL、1.5mL、2.0mL、2.5mL、3.0mL 2.50×10^{-3} mol·L^{-1} KI 溶液，以水稀释至刻度，摇匀，以水为参比，用 1cm 液池，在 350nm 测量吸光度。

将实验数据填入下表，并计算稳定常数（$c_2 = 1.00 \times 10^{-4}$ mol·L^{-1}，$\varepsilon = 2.3 \times 10^4$ L·mol^{-1}·cm^{-1}）。

V_{KI}/mL	c_{KI}/mol·L^{-1}	A	$[I_3^-]$	$[I^-]$	$[I_2]$	$\lg K$
1.0	3.0×10^{-4}					
1.5	3.5×10^{-4}					
2.0	4.0×10^{-4}					
2.5	4.5×10^{-4}					
3.0	5.0×10^{-4}					

化学手册中 I_3^- 的 $\lg K = 2.9$。将测定值与手册值比较，看是否相符。

五、思考题

可否将测量波长选择在 288nm？选择 350nm 测量，有何好处〔参见：化学通报，2003，(3)：213〕？

六、附注

I_2 单独存在时不易溶解，且 I_2 液易挥发，因此实验中需配制 I_2-KI 混合溶液。浓度大小以适宜光度测量（$A = 0.2 \sim 0.8$）为准。称量准确度（三位有效数字）与吸光度测量的准确度相当即可。

实验 3-26　水样中六价铬的测定

一、实验目的

学习分光光度法测定水中六价铬的方法；进一步熟悉分光光度计的使用方法。

二、实验原理

在水中铬主要以 Cr(Ⅵ) 和 Cr(Ⅲ) 两种形式存在。Cr(Ⅲ) 是人体必需的微量元素之一，但 Cr(Ⅵ) 有致癌的危害。

分光光度法测定铬时，选择合适的显色剂，可以只测定 Cr(Ⅵ)，也可以只测定 Cr(Ⅲ)。若将 Cr(Ⅲ) 氧化为 Cr(Ⅵ)，可以测定总铬含量。

分光光度法测定 Cr(Ⅵ) 含量，国家标准（GB）采用二苯碳酰二肼〔$CO(NHNHC_6H_5)_2$〕（DPCI）为显色剂。在酸性条件下，Cr(Ⅵ) 与 DPCI 反应生成紫红色化合物，可以直接用分光光度法测定，也可以用萃取光度法测定，最大吸收波长为 540nm 左右，摩尔吸光系数 ε 为 $(2.6 \sim 4.17) \times 10^4 \, L \cdot mol^{-1} \cdot cm^{-1}$。

铬(Ⅵ) 与 DPCI 的显色条件为：酸度为 $0.1 mol \cdot L^{-1}$ H_2SO_4 介质，显色温度 15℃ 最适宜，显色反应在 $2 \sim 3min$ 内即可完成，有色化合物在 1.5h 内稳定，选择 5min。

用该方法测定水中 Cr(Ⅵ) 的含量，当取样体积为 50mL，使用 3cm 比色皿时，此方法的最小检出限量为 $0.2 \mu g$，最低检出浓度为 $0.004 mg \cdot L^{-1}$。

三、主要仪器和试剂

1. 分光光度计，比色管（50mL），容量瓶（1000mL、500mL），吸量管（1mL、5mL、10mL），量筒（50mL）。

2. 铬标准贮备溶液：准确称取 0.2830g $K_2Cr_2O_7$ 基准物置于 50mL 烧杯中，用水溶解后定量转移至 1000mL 容量瓶中，稀释至刻度，摇匀。此溶液浓度为 $0.1000 mg \cdot mL^{-1}$。

3. 铬标准操作溶液：用吸量管移取铬贮备液 5mL 于 500mL 容量瓶中，用水稀至刻度，摇匀。此溶液浓度为 $1.000 \mu g \cdot mL^{-1}$。

4. DPCI 溶液：称取 0.1g DPCI，溶于 25mL 丙酮后，用水稀至 50mL，摇匀，浓度为 $2 g \cdot L^{-1}$。贮存于棕色瓶中，放入冰箱中保存，颜色变深后不能使用。

5. H_2SO_4（1+1）。

四、实验步骤

1. 标准曲线的绘制

取 7 支 50mL 容量瓶（或比色管），用吸量管分别加入 0.0mL、0.50mL、1.00mL、2.00mL、4.00mL、7.00mL 和 10.00mL 的 $1.00 \mu g \cdot mL^{-1}$ 铬标准溶液，加入 0.6mL（1+1）H_2SO_4 溶液，摇匀，加水至 20mL 左右，再加入 2mL DPCI 溶液，用水稀释至刻线，立即摇匀。静置 5min，用 3cm 比色皿，以试剂空白为参比溶液，在 540nm 下测量吸光度，绘制标准曲线。

2. 水样中铬含量的测定

用吸量管取水样[1]5.0mL，置于50mL 容量瓶（或比色管）中，然后按照实验步骤 1.，显色，定容，测量其吸光度。从标准曲线上查得相应的 Cr(Ⅵ) 含量，计算水样中 Cr(Ⅵ) 的含量（单位为 mg·L^{-1}）。

设计表格，将实验数据和实验结果记录在实验报告表格中。

五、思考题

1. 若用此方法测得水样的吸光度值不在标准曲线的范围之内，怎么处理？

2. 试设计一实验方案分别测定水样中六价铬和三价铬的含量。

六、附注

水样应用洁净的玻璃瓶采集。测定六价铬的水样，采集后，需加入 NaOH 使水样 pH 值为 8 左右，并尽快测定，放置不能超过 24h。如果水样不含悬浮物、且色度低时，可直接进行分光光度测定。如果是浑浊、色度深的且存在有机物干扰的水样，可用锌盐沉淀分离法或酸性 KMnO$_4$ 氧化法进行预处理（见 GB 7467—87）。

实验 3-27　混合物中铬、锰含量的同时测定

一、实验目的

掌握多组分体系中元素的测定方法；掌握用分光光度法同时测定铬、锰含量的原理和方法。

二、实验原理

在多组分体系中，若各种吸光物质之间不相互作用，则体系的总吸光度等于各组分吸光度之和，即吸光度具有加和性。在 H$_2$SO$_4$ 溶液中，Cr$_2$O$_7^{2-}$ 和 MnO$_4^-$ 的吸收曲线如图 3-13 所示：它们的吸收曲线互相重叠，用分光光度法分别测定两组分时，彼此会相互干扰。但根据吸光度加和的原理，在不同的波长下测定铬、锰混合溶液的吸光度，通过以下方程组可分别求出铬、锰的含量。

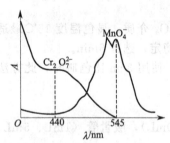

图 3-13　Cr$_2$O$_7^{2-}$ 和 MnO$_4^-$ 溶液的吸收曲线

$$A_{\lambda_1}^{Cr+Mn} = A_{\lambda_1}^{Cr} + A_{\lambda_1}^{Mn} = k_{\lambda_1}^{Cr} c_{Cr} + k_{\lambda_1}^{Mn} c_{Mn}$$

$$A_{\lambda_2}^{Cr+Mn} = A_{\lambda_2}^{Cr} + A_{\lambda_2}^{Mn} = k_{\lambda_2}^{Cr} c_{Cr} + k_{\lambda_2}^{Mn} c_{Mn}$$

本实验以 AgNO$_3$ 为催化剂，在 H$_2$SO$_4$ 介质中，加入过量的 (NH$_4$)$_2$S$_2$O$_8$ 作氧化剂，将混合溶液中 Cr^{3+} 和 Mn^{2+} 氧化成 Cr$_2$O$_7^{2-}$ 和 MnO$_4^-$，在波长 440nm 和 545nm 处测其吸光度 A_{440}^{Cr+Mn} 和 A_{545}^{Cr+Mn}，同时分别测定已知浓度的 Cr$_2$O$_7^{2-}$ 和 MnO$_4^-$ 溶液在 440nm 和 545nm 的吸光度，计算 k_{440}^{Cr}、k_{440}^{Mn}、k_{545}^{Cr} 和 k_{545}^{Mn}，再代入方程组求出 c_{Cr} 和 c_{Mn}。

三、主要仪器与试剂

1. 分光光度计，容量瓶（100mL）。

2. 1.000mg·L^{-1}铬标准溶液：准确称取 3.734g 分析纯铬酸钾（预先在 105～110℃烘烧 1h），溶于适量水中，滴定转移至 1L 容量瓶中，用水稀释至刻度，摇匀。

1.000mg·L^{-1}锰标准溶液：准确称取 2.749g 分析纯硫酸锰（预先在 400～500℃灼烧过），溶于适量水中，滴定转移至 1L 容量瓶中，用水稀释至刻度，摇匀。

3. H$_2$SO$_4$-H$_3$PO$_4$ 混合酸（H$_2$SO$_4$：H$_3$PO$_4$：H$_2$O＝15：15：70），AgNO$_3$ 溶液（0.5mol·L^{-1}），(NH$_4$)$_2$S$_2$O$_8$ 溶液（150g·L^{-1}），用时现配。

四、实验步骤

1. 绘制 Cr$_2$O$_7^{2-}$ 和 MnO$_4^-$ 溶液的吸收曲线

在两只 100mL 容量瓶中，分别加入 5.00mL Cr^{3+} 标准溶液和 1.00mL Mn^{2+} 标准溶液，然后各加入 30mL 水、10mL H_2SO_4-H_3PO_4 混酸、2mL $(NH_4)_2S_2O_8$ 溶液、10 滴 $AgNO_3$ 溶液，沸水浴中加热，保持微沸 3～5min[1]。待溶液颜色稳定后，冷却，用水稀释至刻度，摇匀。再用 1cm 比色皿（事先挑选两个光学性质一致的比色皿），以蒸馏水为参比，在 420～560nm 范围内，每隔 10nm 测定一次各溶液的吸光度，分别绘制 $Cr_2O_7^{2-}$ 和 MnO_4^- 的吸收曲线，确定各自的最大吸收波长。

2. Cr^{3+} 和 Mn^{2+} 含量的同时测定

在 1 只 100mL 容量瓶中，加入适量体积的试样溶液，然后依次加入 30mL 水、10mL H_2SO_4-H_3PO_4 混酸[2]、2mL $(NH_4)_2S_2O_8$ 溶液、10 滴 $AgNO_3$ 溶液，沸水浴中加热，保持微沸 3～5min。待溶液颜色稳定后，冷却，以水稀释至刻度，摇匀。用 1cm 比色皿，以蒸馏水为参比，分别在波长 440nm 和 545nm 处测定其吸光度。

3. 结果处理

从两吸收曲线上查出波长 440nm 和 545nm 处 A_{440}^{Cr}、A_{545}^{Cr}、A_{440}^{Mn} 和 A_{545}^{Mn} 的值，根据 Cr^{3+} 和 Mn^{2+} 标准溶液的浓度，由 $A=kbc$ 关系式，计算出 k_{440}^{Cr}、k_{440}^{Mn}、k_{545}^{Cr} 和 k_{545}^{Mn} 的值。将各 k 值和测定的 A_{440}^{Cr+Mn} 和 A_{545}^{Cr+Mn} 代入方程组，计算 c_{Cr} 和 c_{Mn}。

设计表格，将实验数据和实验结果记录在实验报告表格中。

五、思考题

1. 本实验中显色液需要加热的两个原因是什么？

2. 根据吸收曲线，本实验可以选择测定波长为 420nm 和 500nm 吗？为什么？

六、附注

[1] 过量的过硫酸铵需加热除去，否则其分解过程在显色液中产生的小气泡将使测量的吸光度值偏高。因此该氧化剂不可过量太多，以免难以除尽。

[2] 若试液中不含 Fe^{3+}，则只需在 H_2SO_4 溶液（15：85）中显色即可。若试液中含有 Fe^{3+}，其黄色会干扰对 $Cr_2O_7^{2-}$ 的测定，则需加入 H_2SO_4-H_3PO_4 混酸，使 Fe^{3+} 与 HPO_4^{2-} 形成无色的络合物，从而消除 Fe^{3+} 的干扰。

实验 3-28 食品中亚硝酸盐含量的测定

一、实验目的

学习样品预处理技术，掌握食品中 NO_2^- 的提取方法；掌握用分光光度法测定 NO_2^- 的原理。

二、实验原理

在弱酸性溶液中亚硝酸盐与对氨基苯磺酸发生重氮反应，生成的重氮化合物与盐酸萘乙二胺偶联成紫红色的偶氮染料，可用分光光度法测定，有关反应如下：

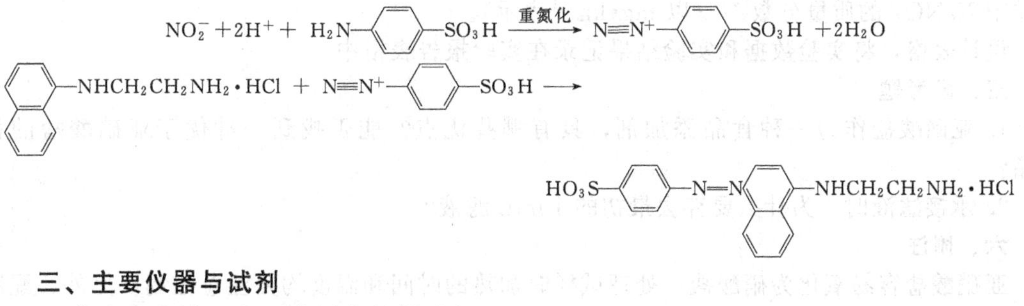

三、主要仪器与试剂

1. 分光光度计，小型多用食品粉碎机。

2. 饱和硼砂溶液：称取 25g 硼砂（$Na_2B_4O_7 \cdot 10H_2O$），溶于 500mL 热水中。

硫酸锌溶液（$1.0mol \cdot L^{-1}$）：称取 150g $ZnSO_4 \cdot 7H_2O$，溶于 500mL 水中。

对氨基苯磺酸溶液（$4g \cdot L^{-1}$）：称取 0.4g 对氨基苯磺酸溶于 100mL $200g \cdot L^{-1}$ 盐酸中，避光保存。

盐酸萘乙二胺溶液（$2g \cdot L^{-1}$）：称取 0.2g 盐酸萘乙二胺溶于 100mL 水中，避光保存。

$NaNO_2$ 标准溶液：准确称取 0.1000g 干燥 24h 的分析纯 $NaNO_2$，用水溶解后定量转入 500mL 容量瓶中，加水稀释至刻度并摇匀。临用时准确移取上述储备液（$0.2g \cdot L^{-1}$）5.0mL 于 100mL 容量瓶中，加水稀释至刻度，摇匀，作为操作液（$10\mu g \cdot mL^{-1}$）。

亚铁氰化钾溶液（$150g \cdot L^{-1}$）。

3. 活性炭，滤纸，脱脂棉。

四、实验步骤

1. 试样预处理

① 肉制品　用粉碎机搅碎均匀肉制品（如香肠），准确称取该试样 5g 左右于洁净、干燥的 100mL 烧杯中，加入 12.5mL 硼砂饱和液搅拌均匀，然后用 150～200mL 70℃以上的热水将烧杯中的试样全部洗入 250mL 容量瓶中，并置于沸水浴中加热 15min[1]，取出。在轻轻摇动下滴加 2.5mL $ZnSO_4$ 溶液以沉淀蛋白质。冷却至室温后，加水稀释至刻度，摇匀。放置 10min，撇去上层脂肪，清液用滤纸或脱脂棉过滤，弃去最初 10mL 滤液，承接其后 50mL 滤液用于测定，测定用滤液应为无色透明。

② 水果、蔬菜罐头　将罐头开启，内容物全部转至搪瓷盘中，切成小块混合均匀，用四分法取出 200g。将试样置于食品粉碎机的大杯内加水 200mL，匀浆后全部移入 500mL 烧杯中备用。称取匀浆 40g 于 50mL 烧杯中，用 150mL 70℃以上的热水分 4～5 次将其全部洗入 250mL 容量瓶中，加入 6mL 饱和硼砂饱和液并摇匀。再加入 2g 经处理的活性炭，摇匀。然后加入 2mL $ZnSO_4$ 溶液和 2mL 亚铁氰化钾溶液，振摇 3～5min，再用水稀释至刻度。摇匀后用滤纸过滤，弃去最初 10mL 滤液，承接其后 50mL 滤液用于测定。

2. 测定

① 标准曲线的绘制　准确移取 $NaNO_2$ 操作液（$10\mu g \cdot mL^{-1}$）0mL、0.40mL、0.80mL、1.20mL、1.60mL、2.00mL，分别置于 50mL 容量瓶中，各加水 30mL，然后分别加入 2.0mL 对氨基苯磺酸溶液，摇匀。静置 3min 后，再分别加入 1mL 盐酸萘乙二胺溶液，加水稀释至刻度，摇匀。放置 15min，用 1cm 比色皿，以试剂空白为参比，于波长 540nm 处测定各试液的吸光度，以 $NaNO_2$ 溶液的加入量为横坐标，相应的吸光度为纵坐标，绘制标准曲线。

② 试样的测定　准确移取试样滤液 40mL 于 50mL 容量瓶中，以下按标准曲线的绘制操作（不需稀释），根据测得的吸光度，从标准曲线上查出相应的 $NaNO_2$ 的质量，并计算试样中 $NaNO_2$ 的质量分数[2]（以 $mg \cdot kg^{-1}$ 表示）。

设计表格，将实验数据和实验结果记录在实验报告表格中。

五、思考题

1. 亚硝酸盐作为一种食品添加剂，具有哪些优点？能否找到一种优于亚硝酸盐的替代品？

2. 承接滤液时，为什么要弃去最初的 10mL 滤液？

六、附注

亚硝酸盐容易氧化为硝酸盐，处理试样时加热的时间和温度均要注意控制，另外，配制的标准储备液不宜久存。

第八节 分离与分析实验

实验 3-29 纸色谱法分离氨基酸

一、实验目的

掌握纸色谱法分离物质的原理和操作技术；学习如何根据不同组分的分离结果来鉴别未知试样的组分。

二、实验原理

纸色谱分离法是根据不同物质在两相中的分配比不同而进行分离的一种微量分离方法。纸色谱法利用滤纸作为惰性载体，以滤纸上的吸湿水分作为固定相，有机溶剂作为流动相（也称展开剂）。采用上行法时，流动相由于毛细管作用自下而上地移动，流动相上升时，与滤纸上的固定相相遇，这时试样中的各组分就在两相中不断进行分配。因为它们的分配比不同，各组分上升速度不同，从而形成了距离原点不等的层析斑点，达到分离的目的。

通常用比移值 R_f 衡量各组分的分离程度：

$$R_f = \frac{a}{b}$$

式中，a 为组分原点中心到展开后的斑点中心的距离；b 为组分原点中心到溶剂前沿的距离。显然，R_f 最小值为 0，最大为 1。$R_f = 0$，表明该组分在原点未移动，$R_f = 1$，则该组分随溶剂前沿等速上移。各组分 R_f 值相差越大，分离效果越好。

在组成一定的固定相和流动相中，对于一定的组分，R_f 值一定。因此，可根据 R_f 来进行物质的定性分析。影响 R_f 的因素较多，主要是展开剂、滤纸质量、温度等实验条件。为此，在进行分析时，应使用各组分相应的标准样品同时作对照实验。

本实验对异亮氨酸、赖氨酸和谷氨酸进行分离和鉴定。氨基酸是无色的，在层析后需在纸上喷洒显色剂茚三酮，斑点呈现蓝紫色。其显色反应机理如下：

氨基酸被水合茚三酮氧化，分解出醛、氨、二氧化碳，而水合茚三酮本身则被还原为还原茚三酮：

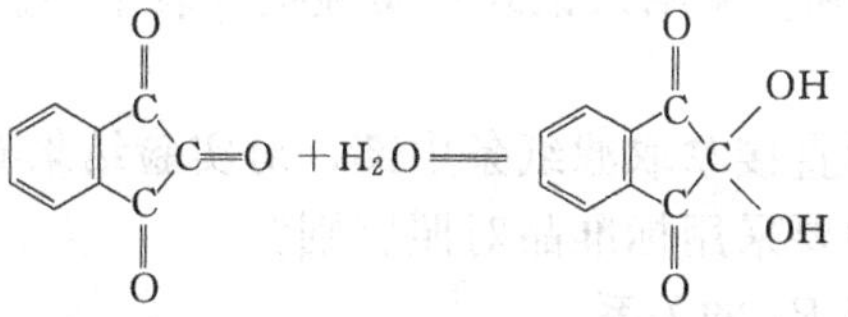

茚三酮 水合茚三酮

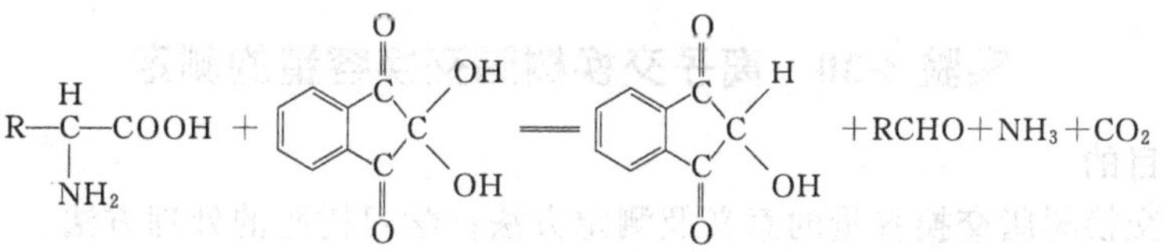

还原茚三酮

与此同时，还原茚三酮和 NH_3、茚三酮缩合成新的有色化合物而使斑点显色：

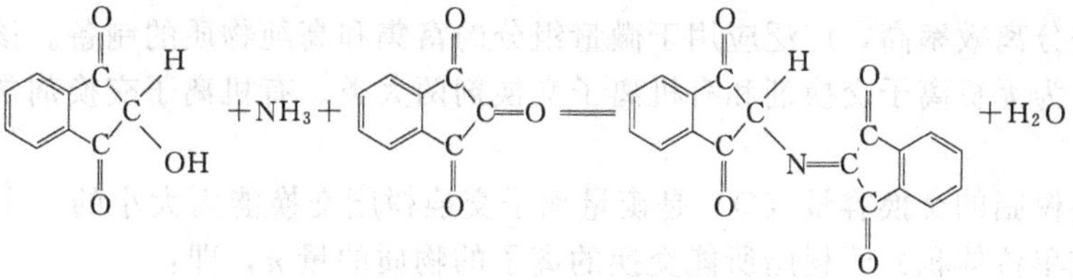

三、主要仪器与试剂

1. 玻璃展开槽（150mm×300mm），层析纸条（100mm×240mm，也可用大张定性滤纸裁制），毛细管（直径1mm左右），喷雾器。

2. 展开剂：正丁醇：甲酸：水＝60：12：8，每组配80mL。

3. 氨基酸标准溶液：将异亮氨酸、赖氨酸和谷氨酸分别配成 $2g \cdot L^{-1}$ 的水溶液。

4. 氨基酸混合试液：将上述异亮氨酸、赖氨酸和谷氨酸溶液等量混合。

5. 水合茚三酮（$1g \cdot L^{-1}$）：乙醇溶液。

四、实验步骤

1. 点样

戴干净塑料手套，取纸条，在距离下端2.5cm处，用铅笔画一水平线，在线上等间距离2cm画出四个点（可标记为A、B、C、D），作为原点。用毛细管在A、B、C点分别点上三种氨基酸标准溶液，在D点上点氨基酸混合试液，点出的扩散原点直径约2mm大小，如图3-14所示。图中还示意出三个组分的分离、显色斑点和溶剂前沿。

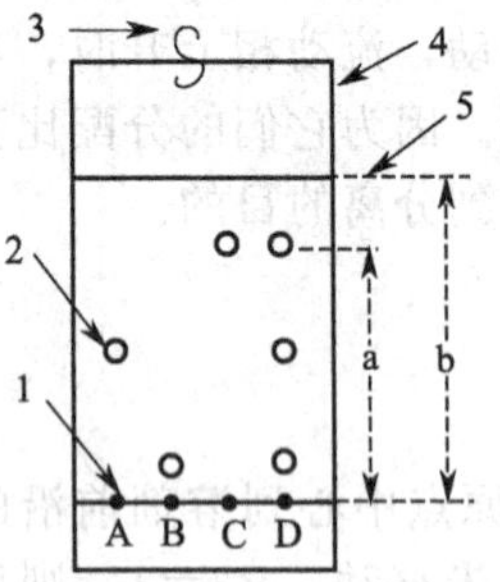

图3-14　纸条点样和
展开后示意图

1—原点；2—斑点；3—挂钩；
4—滤纸；5—前沿

2. 展开分离

将点好样的滤纸晾干，然后用挂钩挂在展开槽盖上，放入已盛有80mL展开剂的展形槽中，滤纸下端浸入展开剂约0.5cm，但原点必须离开液面。当展开剂前沿上升到原点时，开始计层析时间。当展开剂前沿上升至15cm左右时，取出层析纸，画出溶剂前沿，记下展开停止时间。将滤纸晾干或烘干。

3. 显色

展开后的滤纸晾干或烘干后，用喷雾器在层析纸上均匀喷上显色剂茚三酮，放入100℃烘箱中烘3~5min，滤纸干后，即可显出紫红色的层析斑点，用铅笔描出各斑点的轮廓。

4. 用尺量出各组分的 a，b 值。计算 R_f 和 ΔR_f。比较氨基酸标准溶液和混合试液中有关组分的 R_f，对混合试液进行定性分析。

设计表格，将实验数据和实验结果记录在实验报告表格中。

五、思考题

1. 实验时，能否用手指直接拿取滤纸条中部，对实验结果有何影响？

2. 为什么在纸色谱法中要采用标准品对照鉴别？

3. 讨论氨基酸的结构与 R_f 的关系。

实验 3-30　离子交换树脂交换容量的测定

一、实验目的

掌握离子交换树脂交换容量的意义及测定方法；学习树脂的处理方法。

二、实验原理

离子交换分离法是利用离子交换剂与溶液中的离子之间所发生的交换反应而进行分离的方法。此方法分离效率高，广泛应用于微量组分的富集和高纯物质的制备。该方法所用的离子交换剂可分为无机离子交换剂和有机离子交换剂两大类。有机离子交换剂常称为离子交换树脂。

离子交换树脂的交换容量（Q）是衡量离子交换树脂交换能力大小的一个重要指标。它是指每克（或单位体积）干树脂所能交换的离子的物质的量 n，即：

$$Q = \frac{n}{m}（干树脂） \qquad 或 \qquad Q = \frac{n}{V}（湿树脂）$$

一般树脂的 Q 为 $3 \sim 6 mmol \cdot g^{-1}$。

交换容量可分为总交换容量和工作交换容量。前者是用静态法（树脂和试液在容器中达到交换平衡的分离法）测得树脂内所有可交换基团全部发生交换时的交换容量，又称全交换容量；后者是指在一定操作条件下，用动态法（柱上离子交换分离法）实际所测得的交换容量，它与溶液离子浓度、树脂床高度、流量、树脂粒度大小以及交换形式等因素有关。

本实验是用酸碱滴定法测定强酸性阳离子交换树脂（简写为 RH）的总交换容量和工作交换容量。

采用静态法测定时，是将一定量的 H 型阳离子交换树脂与一定量过量的 NaOH 标准溶液混合，放置一定时间，达到交换平衡：

$$RH + NaOH \Longrightarrow RNa + H_2O$$

然后用 HCl 标准溶液滴定剩余的 NaOH，从而求出树脂的总交换容量 Q。

采用动态法测定时，先将一定量的 H 型阳离子交换树脂装入交换柱中，用 Na_2SO_4 溶液以一定的流速通过此交换柱，则 Na_2SO_4 中的 Na^+ 将与 RH 发生交换反应：

$$RH + Na^+ \Longrightarrow RNa + H^+$$

然后用 NaOH 标准溶液滴定交换出来的 H^+，即可求得树脂的工作交换容量。

三、主要仪器与试剂

1. 烘箱，干燥器，具塞锥形瓶，酸式滴定管，培养皿。

2. $0.1 mol \cdot L^{-1}$ HCl、$0.1 mol \cdot L^{-1}$ NaOH 标准溶液（配制和标定方法见实验 3-2），酚酞（$2 g \cdot L^{-1}$，乙醇溶液），Na_2SO_4 溶液（$0.5 mol \cdot L^{-1}$），HCl（$4 mol \cdot L^{-1}$）。

3. 强酸性阳离子交换树脂，离子交换柱（可用 25mL 酸式滴定管代替），玻璃棉（用蒸馏水浸泡洗净）。

四、实验步骤

（一）阳离子交换树脂总交换容量的测定

1. 树脂的预处理

市售的阳离子交换树脂一般为 Na 型（RNa），使用前需用酸将其处理成 H 型：

$$RNa + H^+ \Longrightarrow RH + Na^+$$

称取 20g 阳离子交换树脂于烧杯中，加入 150mL $4 mol \cdot L^{-1}$ HCl 溶液，搅拌，浸泡 $1 \sim 2$ 天，以溶解除去树脂中的杂质，并使树脂充分溶胀。然后倾出上层 HCl 清液，换以新鲜的 $4 mol \cdot L^{-1}$ HCl 溶液，再浸泡 $1 \sim 2$ 天，经常搅拌。倾出上层 HCl 溶液，用蒸馏水漂洗树脂直至中性，即得到 H 型阳离子交换树脂 RH。

2. RH 树脂的干燥

将预处理好的 RH 树脂用滤纸压干后，放入培养皿中，在 105℃ 的烘箱中干燥 1h，取出置于干燥器中，冷却至室温后称量其质量得 m_1。然后将树脂继续在 105℃ 下烘 0.5h，取出，冷却，再次称量得 m_2，直至恒重为止。

3. 静态法测定树脂的总交换容量

准确称取 1g 左右经干燥且恒重的氢型阳离子交换树脂，置于 250mL 干燥带塞的锥形瓶中，准确加入 100.00mL $0.1 mol \cdot L^{-1}$ NaOH 标准溶液，摇匀，盖好锥形瓶，放置 24h，使之达到交换平衡。

交换结束后，用移液管准确移取 25.00mL 交换后的上层清液，置于另一 250mL 锥形瓶中，加入 2 滴酚酞指示剂，用 $0.1 mol \cdot L^{-1}$ HCl 标准溶液滴定至红色刚好褪去，即为终点。平行滴定三份。

4. 数据处理

按下式计算树脂的总交换容量 Q（单位为 mmol·g^{-1}）：

$$Q_总 = \frac{[(cV)_{NaOH} - (cV)_{HCl}] \times \dfrac{100}{25}}{m_{干树脂}}$$

（二）阳离子交换树脂工作交换容量的测定

1. 装柱

用长玻璃棒将润湿的玻璃棉装入离子交换柱（或酸式滴定管）的下部，并使其平整。然后加入约 10mL 蒸馏水。

准确称量已处理过且恒重的 RH 树脂约 15g，将其放入小烧杯中，加蒸馏水约 30mL，用玻璃棒边搅拌、边倒入离子交换柱中（防止混入气泡）。用蒸馏水将树脂洗成中性（用 pH 试纸检查流出液），放出柱中多余的水，最后使柱内树脂的上部余下约 1mL 的水。

2. 工作交换容量的测定

向交换柱中不断加入 0.5mol·L^{-1} Na$_2$SO$_4$ 溶液，用 250mL 容量瓶收集流出液，调节流量为 2~3mL·min^{-1}。流过 100mL Na$_2$SO$_4$ 溶液后，用 pH 试纸经常检查流出液的 pH 值，直至流出的 Na$_2$SO$_4$ 溶液与加入的 Na$_2$SO$_4$ 溶液 pH 值相同时，停止加入 Na$_2$SO$_4$ 溶液，表明此时交换完毕。将收集液稀释至刻度，摇匀。

用移液管移取上述收集液 25.00mL 置于 250mL 锥形瓶中，加入 2 滴酚酞指示剂，用 0.1mol·L^{-1} NaOH 标准溶液滴定至微红色，即为终点，平行滴定 3 次。

3. 数据处理

按下面公式计算树脂的工作交换容量 Q（单位为 mmol·g^{-1}）：

$$Q_{工作} = \frac{(cV)_{NaOH} \times \dfrac{250}{25}}{m_{干树脂}}$$

设计表格，将实验数据和实验结果记录在实验报告表格中。

五、思考题

1. 如何将 Na 型树脂处理成 H 型？如何装柱，应注意什么？

2. 两种交换容量的测定原理是什么？

3. 试设计一个测定强碱性阴离子交换树脂的交换容量的方法。

六、注意事项

1. 装柱和后面的交换过程，不能出现树脂床流干的现象。流干时，形成固-气相，溶液将不是均匀地流过树脂层，而是顺着气泡流下，发生"沟流现象"，使得某些部位的树脂没有发生离子交换，使交换、洗脱不完全，影响分离效果。流干现象，容易由产生的气泡看出来。出现流干时，需重新装柱。

2. 实验结束后，将使用过的树脂回收在一烧杯中，统一进行再生处理。

第九节　方案设计实验

在学习了分析化学基本理论和完成了分析化学基本实验之后，进行方案设计实验是培养学生科学研究能力的重要步骤。

设计实验方案的时候需注意：设计的方案主要利用已经学过的分析方法，而且必须考虑实验室的条件，尽量选用实验中已经使用过的化学试剂。如需特殊试剂须注明。

实验 3-31　磷酸盐混合碱液的分析

一、实验目的

培养学生独立操作，独立分析问题和解决问题的能力；进一步巩固酸碱滴定有关知识和实验操作技能。

二、实验要求

1. 学生在查阅参考文献的基础上设计实验方案。

2. 实验方案应包括：实验目的，方法原理，指示剂的选择，所需仪器，试剂配制，标准溶液的配制与标定，取样量的确定，分析步骤，如何判断磷酸盐混合碱的组成及结果计算等。

三、实验方案设计选题参考

1. NaH_2PO_4-Na_2HPO_4

以酚酞或百里酚酞为指示剂，用 NaOH 标准溶液滴定 $H_2PO_4^-$ 至 HPO_4^{2-}。

以甲基橙或溴酚蓝为指示剂，用 HCl 标准溶液滴定 HPO_4^{2-} 至 $H_2PO_4^-$。可以分取两份试液分别滴定，也可以在同一份溶液中连续滴定。

2. $NaOH$-Na_3PO_4

以百里酚酞为指示剂，用 HCl 标准溶液将 NaOH 滴定至 NaCl，PO_4^{3-} 滴定至 HPO_4^{2-}。然后，以甲基橙为指示剂，继续用 HCl 标准溶液将 HPO_4^{2-} 滴定至 $H_2PO_4^-$。

实验 3-32　蛋壳中碳酸钙含量的测定

一、实验目的

培养学生在实验中解决实际问题的能力，并通过实践加深对理论课程的理解；了解实际样品的处理方法。

二、实验要求

1. 本实验在学完酸碱滴定法、络合滴定法、氧化还原滴定法之后进行。提前 1～2 周要求学生查阅资料。

2. 每三个同学结成一组，分别采用酸碱滴定法、络合滴定法、氧化还原滴定法等三种方法测定蛋壳中的碳酸钙。

3. 每一小组要提供三种方法的实验方案：包括方法原理，样品前处理步骤，指示剂的选择，所需仪器，试剂配制，标准溶液的配制与标定，取样量的确定，分析步骤等。

三、实验方案设计参考

1. 酸碱滴定法

蛋壳研碎后加入已知浓度的过量的 HCl 标准溶液，使其充分反应后，过量的 HCl 溶液用 NaOH 标准溶液返滴定，由加入 HCl 的物质量和返滴定所消耗的 NaOH 的物质的量之差，求试样中 $CaCO_3$ 的含量。

2. 络合滴定法

试样溶解后，在 pH＝10 的氨性缓冲溶液中，以铬黑 T 作指示剂。用 EDTA 标准溶液滴定试样中的 Ca^{2+}，根据所耗 EDTA 的体积，计算出试样中 $CaCO_3$ 的含量。

3. 氧化还原滴定法

试样溶解后，在一定的条件下，用 $C_2O_4^{2-}$ 把试样中的 Ca^{2+} 定量沉淀为 CaC_2O_4 沉淀，沉淀经陈化、过滤、再溶解后，用 $KMnO_4$ 标准溶液滴定其中的 $C_2O_4^{2-}$，从而推出试样中 $CaCO_3$ 的含量。

第四章　有机化学基础实验

实验 4-1　熔点的测定（毛细管法）

一、实验目的

了解熔点测定的意义；掌握熔点测定的操作方法。

二、实验原理

熔点是固体有机化合物固-液两态在大气压力下达成平衡的温度，是鉴定固体有机化合物的重要物理常数，也是化合物纯度判断的标准之一。纯净的固体有机物一般都有固定的熔点，固-液两态之间的变化是非常敏锐的，自初熔至全熔（称为熔程）温度不超过 $0.5\sim1$℃。当化合物中混有杂质时，熔程较长，熔点降低。

加热纯有机化合物时，温度接近其熔点范围，升温速度随时间变化约为恒定值，若用加热时间对温度作图可得结果见图 4-1。化合物的温度低于熔点时以固相存在，加热使温度上升。达到熔点时，开始有少量液体出现，而后固-液相平衡。继续加热，温度不再变化，此时加热所提供的热量使固相不断转变为液相，两相间仍保持平衡。固体完全熔化后，温度又上升。因此在接近熔点时，加热速度一定要慢，使整个熔化过程尽可能接近两相平衡点，才能准确测得物质的熔点。

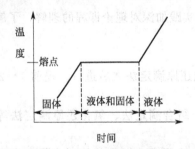

图 4-1　相随时间和温度的变化

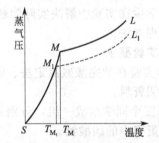

图 4-2　蒸气压—温度曲线（杂质的影响）

当含杂质时，由拉乌尔定律可知，在一定的压力和温度条件下，因为含有杂质导致纯组分蒸气分压下降（见图 4-2 中 M_1L_1），固液两相交点 M_1 代表含有杂质时体系达到熔点时的固-液相平衡点，T_{M_1} 为含杂质时的熔点，显然，此时的熔点较纯组分熔点 T_M 要低。

用熔点法鉴定未知物时，如测得的熔点与某已知物的熔点相同或相近时，尚不能确定它们为同一物质。把未知物和已知物混合后，再测其熔点，若熔点仍不变，才能认为它们为同一物质。若混合物熔点降低，熔程增大，说明它们属于不同物质。用此混合熔点试验，是鉴定两种熔点相同或相近的有机物是否为同一种物质的最简便方法。

三、实验内容及步骤

1. 熔点管的制备

通常用内径约 1mm、长约 60~70mm 的毛细管，一端用小火加热封闭，封闭好的毛细管可见其封闭端内径有两条细线相交或无毛细现象。或使用现成熔点管（封好口的毛细管）。

2. 样品的装入

取 0.1~0.2g 样品，放在干净的表面皿或玻璃片上，用玻璃棒或空心玻璃塞研成粉末，聚成小堆，将熔点管的开口端插入样品堆中，把样品挤入管内，开口端向上竖立，轻弹毛细管，然后让其通过一根长约 40cm、直立于蒸发皿或玻璃片上的玻璃管，熔点管经自由落体使样品进入管底（见图 4-3），重复几次可以蹾实样品（装入的样品夯实，受热才均匀，如有空隙，会影响传热效果）。最后样品的高度应为 2~3mm。注意操作要快，防止样品吸潮。熔点管外的样品粉末要擦干净，以免影响实验效果。

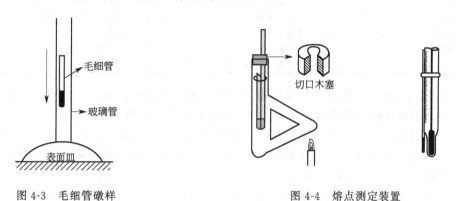

图 4-3 毛细管碴样   图 4-4 熔点测定装置

3. 测熔点

① 将熔点测定管（又称 Thiele 管或 b 形熔点管）垂直夹在铁架台上。

② 熔点测定管口配一缺口单孔软木塞（或胶塞），温度计插入孔中，为便于读数，温度计刻度线要在软木塞的缺口处露出。调整温度计高度，要使温度计水银球处于 b 形管两侧管的中心部位。

③ 用橡皮圈将毛细管系在温度计旁（为防止橡皮圈污染热浴，橡皮圈要尽量系在熔点管的上部，见图 4-4），让装样部分和温度计水银球处在同一水平位置。

④ 加浓硫酸（或硅油、液体石蜡等）于 b 形管中做热浴，其体积与 b 形管下侧管口持平即可（温度计插入和加热时体积还要膨胀），将系有试样的温度计小心插入热浴，位置见图 4-4。

⑤ 用小火在图示部位加热。开始时升温速度可以快些，5~6℃·min⁻¹，当热浴温度距离该化合物熔点约 10~15℃时，调整火焰，使升温速度约 1~2℃·min⁻¹，愈接近熔点，升温速度应愈缓慢，即 0.3~0.5℃·min⁻¹。为了保证有充分时间让热量由管外传至毛细管内使固体熔化，升温速度是准确测定熔点的关键。

仔细观察并认真记录实验现象和熔程［试样开始塌落并有液相产生（即初熔）时和固体完全消失（全熔）时的温度范围为该化合物的熔程］。至少要有两次重复数据，而且每次测量之前都要把热浴温度降至低于熔点 30℃以下。熔点管不能重复使用，每次测定必须用新的熔点管装样测试。如果测定未知物的熔点，应先对试样粗测一次，加热可以稍快，知道大致的熔程后，再另取一根装好试样的熔点管做精确测定。

实验完毕待热浴冷却后，方可将浴液倒入回收瓶中。温度计自然冷却到室温后，用纸擦去硫酸方可用水冲洗，以免硫酸遇水发热，使温度计的水银球破裂。

⑥ 熔点测定后，温度计的读数需进行校正，可选用纯有机化合物的熔点作为标准（见表 4-1）或选用标准温度计进行校正。

四、注意事项

1. 熔点管本身要干净，如有灰尘等，能产生 4~10℃的误差。管壁不能太厚，封口要均匀。初学者容易出现的问题是封口一端发生弯曲或封口端管壁太厚，为避免此现象发生，毛细管一端尽可能垂直并旋转加热，且火焰温度不宜过高，用酒精灯慢慢加热较好。总之要保证封口圆滑，以不漏气为原则。

表 4-1 常用标准样品熔点　　　　　　　　　　　　　　单位：℃

样品名称	熔点	样品名称	熔点	样品名称	熔点
水-冰	0	间二硝基苯	90	水杨酸	159
α-萘胺	50	二苯乙二酮	95～96	对苯二酚	173～174
二苯胺	53	乙酰苯胺	114.3	3,5-二硝基苯甲酸	205
对二氯苯	53	苯甲酸	122.4	蒽	216.2～216.4
苯甲酸苄酯	71	尿素	135	酚酞	262～263
萘	80.6	二苯基羟基乙酸	151	蒽醌	286（升华）

2. 样品一定要干燥，并研成细粉末，往毛细管内装样品时，一定要反复振动夯实，如有空隙，不易传热，造成熔程变大。管外样品要用卫生纸擦干净。

3. 样品量要合适，太少不便观察，而且熔点偏低；太多会造成熔程变大，熔点偏高。

4. 使用浓硫酸作加热浴时要特别小心，不能让橡皮圈碰到浓硫酸，否则造成有机物碳化使溶液颜色变深，有碍熔点的观察。若出现这种情况，可加入少许硝酸钾晶体共热使之脱色。采用浓硫酸做热浴，适用于测熔点在 220℃ 以下的样品。若所测样品的熔点在 220℃ 以上，可采用其他热浴。

五、思考题

测熔点时，若有下述情况将产生什么结果？

1. 熔点管壁太厚；
2. 熔点管底部未完全封闭，尚有针孔；
3. 熔点管不洁净；
4. 样品未完全干燥或含有杂质；
5. 样品研得不细或装得不紧密；
6. 升温太快。

实验 4-2　蒸馏和沸点的测定

一、实验目的

熟悉蒸馏和测定沸点的原理，了解蒸馏和测定沸点的意义；掌握蒸馏和沸点测定的操作要领和方法。

二、实验原理

由于分子运动，分子有从液体表面逸出和回到溶液中的倾向，且液体分子的逸出倾向随温度的升高而增大，所以在一定温度时液体表面会产生一定的蒸气压。当分子由液体逸出的速度与回到液体中的速度相等时，液面上的蒸气压就称为饱和蒸气压。当液体的饱和蒸气压与外界压力相等时，液体即沸腾，此时的温度称为液体的沸点。

蒸馏是将液体有机物加热到沸腾状态，使液体变成蒸汽，又将蒸汽冷凝为液体的过程。通过蒸馏的方法可以进行如下工作。

1. 利用沸点不同可分离液体混合物，通常分离混合物的沸点差应大于 30℃。

2. 测定化合物的沸点。纯液体有机化合物在一定压力下具有固定的沸点，且沸点范围很小（沸程 0.5～1.5℃），所以可以用蒸馏的方法测定纯液体有机化合物的沸点，用蒸馏法测定沸点的方法称常量法。

3. 提纯。

4. 回收溶剂或蒸出部分溶剂，达到浓缩溶液的目的。

三、仪器装置

蒸馏装置主要由汽化、冷凝和接收三部分组成，如图4-5所示。

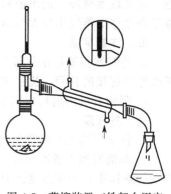

1. 蒸馏瓶：蒸馏瓶的选用与被蒸液体量的多少有关，通常装入液体的体积应为蒸馏瓶容积的 1/2～2/3。

2. 沸石：蒸馏过程中为防止液体过热爆沸，保证溶液平稳沸腾状态，要加入几粒小瓷片或沸石（止爆剂）。若蒸馏前忘记加沸石，要移走热源停止蒸馏，待溶液稍冷后（降到沸点以下）再加入沸石。决不能在蒸馏过程中加，以免发生危险。

图 4-5 蒸馏装置（铁架台固定装置，电热套加热蒸馏瓶）

3. 温度计：温度计应根据被蒸馏液体的沸点来选择量程，安装温度计时，水银球的上端要与蒸馏瓶支管口下端齐平，位置见图 4-5。

4. 冷凝管：冷凝管可分为水冷凝管和空气冷凝管两类，水冷凝管用于被蒸液体沸点低于 130～140℃；空气冷凝管用于被蒸液体沸点高于 140℃。

5. 接液管及接收瓶：接液管将冷凝液导入接收瓶中。常压蒸馏常选用锥形瓶为接收瓶，减压蒸馏要用磨口配套的圆底烧瓶为接收瓶。

仪器安装顺序为：先下后上，先左后右。拆卸仪器与其顺序相反。

四、实验步骤

1. 加料：将待蒸粗乙醇 30mL 小心倒入 50mL 蒸馏瓶中，为防止爆沸，要加入 2～3 粒沸石。装好带温度计的塞子，注意温度计的位置。再检查一次装置是否稳妥、严密。

2. 加热：先打开冷凝水龙头，缓缓通入冷水，然后打开电热套电源开关开始加热。注意冷水自下而上，蒸汽自上而下，两者逆流冷却效果好。当液体沸腾，蒸汽到达水银球部位时，温度计读数急剧上升，这时要调节热源温度，让蒸馏滴液速度以每秒 1～2 滴为宜。此时温度计读数就是馏出液的沸点。

3. 收集馏液：因为在达到所需物质的沸点之前常有较低沸点的液体蒸出，为保证接收物质的纯净，至少准备两个接收瓶，一个接受前馏分或称馏头，另一个（需称重接收瓶）接收所需馏分，并记下该馏分的沸程（即该馏分的第一滴和最后一滴时温度计的读数）。

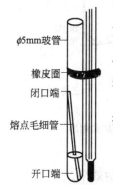

在所需馏分蒸出后，温度计读数会突然下降。此时应停止蒸馏。即使杂质很少，也不要蒸干，蒸馏瓶底部要剩余 1～2mL 液体，以免蒸馏瓶破裂发生其他意外事故。

4. 拆除蒸馏装置：蒸馏完毕，先关闭热源，再停止通冷却水，最后拆除蒸馏装置（与安装顺序相反）。

5. 所得馏分冷却、称重（减去接收瓶重），记录所得纯物质的质量。

还有一种微量测定沸点的装置见图4-6。

图 4-6 微量沸点测定装置

取一根内径 5mm、长 8～10cm 的玻璃管，用小火封闭一端，作为沸点管的外管，放入欲测定沸点的样品 3～4 滴。在此管中放入一根长 7～8cm、内径约 1mm、上端封闭的毛细管，把毛细管的开口端浸入样品中即制成微量沸点管。把微量沸点管贴在温度计水银球旁，见图4-6，像熔点测定那样将其固定在装有浴液的 b 形管中。小火加热，由于气体膨胀，内管中有断断续续的小气泡冒出来。当到达样品的沸点时，将出现一连串的小气泡，此时应停止加热。随着温度的下降，气泡的逸出速度逐渐减慢。记录最后一个气泡冒出且刚欲缩回到内管的瞬时温度。此时的温度即毛细管内液体的蒸气压与大气压的平衡温度，也就是此样品的沸点。

五、注意事项

1. 冷却水流速以能保证蒸汽充分冷凝为宜，通常只需缓缓水流即可。若水流过大，可能会撑开连接的胶管，扰乱实验过程。

2. 蒸馏有机溶剂均应用小口接收器，如锥形瓶等。

六、思考题

1. 什么叫沸点？液体的沸点和大气压有什么关系？

2. 蒸馏时加入沸石的作用是什么？如果蒸馏前忘记加沸石，能否立即将沸石加至将近沸腾的液体中？当重新蒸馏时，用过的沸石能否继续使用？

3. 为什么蒸馏时要严格控制温度，保证馏出液的速度以每秒1~2滴为宜？

实验 4-3　丙酮与水的分馏

一、实验目的

了解分馏原理及意义，熟悉并掌握常压分馏操作。

二、实验原理

蒸馏和分馏的基本原理是一样的，都是利用有机物的沸点不同，在蒸馏过程中低沸点组分先蒸出，高沸点组分后蒸出，从而达到分离提纯的目的。

不同点是：将液体加热沸腾后，使蒸汽通过冷凝装置冷却，又可凝结为液体收集起来，这种操作方法称为蒸馏。蒸馏是分离和提纯液态有机物的常用方法之一，也可用来测量液态物质的沸点（常量法）。但是用蒸馏方法分离混合组分时，要求被分离组分的沸点差要在30℃以上才能达到有效分离或提纯的目的。分馏在装置上比蒸馏多一个分馏柱，在分馏柱内反复进行汽化⇌冷凝过程，最终在分馏柱顶部出来的蒸汽为高纯度、低沸点组分，这样可以把沸点相差较小的混合组分有效地分离或提纯出来。

用图 4-7 表示蒸馏和分馏的分离效率。若混合组分形成共沸混合物，将不能用蒸馏或分馏的方法分离或提纯（见图 4-8）。

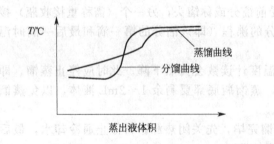

图 4-7　蒸馏和分馏曲线

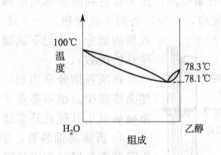

图 4-8　乙醇-水共沸相图

影响分离效率的因素：

1. 分馏柱效率——理论塔板数，一块理论塔板相当于一次普通蒸馏的效果。

2. 回流比——回流比越大，分馏效率越好（即馏出液速度太快时分离效果差）。

3. 分馏柱的保温。

三、实验内容

1. 丙酮-水混合物的分馏

按简单分馏装置图 4-9 安装仪器，并准备三只 15mL 的量筒作为接收器，编号 A、B、

C。在 50mL 圆底烧瓶内加入 15mL 丙酮、15mL 水及 1～2 粒沸石。用电热套开始缓慢加热，慢慢打开冷凝水开关（水流量不应过大，以免胶管崩开），准确调节热源温度（用调压电热套或调压器来控制温度），让蒸馏冷凝液以每 1～2s 一滴的速度蒸出。将初馏液接收于量筒 A，注意记录柱顶温度及接收器 A 的馏出液总体积。继续蒸馏，记录每增加 1mL 馏出液时的温度及总体积。温度达 62℃ 换量筒 B 接收，达 98℃ 时用量筒 C 接收，直至蒸馏烧瓶中残液为 1～2mL 时停止加热（A. 50～62℃，B. 62～98℃，C. 98～100℃）。记录三个馏分的温度和体积，待分馏柱内液体流回烧瓶时测量并记录残留液体积，以柱顶温度为纵坐标（℃），馏出液体积（mL）为横坐标绘制沸腾曲线。

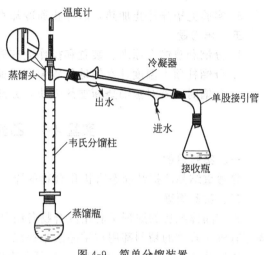

图 4-9　简单分馏装置

2. 丙酮-水混合物的蒸馏

为了比较蒸馏和分馏的分离效果，可将丙酮和水各 15mL 的混合液置于 60mL 蒸馏瓶中，进行蒸馏操作，蒸馏装置见图 4-5，调节电压，控制蒸馏速度，以蒸出 1～2 滴/s 为宜。重复步骤 1 的操作，按 1 中规定的温度范围收集 A′、B′、C′ 各馏分，记录三个馏分的温度和体积。实验数据记录格式如下：

分馏	馏出液体积/mL	第一滴	2	4	6	8	10	11	12	13	14	16	18	……
	温度/℃								62	62	62			
蒸馏	馏出液体积/mL													……
	温度/℃													

依据表中数据在同一坐标图上作分馏曲线和蒸馏曲线，对所得结果进行比较，讨论分离效果。

3. 将分馏和蒸馏后的各组分倒入指定的回收瓶中。

四、注意事项

1. 进行蒸馏操作时，有时发现馏出物的沸点常常低于（或高于）该化合物的沸点，有时馏出物的温度一直在上升，这种现象可能是液体混合组分比较复杂，沸点又比较接近的缘故，简单蒸馏难以将它们分开，可考虑用分馏。

2. 待液体开始沸腾，蒸汽进入分馏柱时，要注意调节温度，使蒸汽环缓慢而均匀地沿分馏柱壁上升。如果室温低或液体沸点较高时，为减少柱内热量散发，应将分馏柱用玻璃布和石棉绳包缠起来保温。在整个蒸馏过程中，应使温度计水银球上常有被冷凝的液滴，表明系统正处在汽液平衡状态。要防止液体在柱中"液泛"，所谓"液泛"是指蒸发速率增至某一程度时，上升的蒸汽把下降的液体顶上去，这样会破坏汽液平衡，降低分离效率。

3. 当蒸汽上升到分馏柱顶部，开始有液体馏出时，要更加注意调节浴温，控制馏出液的速度为每 1～2 秒一滴。如果分馏速度太快，产品纯度将下降。但也不宜太慢，以致上升的蒸汽时断时续，造成馏出温度的波动。

4. 若继续加热，不再有馏出液蒸出，温度突然下降时，应立即停止蒸馏。即使杂质量很少也不能蒸干，烧瓶中残液为 1～2mL 时要停止加热，否则易发生意外事故。

5. 实验完毕先停止加热，后停止通冷却水，拆卸仪器的步骤与安装顺序相反。

五、思考题

1. 分馏和蒸馏在原理、装置和操作上有哪些不同？
2. 分馏柱顶上温度计水银球位置偏高或偏低对温度计读数各有什么影响？
3. 分馏时，若对蒸馏烧瓶加热太快，分离两种液体的能力会显著下降，为什么？

实验 4-4　乙酰苯胺的重结晶

一、实验目的

熟悉重结晶法提纯固态有机化合物的原理和方法；掌握抽滤、热滤和脱色等基本操作。

二、实验原理

重结晶提纯法的原理是利用混合物各组分在溶剂中的溶解度不同使它们相互分离。许多固态有机化合物的精制都用重结晶法来提纯。

乙酰苯胺，$C_6H_5NHCOCH_3$，为无色有闪光的鱼鳞状晶体。相对分子质量 135.17，熔点 114～116℃，沸点 305℃，可用于退热镇痛药，俗称退热水。乙酰苯胺难溶于冷水，易溶于热水及乙醇、乙醚、氯仿、丙酮、甘油、苯等有机溶剂。因此可选择热水、乙醇等为重结晶溶剂。

三、实验内容

重结晶提纯法的一般过程为：

选择溶剂→溶解固体→去除杂质→晶体析出→晶体的收集与洗涤→晶体的干燥。

1. 称取 5g 乙酰苯胺，放入 250mL 锥形瓶中，加入约 50mL 纯水，加热至乙酰苯胺溶解。若不溶解，可适量添加少量热水，搅拌并加热至接近沸腾，使乙酰苯胺溶解。然后再多加约 20%～50% 的水（补充加热过程中的溶剂损失）。稍冷后，加入适量（一般为被提纯物质的 1%～5%，约 0.5g）活性炭（不要沸腾时加入，易引起爆沸）于溶液中，加盖表面皿用小火微沸约 5min。

2. 用热水漏斗保温，趁热过滤，见装置图 2-40（预先加热漏斗，叠菊花滤纸见图 4-10，准备烧杯接收滤液）。若使用有机溶剂进行重结晶，过滤时应先熄灭火焰或使用挡火板。

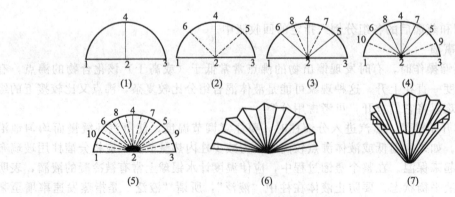

图 4-10　滤纸的折叠顺序

3. 滤液放置冷却至室温，结晶析出。

4. 抽滤装置如图 2-39。抽滤后用少量冷水洗涤晶体两次，尽量抽干。关闭抽滤装置（关闭抽滤装置的真空泵前要先打开安全瓶上的安全阀，防止倒吸），取出晶体，放在预先称重的表面皿上，晾干、称重，计算回收率。

四、思考题

1. 关闭抽滤装置时需注意什么问题？

2. 重结晶所用溶剂太多或太少，对结果有什么影响？如何正确控制溶剂量？

3. 重结晶用活性炭脱色时为什么不能把活性炭加入到沸腾的溶液中？

实验 4-5 醇和酚的性质

一、实验目的

了解并验证醇和酚的主要化学性质。

二、实验内容

（一）醇的性质

1. 醇钠的生成和水解：在两支试管中分别加入 1mL（约 1 滴管）正丁醇（要用干燥的试管）和 1mL 水，各加入绿豆大小的金属钠一小粒（切去表面氧化物），观察两者反应速率的差异。把生成醇钠的试管中加入 5 滴水和一滴酚酞，有什么现象？解释所发生的变化。有什么气体生成，应如何检验？

$$2R\text{—}OH + 2Na \Longrightarrow 2R\text{—}ONa + H_2 \uparrow$$

2. 醇与卢卡斯 Lucas（盐酸-氯化锌）试剂的作用：取三支干燥的试管编号，1 号试管中加 5 滴正丁醇；2 号试管中加 5 滴仲丁醇；3 号试管中加 5 滴叔丁醇，在 50～60℃水浴中预热片刻。然后向三支试管中分别加入 Lucas 试剂 1～2mL，用塞子塞住试管口，充分振摇后静置，温度最好保持在 26～27℃。注意最初 5min 及 1h 后混合物的变化，记录混合物变浑浊和出现分层的时间。解释实验现象。

不同类型的醇与 Lucas 试剂反应的速率不同，三级醇与卢卡斯试剂很快反应，生成的氯代烷立即分层；二级醇作用稍慢，静置片刻才变浑浊，最后分成两层；一级醇在常温下不发生作用，故可用来区别一、二、三级醇。

$$RCH_2\text{—}OH \xrightarrow{\text{Lucas 试剂}} RCH_2\text{—}Cl$$

3. 醇的氧化：取试管三支，分别加入正丁醇、仲丁醇、叔丁醇各 3 滴，再取试管一支，加 3 滴蒸馏水作为对照。然后各加入 6mol·L^{-1}盐酸 1 滴、0.5％高锰酸钾溶液 1 滴，振摇试管，观察并解释实验现象。

伯醇、仲醇可以被氧化剂（KMnO$_4$、K$_2$Cr$_2$O$_7$＋H$_2$SO$_4$）氧化，或在高温下脱氢，伯醇氧化成醛和酸，仲醇氧化成酮。叔醇不反应，因为它没有 α-H。

$$RCH_2OH \xrightarrow{\text{氧化剂}} RCHO \xrightarrow{\text{氧化剂}} RCOOH$$

$$\begin{matrix}R\\ \diagdown\\ \diagup\\ R\end{matrix}CHOH \xrightarrow{\text{氧化剂}} \begin{matrix}R\\ \diagdown\\ \diagup\\ R\end{matrix}C=O$$

4. 多元醇与氢氧化铜的反应：取试管两支，各加入 1mL 5％氢氧化钠溶液和 5 滴 10％的硫酸铜溶液，摇匀后分成两份，分别加入乙醇和甘油各 3 滴，振摇，观察现象。然后往深蓝色溶液中滴加浓盐酸到酸性，观察并解释实验现象。

$$\begin{matrix}CH_2\text{—OH}\\ |\\ CH\text{—OH}\\ |\\ CH_2\text{—OH}\end{matrix} + Cu(OH)_2 \longrightarrow \begin{matrix}CH_2\text{—O}\\ |\quad\diagdown\\ CH\text{—O}\quad Cu\\ |\\ CH_2\text{—OH}\end{matrix} + 2H_2O$$

甘油铜（深蓝色）

（二）酚的性质

1. 酚的弱酸性试验

① 取蓝色石蕊试纸一小片，放在表面皿上，用蒸馏水润湿，在试纸上加 1 滴苯酚饱和溶液，观察试纸的变化，解释实验现象。

② 在试管中加苯酚饱和溶液 5 滴，然后滴加 5％氢氧化钠溶液，直至溶液澄清为止；再往试管中滴加 6mol·L^{-1}的盐酸溶液到酸性，有何现象发生？解释实验现象。

2. 溴与苯酚的反应：在试管中加入苯酚饱和溶液 2 滴，用水稀释至 2mL，逐滴加饱和溴水，直至白色沉淀生成，继续滴加溴水，有何现象？观察并解释实验现象。

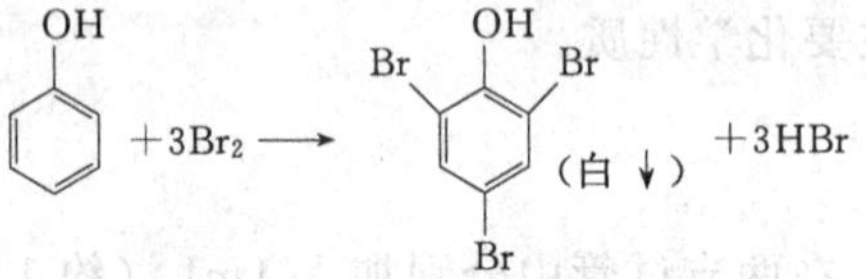

滴加过量溴水，则白色的三溴苯酚就转化为淡黄色的难溶于水的四溴化物：

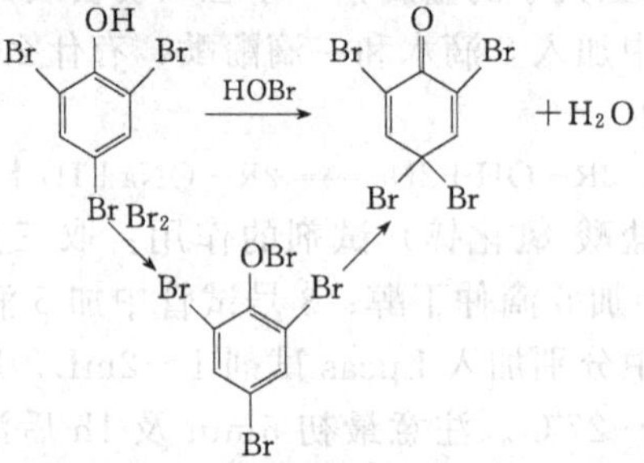

3. 酚与三氯化铁的反应：取试管三支，分别加苯酚饱和溶液 2 滴、邻苯二酚和对苯二酚少许（米粒大小），每个试管加约 2mL 水。分别加 1％三氯化铁溶液 1 滴，振摇试管，观察实验现象。

含酚羟基的化合物大多数都能与三氯化铁发生络合反应显色，且不同的酚可呈现不同的颜色。如苯酚、间苯二酚显紫色；邻苯二酚和对苯二酚显绿色等，常用于酚类的鉴别。例：

$$FeCl_3 + 6C_6H_5OH \longrightarrow [Fe(OC_6H_5)_6]^{3-} + 6H^+ + 3Cl^-$$
蓝紫色

4. 酚的氧化反应：在试管中加入饱和苯酚溶液 10 滴，加入 5％氢氧化钠溶液 5 滴，再加 0.5％高锰酸钾溶液 1 滴，观察并解释实验现象。

酚类比芳香烃更容易氧化，苯酚在碱性溶液中被高锰酸钾氧化后生成复杂的混合物，高锰酸钾本身被还原为二氧化锰沉淀析出。主要反应为：

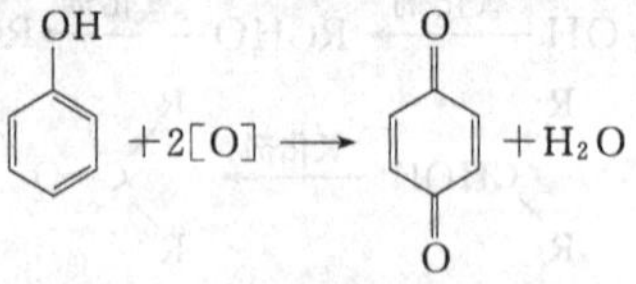

三、思考题

1. Lucas 试剂可以鉴别伯醇、仲醇和叔醇？如何根据反应现象进行判别？

2. 为什么多元醇能溶解氢氧化铜？生成什么物质？

3. 苯酚为什么能溶解于氢氧化钠溶液中？

实验 4-6　醛、酮的制备和性质

一、实验目的

通过实验，加深对醛、酮化学性质的认识，掌握鉴别醛、酮的方法。

二、实验内容

（一）醛的制备

醛类可由伯醇氧化或脱氢制得。实验室常用乙醇与重铬酸钾反应制乙醛：

$$3CH_3CH_2OH + K_2Cr_2O_7 + 4H_2SO_4 \longrightarrow 3CH_3CHO + K_2SO_4 + Cr_2(SO_4)_3 + 7H_2O$$

可用酮催化脱氢制甲醛：

$$CH_3OH \xrightarrow[Cu]{-2H} \ H-\overset{\displaystyle O}{\overset{\|}{C}}-H$$

1. 乙醇氧化制乙醛：在一连通导管的支管试管中依次加入 0.5g 重铬酸钾、2mL 乙醇、2mL $3mol \cdot L^{-1}$ 的硫酸，支管试管加塞，连通导管通入装有 2mL 水的试管中，水浴加热支管试管中的混合物。为了提高吸收效果，接收试管可放在冷水中冷却。待反应停止后，应先将导管拿出水面再停止加热，以防倒吸。制得乙醛溶液留做后边实验鉴定。

2. 甲醇脱氢制甲醛：在一支试管中加入甲醇 2～3mL，将一段螺旋状铜丝在酒精灯上烧红后投入甲醇，并用塞子塞紧试管口，冷却反应物后重复操作 7～8 次，可得甲醛溶液。

（二）甲醛、乙醛、丙酮的性质

1. 腙类的生成反应：取四支试管编号，各加 2,4-二硝基苯肼试剂 10 滴，然后分别加入甲醛、乙醛、丙酮、苯甲醛溶液各 3 滴，振摇试管，观察现象并写出相关反应式。

与 2,4-二硝基苯肼加成反应通式：

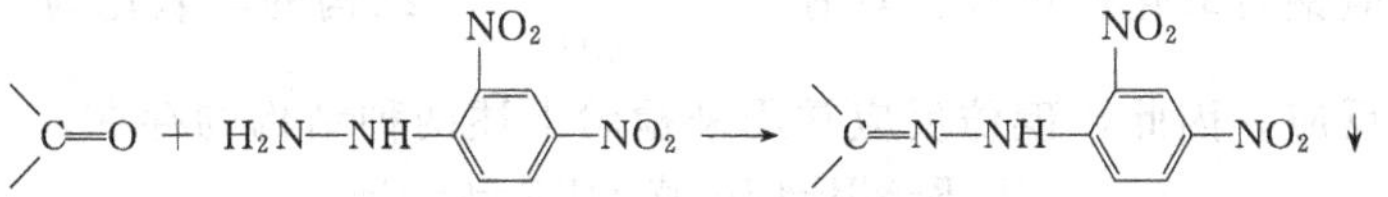

所有醛、酮均有此反应，生成黄色、橙色或橙红色的 2,4-二硝基苯腙沉淀。2,4-二硝基苯腙易纯化，有固定的熔点，是鉴定醛、酮的主要方法。

2. 银镜（Tollen）反应：取 1 支干净的试管，加入 2mL 2% 的硝酸银溶液和 2 滴 5% 的氢氧化钠溶液，然后逐滴加入 $2mol \cdot L^{-1}$ 氨水，直到生成的氧化银沉淀恰好溶解为止，再过量 2 滴。把配好的溶液分到三支干净的试管中，然后分别加甲醛溶液、乙醛、丙酮各 1 滴，摇匀，放在 80℃ 左右的水浴中（不能沸腾，否则影响实验效果）加热，观察并解释实验现象。

$$RCHO + 2[Ag(NH_3)_2]OH \longrightarrow RCOONH_4 + 2Ag\downarrow + 3NH_3 + H_2O$$

3. 斐林（Fehling）反应：在大试管中将斐林 A 和斐林 B 试剂各 2mL 混合均匀，然后分装到四支试管中，分别加入甲醛溶液、乙醛、丙酮、苯甲醛各 1 滴，振摇，放在沸水浴中加热 2～3min，观察并解释实验现象。

斐林试剂是由等体积的硫酸铜与酒石酸钾钠的氢氧化钠溶液混合而成，脂肪醛能使铜离子还原成红色氧化亚铜沉淀，常用该试剂检验脂肪醛的存在：

$$RCHO + 2Cu(OH)_2 + NaOH \longrightarrow RCOONa + Cu_2O\downarrow + 3H_2O$$

4. 希夫（Schiff）反应：取三支试管，各加希夫试剂 1mL（约 1 滴管），然后分别加甲醛溶液、乙醛、丙酮各 1～2 滴，振荡试管，观察并解释实验现象。在显色反应的甲醛、乙醛溶液中滴加浓 H_2SO_4，有什么现象？用此方法可区别甲醛和其他醛类。

希夫（Schiff）试剂 由品红溶液加入二氧化硫到桃红色褪尽而成，它与醛反应呈紫红色（注意与原来的颜色不同）。且加大量强酸（浓盐酸或浓硫酸）后，唯甲醛的紫红色不褪。因此，此试剂不仅可以区别出醛、酮，还能检验出甲醛和其他醛。反应式如下：

品红（桃红色）　　　　　　　　　　　　　　　　Schiff 试剂（无色）

$$\xrightarrow[-H_2SO_3]{2RCHO} \left[H_2N^+ \!\!=\!\!\!\! \bigcirc \!\!\!\!=\!\! C \!\!\!\! \bigcirc \!\!\!\!-NH-\overset{\overset{\displaystyle O}{|}}{\underset{\underset{\displaystyle O}{|}}{S}}\!-\!\overset{\overset{\displaystyle OH}{|}}{\underset{}{CH}}\!-\!R \right]_2 Cl^-$$

紫红色

进行希夫反应时应注意：①此试剂不能受热，不能呈碱性，否则会失去二氧化硫，恢复品红的颜色，应在冷却或酸性条件下与醛进行反应。②一些酮和不饱和化合物能与亚硫酸作用使试剂恢复品红原来的颜色（不是紫色）。

5.碘仿反应：取试管五支，分别加 3 滴甲醛、乙醛、丙酮、乙醇、异丙醇，再各加碘溶液 10 滴，然后分别滴加 5% 氢氧化钠溶液至碘的颜色刚好褪去。观察并解释实验现象。

在乙醛和甲基酮分子中，α-碳原子上连有 3 个氢原子（称 α-H）具有活泼性，与碘的氢氧化钠溶液作用时，三个氢易被碘取代生成三碘代醛或三碘代酮，三碘代物不稳定，易分解成羧酸盐和黄色沉淀——碘仿。反应如下：

$$I_2 + 2NaOH \longrightarrow NaIO + NaI + H_2O$$

$$(H)R-\overset{\overset{\displaystyle O}{\|}}{C}-CH_3 + 3NaIO \longrightarrow (H)R-\overset{\overset{\displaystyle O}{\|}}{C}-CI_3 + 3NaOH$$

$$(H)R-\overset{\overset{\displaystyle O}{\|}}{C}-CI_3 + NaOH \longrightarrow (H)R-\overset{\overset{\displaystyle O}{\|}}{C}-ONa + CHI_3\downarrow$$

另外，次碘酸钠有氧化性可以把具有 $(H)R-\overset{}{\underset{\underset{\displaystyle OH}{|}}{CH}}-CH_3$ 结构的醇氧化为 $(H)R-\overset{\overset{\displaystyle}{}}{\underset{\underset{\displaystyle O}{\|}}{C}}-CH_3$，也能发生上述碘仿反应。因此，碘仿反应常用来检验下述两种结构的存在：

$$(H)R-\underset{\underset{\displaystyle OH}{|}}{CH}-CH_3 \quad 或 \quad (H)R-\underset{\underset{\displaystyle O}{\|}}{C}-CH_3$$

乙醛和甲基酮，以及能氧化生成乙醛和甲基酮的醇都有碘仿反应。反应用样品（如丙酮）不能过多，加碱不要过量，加热不能过久，否则都能使生成的碘仿溶解或分解而干扰反应。

三、思考题

1. 鉴别醛和酮有哪些方法？
2. 进行银镜反应应注意什么？
3. 哪些物质有碘仿反应？进行碘仿反应时应注意什么？

<h2 align="center">实验 4-7　糖类的化学性质</h2>

一、实验目的

验证糖类物质的主要化学性质；进行糖类物质的鉴别试验。

二、简单原理

糖类化合物也称碳水化合物，是自然界分布最广的一类有机物。糖类的化学结构是多羟基醛或多羟基酮及其脱水缩合物。糖类化合物根据能否水解及水解产物的情况分为三类。

单糖：不能水解的多羟基醛或酮。如葡萄糖、果糖、半乳糖、核糖等。

低聚糖：又称寡糖，由 2~10 个单糖分子缩合而成。能水解成两分子单糖的叫双糖（或二糖）。双糖是最重要的低聚糖，如蔗糖、麦芽糖、乳糖等。

多糖：又称高聚糖。一分子多糖水解后可产生几百以至数千个单糖。多糖是由许多单糖聚合而成的天然高聚物，如淀粉、糖原、纤维素等。

糖类通常还可分为还原糖和非还原糖。还原糖的分子结构中，由于含有游离的半缩醛（酮）羟基，在水中能形成开链结构，所以具有还原性，可以使托伦（Tollen）试剂、斐林

（Fehling）试剂还原，呈阳性反应；而非还原糖不含半缩醛（酮）羟基，在水中不能形成开链结构，因此无还原性，不能使上述两种试剂还原。如葡萄糖、果糖、麦芽糖是还原糖，而蔗糖是非还原糖。

鉴定糖类物质的定性反应是莫利施（Molish）反应，即在浓硫酸作用下，糖与 α-萘酚作用生成紫色环。

间苯二酚反应（Seliwanoff 反应）用来区别酮糖和醛糖。酮糖与间苯二酚溶液生成鲜红色沉淀。

淀粉的碘实验，是鉴定淀粉的灵敏方法。此外，糖脎的晶形、生成时间，糖类物质的比旋光度等对鉴定糖类物质都有一定的意义（见表 4-2）。

表 4-2　几种糖脎析出的时间、颜色、熔点和比旋光度

糖的名称	析出糖脎所用时间/min	颜色	熔点/℃	比旋光度[α]$_D^{20}$
果糖	2	深黄色针状结晶	204	−92
葡萄糖	4～5	深黄色针状结晶	204	+47.7
麦芽糖	冷却后析出	黄色针状结晶		+129.0
蔗糖	30(转化后生成)	黄色结晶		+66.5
木糖	7	橙黄色结晶	160	+18.7
半乳糖	15～19	橙黄色针状结晶	196	+80.2

三、实验内容

（一）糖的还原性

1. 与斐林（Fehling）试剂[1]反应：在四支试管中分别滴加斐林溶液 A 和 B 各 5 滴，混合均匀后，编号，放在水浴中加热煮沸。再分别滴加 2％葡萄糖、果糖、蔗糖、麦芽糖溶液各 5 滴，摇匀，放在水浴中加热 2～3min，观察并解释发生的现象。

斐林试剂是由等体积的硫酸铜与酒石酸钾钠的氢氧化钠溶液混合而成，半缩醛（酮）羟基能使铜离子还原成红色氧化亚铜沉淀。反应如下：

$$2Cu^{2+} + 4OH^- + C_6H_{12}O_6 \text{（葡萄糖）} \xrightarrow{\triangle} C_6H_{12}O_7 \text{（葡萄糖酸）} + Cu_2O\downarrow \text{（橘红色）} + 2H_2O$$

与班氏试剂[1]的反应（选做）：取试管四支，编号。各加班氏试剂 10 滴，用小火微微加热至沸，再分别加入 2％的上述各种糖溶液 5 滴，摇匀，放在水浴中加热 2～3min，观察实验现象。

2. 与托伦（Tollen）试剂的反应：在一支干净的试管中加入 2mL 2％的硝酸银溶液和 2 滴 5％的氢氧化钠溶液，然后逐滴加入 2mol·L^{-1} 氨水，直到生成的氧化银沉淀恰好溶解为止，再过量 2 滴。然后把配好的托伦试剂分到四支干净的试管中，编号。分别滴加 2％葡萄糖、果糖、蔗糖、麦芽糖溶液各 5 滴，摇匀，放在 80℃左右的水浴中（不能沸腾，否则影响实验效果）加热，观察并解释实验现象。反应为：

$$2[Ag(NH_3)_2]^+ + 2OH^- + C_6H_{12}O_6 \longrightarrow C_6H_{11}O_7NH_4 + H_2O + 3NH_3 + 2Ag\downarrow \text{（银镜）}$$

（二）糖的颜色反应

1. 莫利施（Molish）[2]反应：取试管四支，编号，分别加入 2％葡萄糖、果糖、麦芽糖、蔗糖各 10 滴，再各加 2 滴莫利施试剂，摇匀。把盛有糖溶液的试管倾斜成 45°，沿试管壁慢慢流入浓硫酸 1mL（约 1 滴管），由于相对密度不同，硫酸与糖溶液之间有明显的分界面，观察两层之间分界面的颜色变化。数分钟内如无颜色出现，可在水浴上温热再观察变化（注意不要振动试管），观察并解释实验现象。

单糖在浓无机酸的作用下脱水生成糠醛或糠醛的衍生物。戊糖变成糠醛，己糖生成 5-羟甲基糠醛。如：

生成的糠醛衍生物可与酚或芳胺类缩合，生成有色化合物，经常用于糖的鉴别反应。如莫利施（Molish）反应和西里瓦诺夫（Seliwanoff）反应。

Molish 反应用浓硫酸作脱水剂，再与两分子 α-萘酚缩合成醌型化合物显紫色，反应为：

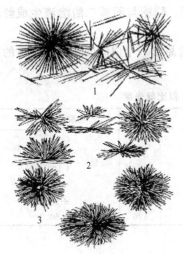

图 4-11 几种重要的糖脎

1—葡萄糖脎；2—麦芽糖脎；3—乳糖脎

2. 间苯二酚（西里瓦诺夫 Seliwanoff)[3]反应：取试管两支，各加西里瓦诺夫试剂 10 滴，在两支试管中分别加入 2％葡萄糖、果糖溶液各 5 滴，摇匀，在沸水浴中加热 1～2min 观察颜色变化，继续加热后再观察，解释实验现象？

该反应是鉴定酮糖的特殊反应。酮糖在酸的作用下较醛糖更易生成羟甲基糠醛，再与间苯二酚作用生成鲜红色复合物，反应仅需 20～30s。醛糖在浓度较高时或长时间煮沸，才产生微弱的阳性反应。

3. 淀粉与碘的反应

向 1mL1％的淀粉溶液中加入 9mL 水，充分混合后向此稀溶液中加入 2 滴碘溶液[4]。此时溶液中大约含有万分之七的淀粉，由于淀粉与碘生成分子复合物而呈蓝色。将此蓝色溶液每次稀释 10 倍（即每次用 1mL 溶液加 9mL 水），直至蓝色溶液变得很浅，粗略地推测此时溶液中的淀粉浓度大约是百万分之几。也就是说，当淀粉的浓度在百万分之几的浓度时，仍能给出碘试验的正性结果。

将碘试验呈正性结果的溶液加热，结果如何？放冷后，蓝色是否再现？解释实验现象。

（三）糖脎的生成

取四支试管编号，分别加入 10 滴 2％葡萄糖、果糖、蔗糖、麦芽糖，再各加入新配制的苯肼试剂[5]20 滴，在沸水浴中加热，比较生成糖脎结晶的速率，随时将出现沉淀的试管取出，记录成脎时间。加热 20min 后，将所有试管取出，在室温下慢慢冷却（二糖的糖脎能溶于热水，直到溶液冷却才析出沉淀）。用玻璃棒蘸出少量结晶，放在载玻片上，在显微镜（80～100 倍）下观察结晶的形状。几种重要的糖脎见图 4-11。

凡保留有半缩醛（酮）结构的单糖或二糖，均能够与苯肼缩合成黄色结晶沉淀——糖脎。从糖变成糖脎，引入了两个苯肼基，分子量增加一倍以上，水溶性大大降低，容易析出结晶。不同的糖脎晶型不同，成脎所需要的时间也不同，并各有一定的熔点，所以成脎反应常用于糖的鉴定。如葡萄糖与苯肼反应：

$$\begin{array}{c} CHO \\ H—OH \\ HO—H \\ H—OH \\ H—OH \\ CH_2OH \end{array} \quad + \quad 3H_2N—NH—\bigcirc \quad \longrightarrow \quad \begin{array}{c} CH=N—NH—\bigcirc \\ C=N—NH—\bigcirc \\ HO—H \\ H—OH \\ H—OH \\ CH_2OH \end{array}$$

(四) 蔗糖与淀粉的水解

1. 在试管中加入 2% 蔗糖溶液 20 滴，浓盐酸 1 滴摇匀，放在沸水浴中加热 3～5min。放冷，逐滴加入 5% 氢氧化钠溶液中和至弱酸性，用此水解液分别做斐林实验和银镜实验（蔗糖水解为葡萄糖和果糖后，具有还原性），并与蔗糖对比，解释实验现象。

2. 在试管中加入 1% 的淀粉溶液 6mL，浓盐酸 2 滴，摇匀。放在沸水浴中加热。取出少许，用碘溶液试验不变色时即水解完全。取出 2mL，用 5% 氢氧化钠溶液中和至弱碱性，用此水解液分别做斐林实验或银镜实验。观察并解释实验现象。水解反应如下：

$$(C_6H_{10}O_5)_n \xrightarrow{H_2O} (C_6H_{10}O_5)_y \xrightarrow{H_2O} C_{12}H_{22}O_{11} \xrightarrow{H_2O} C_6H_{12}O_6$$
$$\quad\;\text{淀粉} \qquad\qquad\quad \text{糊精} \qquad\qquad\quad \text{麦芽糖} \qquad\quad \text{葡萄糖}$$

四、思考题

1. 用什么方法可证明化合物是糖？还原糖或非还原糖、醛糖或酮糖？

2. 蔗糖和淀粉与 Benedict 试剂均无作用。此实验对了解二者的结构有何提示？

3. 在糖的还原性试验中，蔗糖与斐林试剂、班氏试剂或托伦试剂长时间加热后，也可能会得到阳性结果，这是什么原因？

4. 斐林试剂与班氏试剂有哪些异同点？

5. 用间苯二酚反应来区别酮糖（果糖）和醛糖（葡萄糖），在实验操作中要注意什么？

五、附注

[1] 班氏试剂比较稳定，可以贮存，可代替斐林试剂做糖还原性实验，实验现象与斐林试剂相同。

斐林试剂 A：溶解 3.5g 硫酸铜晶体（$CuSO_4 \cdot 5H_2O$）于 100mL 蒸馏水中，浑浊时过滤。

斐林试剂 B：溶解酒石酸钾钠晶体 17g 于 15～20mL 热水中，加入 20mL 20% 的 NaOH，稀释至 100mL。此两种溶液要分别贮藏，使用时取两种试剂 A 和 B 等量混合。

班氏试剂：将 170g 柠檬酸钠和 100g 无水碳酸钠溶于 800mL 水中；另将 17g 硫酸铜溶于 100mL 热水中。将硫酸铜溶液缓缓倾入柠檬酸钠-碳酸钠溶液中，边加边搅，最后定容至 1000mL。该试剂可长期使用。

[2] Molish 试剂：取 5g α-萘酚用 95% 乙醇溶解至 100mL，临用前配制，棕色瓶保存。

此颜色反应很灵敏。如果操作不慎，甚至将滤纸毛或碎片落于试管中，都会得到正性结果。但正性结果不一定都是糖。

[3] 间苯二酚（Seliwanoff）溶液的配制：0.01g 间苯二酚溶于 10mL 浓盐酸和 10mL 水中，混匀即成。

[4] 碘溶液：2g 碘和 5g 碘化钾于 100mL 水中。

[5] 苯肼试剂的配制：溶解 4mL 苯肼于 4mL 冰醋酸和 36mL 水中。加 0.5g 活性炭，搅拌后过滤，把滤液保存在棕色试剂瓶中备用；或溶解 5g 苯肼盐酸盐于 160mL 水中（必要时可微热助溶），加活性炭脱色，然后加 9g 结晶醋酸钠搅拌溶解，棕色瓶贮存备用。苯肼试剂放置时间过久会失效。苯肼有毒！使用时要避免与皮肤接触。如不慎触及，应先用 5% 醋酸溶液冲洗，再用肥皂洗净。

实验 4-8 氨基酸、蛋白质的性质

一、实验目的
验证氨基酸、蛋白质的主要化学性质；熟悉氨基酸、蛋白质的鉴别试验。

二、简单原理

蛋白质是由 α-氨基酸通过肽键（$-\overset{H}{\underset{}{N}}-\overset{O}{\underset{}{C}}-$）缩合而成的大分子化合物。因分子中有游离的氨基和羧基，可以发生两性解离，且正、负电荷相等时的 pH 值称为蛋白质的等电点。蛋白质具有亲水胶体性质和生物活性，在加热或与某些金属离子、酸、碱、盐、有机溶剂等作用下可以诱发蛋白质变性，变性常表现为凝固或沉淀。变性后的蛋白质因结构变化会丧失生物活性。若蛋白变性的程度较轻，去除变性因素后还可以恢复其结构和活性，称为复性。

蛋白质可与茚三酮反应显色；还可以发生双缩脲反应；氨基酸或蛋白质分子中含有苯环结构时，还可以发生黄蛋白反应。这些特征反应均可用于蛋白质和某些氨基酸的鉴别。

三、实验内容

（一）蛋白质的沉淀与凝固

1. 重金属沉淀作用：在三支盛有 1mL（约 1 滴管）清蛋白溶液[1]的试管中分别滴加饱和 $CuSO_4$、$Pb(Ac)_2$、$HgCl_2$ 溶液，观察并解释实验现象？

蛋白质遇到重金属离子时，可转变为蛋白质的重金属盐沉淀，同时引起蛋白质变性。在生化分析上常用此法除去溶液中的蛋白质。需要注意的是用重金属盐沉淀蛋白质时，不要过量，否则会发生盐效应，反而使其溶解。

2. 盐析：在盛有 1mL 清蛋白溶液的试管中加入 1mL 饱和 $(NH_4)_2SO_4$ 溶液，将混合物稍加振荡，因析出清蛋白使溶液变浑或絮状沉淀。在此浑浊液中加入 1~3mL 水振荡，观察沉淀溶解（常用盐析的方法分离某些蛋白质）。

3. 乙醇沉淀蛋白质：在试管中加入 5 滴清蛋白溶液，沿试管壁加入 10 滴无水乙醇，摇匀，静置数分钟，观察溶液是否出现浑浊？

4. 生物碱沉淀蛋白质：在两支盛有 0.5mL 清蛋白溶液的试管中分别加入 5%HAc 至弱酸性，然后分别滴加饱和苦味酸和鞣酸溶液，观察沉淀的生成。

在弱酸性条件下，蛋白质以正离子形式与生物碱的负离子发生反应，生成难溶性复盐。

5. 加热蛋白质：在试管中加入 1mL 清蛋白溶液，置沸水浴中加热 5min，可以观察到蛋白质凝成絮状（变性）。如果把絮状蛋白质取出一些放在水里，发现它不能再溶解了，认真观察此实验过程。

（二）颜色反应

1. 与茚三酮[2]反应：在 4 支试管中分别加入 1%甘氨酸、酪氨酸、色氨酸、清蛋白溶液各 1mL，加入茚三酮试剂 2~3 滴，沸水浴中加热 10~15min，观察现象。

除脯氨酸、羟脯氨酸与茚三酮反应生成黄色物质外，其他 α-氨基酸及所有蛋白质都与茚三酮反应生成蓝紫色物质。反应分为两步进行，第一步是氨基酸被茚三酮氧化成 CO_2、NH_3 和醛，水合茚三酮生成还原型茚三酮；第二步是还原型茚三酮与氨和另一个水合茚三酮分子缩合生成有色物质。

茚三酮　　　　　　　水合茚三酮

第一步：

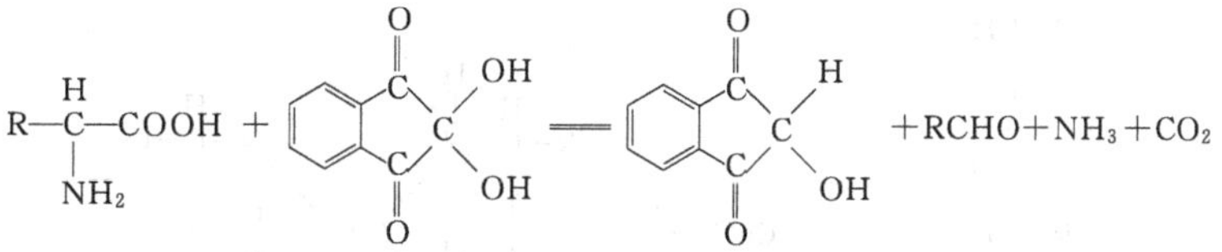

第二步：

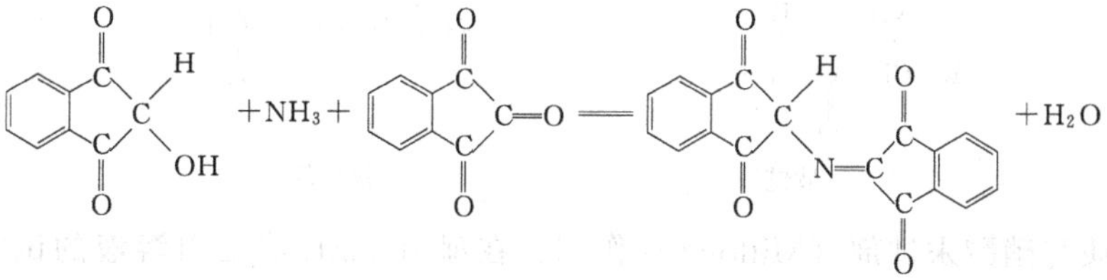

此反应的适宜 pH 值为 5～7，同一浓度的蛋白质或氨基酸在不同 pH 值条件下的颜色深浅不同，酸度过大时甚至不显色。

2. 黄蛋白反应：在试管中加入 1mL 清蛋白溶液和 1mL 浓 HNO_3，加热煮沸，观察现象？冷却后加入过量浓氨水或 20% 的氢氧化钠溶液，黄色转变成棕黄色。再酸化，又变为黄色。这个反应称为黄蛋白反应。

含有苯环结构的氨基酸，如酪氨酸和色氨酸，遇硝酸后被硝化成黄色物质，该化合物在碱性溶液中进一步形成棕黄色的硝醌酸钠。多数蛋白质分子含有带苯环的氨基酸，所以有黄色反应，苯丙氨酸不易硝化，需加入少量浓硫酸才有黄色反应。

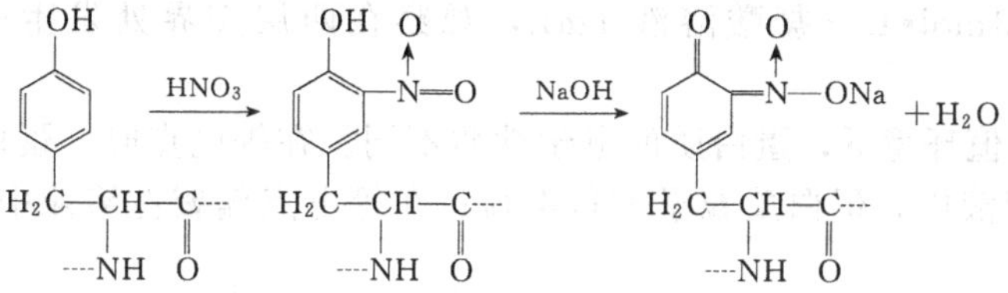

3. 蛋白质的双缩脲反应：在盛有 5 滴清蛋白溶液和 5 滴 20%NaOH 溶液的试管中，加 1 滴 10% 的 $CuSO_4$ 溶液水浴加热，有何现象？取 1% 甘氨酸做对比试验，又有何现象？

尿素加热至 180℃ 左右，生成双缩脲并放出一分子氨。双缩脲在碱性环境中能与 Cu^{2+} 结合生成紫红色化合物，此反应称为双缩脲反应。蛋白质分子中氨基酸之间有肽键，其结构与双缩脲相似，也能发生此反应。可用于蛋白质的定性和定量测定，如：

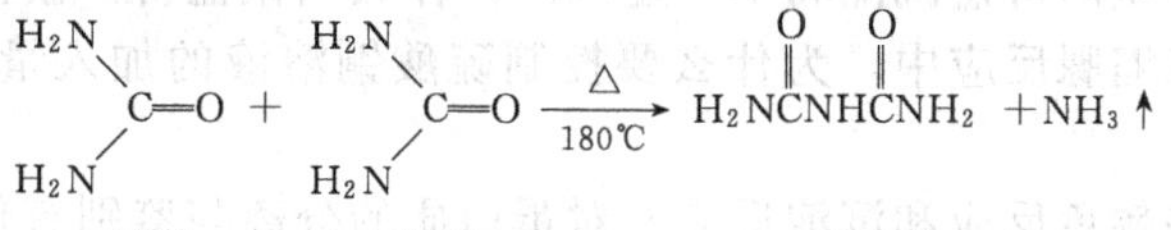

尿素　　　　尿素　　　　　　　双缩脲

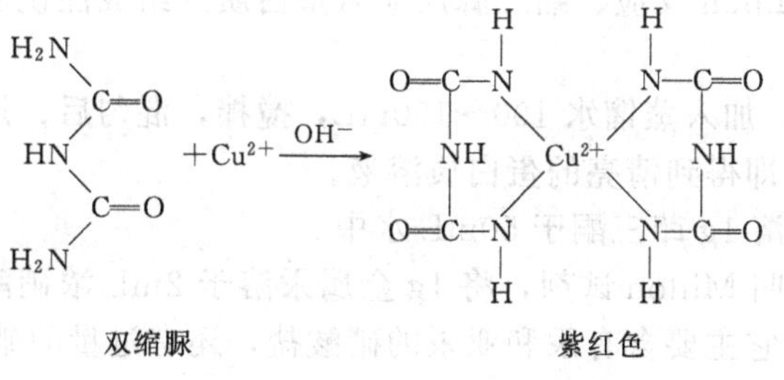

双缩脲　　　　　　　紫红色

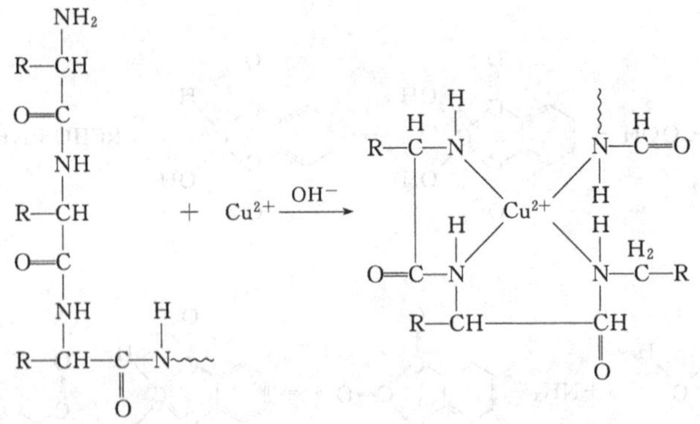

肽链　　　　　　　　　　　　　紫红色

4. 蛋白质与硝酸汞试剂（Millon）[3]作用：在盛有 1mL 清蛋白溶液的试管中，加入硝酸汞试剂 1 滴，观察现象。小心加热，此时原先析出的白色絮状物是否聚集成块状，并显砖红色？有时溶液也呈红色。用酪氨酸重复上述过程，现象如何？

只有结构中含有酚羟基的蛋白质，才能与硝酸汞试剂显砖红色。在氨基酸中只有酪氨酸含有酚羟基，所以凡能与硝酸汞试剂显砖红色的蛋白质，其组成中必含有酪氨酸残基。

（三）蛋白质与酸碱反应

1. 蛋白质的两性反应：取两支试管，各加清蛋白溶液 1mL。试管 1 加 $3mol \cdot L^{-1}$ 盐酸 1mL，试管 2 加 5％的氢氧化钠溶液 1mL，观察现象。沿试管 1 壁慢慢加入 5％氢氧化钠溶液 1mL，不要摇动，即分成上下两层，观察在两层交界处发生的现象；试管 2 按相同方法加入 $3mol \cdot L^{-1}$ 盐酸溶液 1mL，观察在两层交界处发生的现象。解释上述现象。

在不同的 pH 值环境下，蛋白质的电学性质不同。在等电点时，蛋白质的溶解度最小；在等电点偏酸性溶液中，蛋白质粒子带负电荷；在等电点偏碱性溶液中，蛋白质粒子带正电荷。

2. 用碱分解蛋白质：取 1mL 清蛋白放入试管中，加入 2mL 20％NaOH，煮沸 2～3min，析出沉淀，继续沸腾时，沉淀又溶解，放出氨气，可用湿润红色石蕊试纸检验。

上述溶液中加入 1mL 10％$Pb(NO_3)_2$ 溶液，煮沸，观察现象？起初生成白色的氢氧化铅沉淀，在过量碱液中生成 $[Pb(OH)_3]^-$ 溶解。如果蛋白质有硫析出则生成硫化铅沉淀，清亮的液体逐渐变成棕色或黑色。

四、思考题

1. 怎样区分蛋白质的可逆沉淀和不可逆沉淀？什么叫做盐析？盐析和变性有何区别？

2. 在蛋白质的双缩脲反应中，为什么要控制硫酸铜溶液的加入量？过量的硫酸铜会导致什么结果？

3. 蛋白质有哪些颜色反应和沉淀反应？对蛋白质的分离与鉴别有什么意义？

4. 黄蛋白反应、Millon 反应、缩二脲反应对蛋白质的组成能说明什么？

五、附注

[1] 取蛋清 25mL，加入蒸馏水 100～150mL，搅拌，混匀后，用 3～4 层纱布或丝绸过滤，滤去析出的球蛋白即得到清亮的蛋白质溶液。

[2] 茚三酮试剂：溶 1g 茚三酮于 50mL 水中。

[3] 硝酸汞试剂也叫 Millon 试剂，将 1g 金属汞溶于 2mL 浓硝酸中，用两倍的水稀释，放置过夜，过滤即得。它主要含有汞和亚汞的硝酸盐，还有过量的硝酸和少量亚硝酸。

实验 4-9 从茶叶中提取咖啡因

一、实验目的

学习生物碱的提取方法。了解咖啡因的性质。学习索氏（Soxhlet）提取器（又称脂肪提取器）的作用及使用方法。

二、简单原理

茶叶中含有多种生物碱，其主要成分为咖啡碱（又名咖啡因，学名 1,3,7-三甲基-2,6-二氧嘌呤）含 1‰～5‰，红茶含量稍高，绿茶含量较低。还有少量的茶叶碱和可可豆碱，它们的结构如下：

咖啡因   可可豆碱   茶叶碱

咖啡因具有刺激心脏、兴奋大脑神经和利尿等作用，因此可用作中枢神经兴奋剂。咖啡因 100℃开始升华，178℃可升华为针状晶体，无水物的熔点为 235℃。咖啡因易溶于热水（约 80℃）、乙醇、丙酮、二氯甲烷、氯仿。可可豆碱能溶于热水，难溶于冷水、乙醇。茶叶碱易溶于沸水，微溶于冷水、乙醇。提取茶叶中的咖啡因，常利用适当的溶剂（氯仿、乙醇等）在索氏提取器中连续抽提，然后蒸去溶剂，再利用升华的方法，将咖啡因从其他一些生物碱和杂质中提取出来。

三、实验内容

（一）方法一

1. 仪器安装：索氏（Soxhlet）提取器（如图 4-12 所示）。

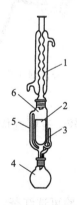

图 4-12 索氏提取器
1—冷凝管；2—装样品滤纸袋；3—虹吸管；
4—烧瓶；5—溶剂蒸气上升装置；6—提取管

图 4-13 升华少量
物质的沙浴

2. 提取：称取干茶叶 8g[1]，放入用滤纸卷好的套筒中[2]，将滤纸套筒两端都封死后放入索氏提取器的抽提筒中，轻轻压实。烧瓶内加入 80～100mL 95％乙醇（占烧瓶容积的1/2～2/3），电热套加热，回流提取，直到提取液颜色较浅（约 1.5h）为止，待冷凝液刚刚虹吸下去时即可停止加热。

稍冷后将仪器改装成蒸馏装置（见图 4-5），加热回收乙醇，使蒸馏瓶中液体剩约 15mL时，趁热倒入蒸发皿。

3. 提取液的定性检测：取样品液 2 滴于点滴板上，喷上酸性碘-碘化钾试剂，可见棕色（咖啡因）、红紫色（茶叶碱）和蓝紫色（可可豆碱）化合物生成。

4. 升华：将蒸发皿中的提取液，拌入 2～3g 生石灰粉[3]，搅成糊状，在蒸气浴（烧杯装水）上蒸干，使成粉状（不断搅拌，压碎块状物）。最后将蒸发皿移至铺有 1cm 厚细砂的铁盘上，放在石棉网上用酒精灯小火加热，砂层温度不超过 110℃，焙炒片刻，使水分全部除去[4]。冷却后，擦去粘在边上的粉末，以免升华时污染产品。

在蒸发皿上盖一张刺有许多小孔且孔刺向上的滤纸，取一只大小合适的玻璃漏斗，颈部塞一小团棉花，罩在蒸发皿上，用沙浴小心加热升华[5]（装置如图 4-13）。适当控制温度，尽可能使升华速度减慢，有利于提高结晶纯度。如发现有棕色烟雾时，即升华完毕，停止加热。冷却后，揭开漏斗和滤纸，细心地把附在滤纸上及器皿周围的咖啡因结晶用小刀刮下。残渣经搅拌后，在较高的温度下再加热片刻，使升华完全。合并两次升华收集的咖啡因[6]。

5. 检验：称重后测定熔点。纯净咖啡因熔点为 235℃。

（二）方法二

在 250mL 烧杯中加入 75mL 水和 2g 左右粉末状碳酸钙（中和单宁使之生成不溶性钙盐），称取 5g 干茶叶，用纱布包好后放入烧杯中小火煮沸约 20min，取出茶叶包，挤干。溶液在烧杯中浓缩至 10mL 左右，趁热抽滤，滤液冷却后用 15mL 氯仿分两次萃取（冷却后若出现浑浊，可用水稀释后再萃取）见图 4-14 和图 4-15。萃取液合并（若萃取液浑浊，色较浅，则加少量蒸馏水洗涤至澄清）。溶液用升华法提取咖啡因，方法同前，氯仿有毒，升华实验要在通风橱中进行。

图 4-14　分液漏斗萃取及排气手法

图 4-15　分液漏斗分层效果

四、思考题

1. 索氏提取器的萃取原理是什么？它与一般的浸泡萃取比较，有哪些优点？
2. 实验中生石灰起什么作用？
3. 除可用乙醇提取咖啡因外，还可采用哪些溶剂？

五、附注

[1] 红茶中含咖啡因约 3.2%，绿茶含咖啡因约 2.5%，实验可选红茶。

[2] 滤纸套筒大小既要紧贴器壁，又能方便取放，其高度不得超过虹吸管；滤纸包茶叶末时要严密，防止漏出堵塞虹吸管，纸套上面折成凹形，以保证回流液均匀浸润被萃取物。

[3] 生石灰起吸水和中和作用，以除去单宁酸等酸性物质。

[4] 如水分未除尽，在下一步加热升华开始时，漏斗内会出现水珠。若遇此情况，可用滤纸迅速擦干并继续升华。

[5] 在萃取回流充分的情况下，升华操作是实验成败的关键。升华过程中，始终都需用小火间接加热。温度太高，会把一些有色物质烘出来，使产物不纯。温度计横插在沙浴中部，使正确反映出升华的温度。进行再升华时，加热温度也应严格控制，否则被烘物大量冒烟，导致产物不纯和损失。

[6] 刮下咖啡因时要小心操作，防止混入杂质。

实验 4-10 乙酸乙酯的制备

一、实验目的
通过乙酸乙酯的制备学习并掌握羧酸的酯化反应原理和基本操作。

二、简单原理
乙酸和乙醇在少量浓硫酸催化下发生酯化反应生成乙酸乙酯。副产物有乙醚、乙醛和少量的烯，反应式为：

主反应：

$$CH_3COOH + C_2H_5OH \xrightarrow[120℃]{浓\ H_2SO_4} CH_3COOC_2H_5 + H_2O$$

副反应：

$$2CH_3CH_2OH \xrightarrow[140℃]{H_2SO_4} CH_3CH_2OCH_2CH_3 + H_2O$$

$$CH_3CH_2OH \xrightarrow[170℃]{H_2SO_4} CH_2{=}CH_2 + H_2O$$

生成的酯可以水解为羧酸和醇，所以酯化反应是可逆反应，硫酸催化其较快达到平衡。当反应达到平衡时，只有 2/3 的酸和醇能转变为酯。为了提高酯的产率，可采用下列措施：①增加反应物酸或醇的用量；②在反应时不断移走生成物酯。本实验中，乙醇比乙酸便宜，所以乙醇是过量的。生成的乙酸乙酯随时被蒸馏出，以破坏平衡。

三、实验内容
实验装置如图 4-16 所示：

1. 在 50mL 圆底烧瓶中加入 9.5mL（0.2mol）无水乙醇和 6mL（0.1mol）冰乙酸，用冷水冷却烧瓶，小心加入 2.5mL 浓硫酸，摇匀后，加入沸石，然后装上冷凝管，用电热套加热反应瓶，控制温度保持缓慢回流 0.5h，停止加热。

2. 待瓶内反应物冷却后，将回流装置改成蒸馏装置，接收瓶用冷水冷却，见图 4-16。加热蒸出生成的乙酸乙酯，直到馏出液体积约为反应物总体积的1/2 为止。

3. 馏出液中除含有乙酸乙酯外，还有少量乙醇、乙醚、水和醋酸等杂质，需洗涤除去。往馏出液中加饱和碳酸钠溶液[1]，并不断振荡，直至无 CO_2 气

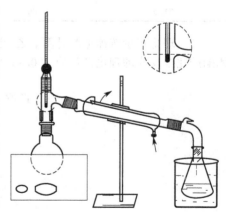

图 4-16 蒸馏装置

体产生（或调节至石蕊试纸不再显酸性），然后将混合液转入分液漏斗（使用方法见图 4-14），分去下层水相。酯层用 5mL 饱和食盐水洗涤后，弃去下面水层；再分别用饱和氯化钙溶液 5mL 洗涤两次，每一次都要弃去下面水层。

4. 上面酯层自分液漏斗上口倒入干燥的 50mL 锥形烧瓶中，加适量无水硫酸镁（或无水硫酸钠）进行干燥，加塞，振摇，放置，直至液体澄清[2]。得到乙酸乙酯粗品。粗产物约 6.8g（产率约 77%）。

5. 将干燥后的乙酸乙酯通过漏斗滤入 50mL 干燥的蒸馏烧瓶中，加沸石，加热蒸馏，

用已知质量的 50mL 锥形烧瓶收集 73～78℃的馏分，称重（产量约 4.2g），计算产率（产率约 48%）[3]，回收。

纯乙酸乙酯的沸点为 77.06℃，折射率 n_D^{20} 为 1.3723，具有果香味。

四、思考题

1. 酯化反应有什么特点？本实验采取了哪些措施使反应正向进行？
2. 本实验有哪些副反应，生成哪些副产物？乙酸乙酯粗品可能有哪些杂质？
3. 如果采用醋酸过量是否可以，为什么？
4. 在纯化过程中，Na_2CO_3、$NaCl$、$CaCl_2$ 溶液和 $MgSO_4$ 粉末分别除去什么杂质？

五、附注

[1] 乙酸乙酯粗品需经一系列的洗涤，其目的如下：乙酸乙酯粗品中尚含少量乙醇、乙醚、醋酸和水。①碳酸钠溶液可洗去残留在酯中的酸性物质如醋酸。②用饱和 $NaCl$ 溶液洗去酯中存留的碳酸钠、部分乙醇和醋酸等水溶性杂质；饱和食盐水可洗去杂质同时可以减少乙酸乙酯在水中的溶解损失。③用 $CaCl_2$ 溶液主要洗去乙醇。若溶液中还有残存的碳酸钠，$CaCl_2$ 洗时会产生 $CaCO_3$ 沉淀，给分液带来困难。所以第二步饱和 $NaCl$ 洗时要充分振摇分液漏斗，洗净 Na_2CO_3。

[2] 由于水与乙醇、乙酸乙酯形成二元或三元共沸物，故在未干燥前已是清亮透明溶液，因此，不能以产品是否透明作为是否干燥好的标准，应以干燥剂加入后吸水情况而定，若洗涤不净或干燥不够，会使沸点降低，影响产率。乙酸乙酯与水或醇形成二元和三元共沸物的组成及沸点如下表：

沸点/℃	组成/%		
	乙酸乙酯	乙醇	水
70.2	82.6	8.4	9.0
70.4	91.9		8.1
71.0	69.0	31.0	

[3] 理论产量按冰醋酸计算。乙酸乙酯的相对分子质量为 88，冰醋酸用量为 0.1mol，冰醋酸完全反应的理论产量应为 $0.1 \times 88 = 8.8g$

$$产率 = \frac{实际产量}{理论产量} \times 100\%$$

附　　录

附录一　常用元素的相对原子质量

（按元素符号英文字母排序）

元素	符号	相对原子质量	元素	符号	相对原子质量	元素	符号	相对原子质量
银	Ag	107.8682	铜	Cu	63.546	镍	Ni	58.6934
铝	Al	26.98154	氟	F	18.998403	氧	O	15.9994
砷	As	74.9216	铁	Fe	55.845	磷	P	30.97376
硼	B	10.811	氢	H	1.00794	铅	Pb	207.2
钡	Ba	137.327	汞	Hg	200.59	硫	S	32.065
铋	Bi	208.9804	碘	I	126.9045	硒	Se	78.96
溴	Br	79.904	钾	K	39.0983	硅	Si	28.0855
碳	C	12.011	锂	Li	6.941	锡	Sn	118.710
钙	Ca	40.078	镁	Mg	24.305	锶	Sr	87.62
镉	Cd	112.411	锰	Mn	54.9380	钛	Ti	47.867
氯	Cl	35.453	钼	Mo	95.94	钒	V	50.9415
钴	Co	58.9332	氮	N	14.0067	钨	W	183.84
铬	Cr	51.996	钠	Na	22.98977	锌	Zn	65.39

注：参考北京大学张青莲院士提供的元素周期表（2004）。

附录二　不同温度下水的饱和蒸气压

温度/℃	压力/kPa	温度/℃	压力/kPa	温度/℃	压力/kPa
0	0.6125	19	2.197	38	6.625
1	0.6568	20	2.338	39	6.992
2	0.7058	21	2.487	40	7.376
3	0.7580	22	2.644	41	7.778
4	0.8134	23	2.809	42	8.200
5	0.8724	24	2.985	43	8.640
6	0.9350	25	3.167	44	9.101
7	1.002	26	3.361	45	9.584
8	1.073	27	3.565	46	10.09
9	1.148	28	3.780	47	10.61
10	1.228	29	4.006	48	11.16
11	1.312	30	4.248	49	11.74
12	1.402	31	4.493	50	12.33
13	1.497	32	4.755	51	12.96
14	1.598	33	5.030	52	13.61
15	1.705	34	5.320	53	14.29
16	1.818	35	5.623	54	15.00
17	1.937	36	5.942	55	15.74
18	2.064	37	6.275	56	16.51

续表

温度/℃	压力/kPa	温度/℃	压力/kPa	温度/℃	压力/kPa
57	17.31	72	33.95	87	62.49
58	18.14	73	35.43	88	64.94
59	19.01	74	35.96	89	67.48
60	19.92	75	38.55	90	70.10
61	20.86	76	40.19	91	72.80
62	21.84	77	41.88	92	75.60
63	22.85	78	43.64	93	78.48
64	23.91	79	45.47	94	81.45
65	25.00	80	47.35	95	84.52
66	26.14	81	49.29	96	87.67
67	27.33	82	51.32	97	90.94
68	28.56	83	53.41	98	94.30
69	29.83	84	55.57	99	97.76
70	31.16	85	57.81	100	101.30
71	32.52	86	60.12		

附录三　常见酸、碱、盐的溶解性（20℃）

阴离子 / 阳离子	OH^-	NO_3^-	Cl^-	SO_4^{2-}	S^{2-}	SO_3^{2-}	CO_3^{2-}	SiO_3^{2-}	PO_4^{3-}
H^+		溶、挥	溶、挥	溶	溶、挥	溶、挥	溶、挥	微	溶
NH_4^+	溶、挥	溶	溶	溶	溶	溶	溶	溶	溶
K^+	溶	溶	溶	溶	溶	溶	溶	溶	溶
Na^+	溶	溶	溶	溶	溶	溶	溶	溶	溶
Ba^{2+}	溶	溶	溶	难	—	难	难	难	难
Ca^{2+}	微	溶	溶	微	—	难	难	难	难
Mg^{2+}	难	溶	溶	溶	—	微	微	难	难
Al^{3+}	难	溶	溶	溶	—	—	—	难	难
Mn^{2+}	难	溶	溶	溶	难	难	难	难	难
Zn^{2+}	难	溶	溶	溶	难	难	难	难	难
Cr^{3+}	难	溶	溶	溶	—	—	—	难	难
Fe^{2+}	难	溶	溶	溶	难	难	难	难	难
Fe^{3+}	难	溶	溶	溶	—	—	—	难	难
Sn^{2+}	难	溶	溶	溶	难	—	—	—	难
Pb^{2+}	难	溶	微	难	难	难	难	难	难
Bi^{3+}	难	溶	—	溶	难	难	难	—	难
Cu^{2+}	难	溶	溶	溶	难	难	难	—	难
Hg^+	—	溶	难	微	难	难	难	—	难
Hg^{2+}	—	溶	溶	溶	难	难	难	—	难
Ag^+	—	溶	难	微	难	难	难	难	难

注：表中"溶"表示可溶于水；"微"表示微溶于水；"难"表示难溶于水；"挥"表示有挥发性；"—"表示不存在或遇水分解。

附录四　常用酸、碱的密度和浓度（市售）

名　称	密度/g·cm^{-3}	质量分数/%	物质的量浓度/mol·L^{-1}	名　称	密度/g·cm^{-3}	质量分数/%	物质的量浓度/mol·L^{-1}
硫酸	1.84	98	18	醋酸	1.05	36	6
盐酸	1.19	38	12	高氯酸	1.68	72	12
硝酸	1.41	68	16	氢氟酸	1.13	40	23
磷酸	1.69	85	14.6	氢溴酸	1.49	47	8.6
冰醋酸	1.05	99	17.4	浓氨水	0.91	28	14.8

附录五 一些弱电解质的离解常数

名 称	分子式	级	温度/℃	解离常数 $K^{\ominus}$	p$K^{\ominus}$
甲酸	HCOOH		20	1.77×10^{-4}	3.75
次氯酸	HClO		18	2.95×10^{-8}	7.53
草酸	$H_2C_2O_4$	1	25	5.90×10^{-2}	1.23
	$HC_2O_4^-$	2	25	6.40×10^{-5}	4.19
醋酸（HAc）	CH_3COOH		25	1.76×10^{-5}	4.75
碳酸	H_2CO_3	1	25	4.30×10^{-7}	6.37
	HCO_3^-	2	25	5.61×10^{-11}	10.25
亚硝酸	HNO_2		12.5	4.6×10^{-4}	3.37
磷酸	H_3PO_4	1	25	7.52×10^{-3}	2.12
	$H_2PO_4^-$	2	25	6.23×10^{-8}	7.21
	HPO_4^{2-}	3	18	2.2×10^{-13}	12.67
亚硫酸	H_2SO_3	1	18	1.54×10^{-2}	1.81
	HSO_3^-	2	18	1.02×10^{-7}	6.91
氢硫酸	H_2S	1	18	1.1×10^{-7}	6.69
	HS^-	2	18	1.0×10^{-14}	14.0
氢氰酸	HCN		25	4.93×10^{-10}	9.31
氢氟酸	HF		25	3.53×10^{-4}	3.45
过氧化氢	H_2O_2		25	2.4×10^{-12}	11.62
氨水	$NH_3 \cdot H_2O$		25	1.77×10^{-5}	4.75

附录六 一些难溶电解质的溶度积（18～25℃）

化合物		溶度积 $K_{sp}^{\ominus}$	化合物		溶度积 $K_{sp}^{\ominus}$
氯化物	$PbCl_2$	1.6×10^{-5}	铬酸盐	$BaCrO_4$	1.2×10^{-10}
	AgCl	1.8×10^{-10}		Ag_2CrO_4	2×10^{-12}
	Hg_2Cl_2	1.3×10^{-18}		$PbCrO_4$	2.8×10^{-13}
	CuCl	1.2×10^{-6}	碳酸盐	$MgCO_3$	2.6×10^{-5}
溴化物	AgBr	5×10^{-13}		$BaCO_3$	8.1×10^{-9}
碘化物	PbI_2	7.1×10^{-9}		$CaCO_3$	8.7×10^{-9}
	AgI	9.3×10^{-17}		Ag_2CO_3	8.1×10^{-12}
	Hg_2I_2	4.5×10^{-29}		$PbCO_3$	7.4×10^{-14}
氰化物	AgCN	1.2×10^{-16}	磷酸盐	$MgNH_4PO_4$	2×10^{-13}
硫氰化物	AgSCN	1.0×10^{-12}	草酸盐	MgC_2O_4	8.57×10^{-5}
硫酸盐	Ag_2SO_4	1.4×10^{-5}		$BaC_2O_4 \cdot 2H_2O$	2.3×10^{-8}
	$CaSO_4$	9.1×10^{-6}		$CaC_2O_4 \cdot H_2O$	2×10^{-9}
	$SrSO_4$	3.2×10^{-7}	氢氧化物	AgOH	2×10^{-8}
	$PbSO_4$	1.6×10^{-8}		$Ca(OH)_2$	5.5×10^{-6}
	$BaSO_4$	1.1×10^{-10}		$Mg(OH)_2$	1.8×10^{-11}
硫化物	MnS	1.4×10^{-15}		$Mn(OH)_2$	1.9×10^{-13}
	FeS	6×10^{-18}		$Fe(OH)_2$	8×10^{-16}
	ZnS	2×10^{-22}		$Pb(OH)_2$	1.2×10^{-15}
	PbS	8×10^{-28}		$Zn(OH)_2$	1.2×10^{-17}
	CuS	2×10^{-48}		$Cu(OH)_2$	2.2×10^{-20}
	HgS	4×10^{-53}		$Cr(OH)_3$	6.3×10^{-31}
	Ag_2S	2×10^{-49}		$Al(OH)_3$	1.3×10^{-33}
				$Fe(OH)_3$	4×10^{-38}

附录七 常用标准电极电势（25℃）

1. 酸性溶液

元素	电 极 反 应	$\varphi^{\ominus}/V$
Ag	$Ag^+(aq)+e^- \rightleftharpoons Ag(s)$	0.80
	$Ag^{2+}(aq)+e^- \rightleftharpoons Ag^+(aq)$	1.98
	$AgBr(s)+e^- \rightleftharpoons Ag(s)+Br^-(aq)$	0.071
	$AgCl(s)+e^- \rightleftharpoons Ag(s)+Cl^-(aq)$	0.222
	$AgI(s)+e^- \rightleftharpoons Ag(s)+I^-(aq)$	-0.152
	$Ag_2CrO_4(aq)+2e^- \rightleftharpoons 2Ag(s)+CrO_4^{2-}(aq)$ *	0.447
Al	$Al^{3+}(aq)+3e^- \rightleftharpoons Al(s)$	-1.676
As	$HAsO_2(aq)+3H^+(aq)+3e^- \rightleftharpoons As(s)+2H_2O(l)$	0.240
	$H_3AsO_4(aq)+2H^+(aq)+2e^- \rightleftharpoons HAsO_2(aq)+2H_2O(l)$ *	0.560
Ba	$Ba^{2+}(aq)+2e^- \rightleftharpoons Ba(s)$	-2.92
Br	$Br_2(l)+2e^- \rightleftharpoons 2Br^-(aq)$	1.065
	$2BrO_3^-(aq)+12H^+(aq)+10e^- \rightleftharpoons Br_2(l)+6H_2O(l)$	1.478
C	$2CO_2(g)+2H^+(aq)+2e^- \rightleftharpoons H_2C_2O_4(aq)$	-0.49
Ca	$Ca^{2+}(aq)+2e^- \rightleftharpoons Ca(s)$	-2.84
Cd	$Cd^{2+}(aq)+2e^- \rightleftharpoons Cd(s)$	-0.403
Cl	$Cl_2(g)+2e^- \rightleftharpoons 2Cl^-(aq)$	1.358
	$ClO_3^-(aq)+6H^+(aq)+6e^- \rightleftharpoons Cl^-(aq)+3H_2O(l)$	1.450
	$2ClO_3^-(aq)+12H^+(aq)+10e^- \rightleftharpoons Cl_2(g)+6H_2O(l)$ *	1.47
	$ClO_4^-(aq)+2H^+(aq)+2e^- \rightleftharpoons ClO_3^-(aq)+H_2O(l)$	1.189
	$2HClO(aq)+2H^+(aq)+2e^- \rightleftharpoons Cl_2(g)+2H_2O(l)$ *	1.611
Co	$Co^{2+}(aq)+2e^- \rightleftharpoons Co(s)$	-0.277
	$Co^{3+}(aq)+e^- \rightleftharpoons Co^{2+}(aq)$ *	1.92
Cr	$Cr^{2+}(aq)+2e^- \rightleftharpoons Cr(s)$	-0.90
	$Cr^{3+}(aq)+e^- \rightleftharpoons Cr^{2+}(aq)$	-0.424
	$Cr_2O_7^{2-}(aq)+14H^+(aq)+6e^- \rightleftharpoons 2Cr^{3+}(aq)+7H_2O(l)$	1.33
Cu	$Cu^+(aq)+e^- \rightleftharpoons Cu(s)$	0.52
	$Cu^{2+}(aq)+e^- \rightleftharpoons Cu^+(aq)$	0.159
	$Cu^{2+}(aq)+2e^- \rightleftharpoons Cu(s)$	0.34
	$Cu^{2+}(aq)+Cl^-(aq)+e^- \rightleftharpoons CuCl(s)$	0.57
	$Cu^{2+}(aq)+I^-(aq)+e^- \rightleftharpoons CuI(s)$	0.86
F	$F_2(g)+2e^- \rightleftharpoons 2F^-(aq)$	2.866
Fe	$Fe^{2+}(aq)+2e^- \rightleftharpoons Fe(s)$	-0.44
	$Fe^{3+}(aq)+e^- \rightleftharpoons Fe^{2+}(aq)$	0.771
	$[Fe(CN)_6]^{3-}(aq)+e^- \rightleftharpoons [Fe(CN)_6]^{4-}(aq)$	0.361
H	$2H^+(aq)+2e^- \rightleftharpoons H_2(g)$	0.000
Hg	$Hg^{2+}(aq)+2e^- \rightleftharpoons Hg(l)$	0.854
	$Hg_2^{2+}(aq)+2e^- \rightleftharpoons 2Hg(l)$ *	0.7973
	$2Hg^{2+}(aq)+2e^- \rightleftharpoons Hg_2^{2+}(aq)$ *	0.920
	$2HgCl_2(aq)+2e^- \rightleftharpoons Hg_2Cl_2(s)+2Cl^-(aq)$	0.63
	$Hg_2Cl_2(s)+2e^- \rightleftharpoons 2Hg(l)+2Cl^-(aq)$	0.2676
I	$I_2(s)+2e^- \rightleftharpoons 2I^-(aq)$	0.535
	$I^{3-}(aq)+2e^- \rightleftharpoons 3I^-(aq)$	0.536
	$2IO_3^-(aq)+12H^+(aq)+10e^- \rightleftharpoons I_2(s)+6H_2O(l)$	1.20
K	$K^+(aq)+e^- \rightleftharpoons K(s)$	-2.924
Li	$Li^+(aq)+e^- \rightleftharpoons Li(s)$	-3.04
Mg	$Mg^{2+}(aq)+2e^- \rightleftharpoons Mg(s)$	-2.356
Mn	$Mn^{2+}(aq)+2e^- \rightleftharpoons Mn(s)$	-1.18
	$MnO_2(s)+4H^+(aq)+2e^- \rightleftharpoons Mn^{2+}(aq)+2H_2O(l)$	1.23

续表

元素	电 极 反 应	$\varphi^{\ominus}/V$
Mn	$MnO_4^-(aq)+8H^+(aq)+5e^- \Longrightarrow Mn^{2+}(aq)+4H_2O(l)$	1.51
	$MnO_4^-(aq)+4H^+(aq)+3e^- \Longrightarrow MnO_2(s)+2H_2O(l)$	1.70
	$MnO_4^-(aq)+e^- \Longrightarrow MnO_4^{2-}(aq)$	0.56
N	$NO_3^-(aq)+4H^+(aq)+3e^- \Longrightarrow NO(g)+2H_2O(l)$	0.956
	$NO_3^-(aq)+3H^+(aq)+2e^- \Longrightarrow HNO_2(aq)+H_2O(l)$ *	0.934
	$2NO_3^-(aq)+4H^+(aq)+2e^- \Longrightarrow N_2O_4(aq)+2H_2O(l)$ *	0.803
Na	$Na^+(aq)+e^- \Longrightarrow Na(s)$	-2.713
Ni	$Ni^{2+}(aq)+2e^- \Longrightarrow Ni(s)$	-0.257
O	$O_2(g)+2H^+(aq)+2e^- \Longrightarrow H_2O_2(aq)$	0.695
	$O_2(g)+4H^+(aq)+4e^- \Longrightarrow 2H_2O(l)$	1.229
	$H_2O_2(aq)+2H^+(aq)+2e^- \Longrightarrow 2H_2O(l)$	1.763
P	$H_3PO_4(aq)+2H^+(aq)+2e^- \Longrightarrow H_3PO_3(aq)+H_2O(l)$	-0.276
Pb	$Pb^{2+}(aq)+2e^- \Longrightarrow Pb(s)$	-0.125
	$PbO_2(s)+SO_4^{2-}(aq)+4H^+(aq)+2e^- \Longrightarrow PbSO_4(s)+2H_2O(l)$	1.69
	$PbO_2(s)+4H^+(aq)+2e^- \Longrightarrow Pb^{2+}(aq)+2H_2O(l)$	1.455
	$PbSO_4(s)+2e^- \Longrightarrow Pb(s)+SO_4^{2-}(aq)$	-0.356
S	$S(s)+2H^+(aq)+2e^- \Longrightarrow H_2S(g)$	0.144
	$H_2SO_3(aq)+4H^+(aq)+4e^- \Longrightarrow S(s)+3H_2O(l)$ *	0.449
	$SO_4^{2-}(aq)+4H^+(aq)+2e^- \Longrightarrow SO_2(g)+2H_2O(l)$	0.17
	$SO_4^{2-}(aq)+4H^+(aq)+2e^- \Longrightarrow H_2SO_3(aq)+H_2O(l)$ *	0.172
	$S_2O_8^{2-}(aq)+2e^- \Longrightarrow 2SO_4^{2-}(aq)$	2.01
	$S_2O_8^{2-}(aq)+2H^+(aq)+2e^- \Longrightarrow 2HSO_4^-(aq)$ *	2.123
Sn	$Sn^{2+}(aq)+2e^- \Longrightarrow Sn(s)$	-0.137
	$Sn^{4+}(aq)+2e^- \Longrightarrow Sn^{2+}(aq)$	0.154
Sr	$Sr^{2+}(aq)+2e^- \Longrightarrow Sr(s)$	-2.89
Zn	$Zn^{2+}(aq)+2e^- \Longrightarrow Zn(s)$	-0.763

2. 碱性溶液

元素	电 极 反 应	$\varphi^{\ominus}/V$
Ag	$2AgO(s)+H_2O(l)+2e^- \Longrightarrow Ag_2O(s)+2OH^-(aq)$	0.604
	$Ag_2O(s)+H_2O(l)+2e^- \Longrightarrow 2Ag(s)+2OH^-(aq)$	0.342
Al	$Al(OH)_4^-(aq)+3e^- \Longrightarrow Al(s)+4OH^-(aq)$	-2.31
	$H_2AlO_3^-(aq)+H_2O(l)+3e^- \Longrightarrow Al(s)+4OH^-(aq)$ *	-2.33
As	$As(s)+3H_2O(l)+3e^- \Longrightarrow AsH_3(g)+3OH^-(aq)$	-1.21
	$AsO_2^-(aq)+2H_2O(l)+3e^- \Longrightarrow As(s)+4OH^-(aq)$	-0.68
	$AsO_4^{3-}(aq)+2H_2O(l)+2e^- \Longrightarrow AsO_2^-(aq)+4OH^-(aq)$	-0.67
Br	$BrO^-(aq)+H_2O(l)+2e^- \Longrightarrow Br^-(aq)+2OH^-(aq)$	0.766
	$BrO_3^-(aq)+3H_2O(l)+6e^- \Longrightarrow Br^-(aq)+6OH^-(aq)$	0.584
Ca	$Ca(OH)_2(s)+2e^- \Longrightarrow Ca(s)+2OH^-(aq)$	-3.02
Cl	$ClO^-(aq)+H_2O(l)+2e^- \Longrightarrow Cl^-(aq)+2OH^-(aq)$	0.890
	$ClO_3^-(aq)+3H_2O(l)+6e^- \Longrightarrow Cl^-(aq)+6OH^-(aq)$	0.622
	$ClO_3^-(aq)+H_2O(l)+2e^- \Longrightarrow ClO_2^-(aq)+2OH^-(aq)$ *	0.33
	$ClO_4^-(aq)+H_2O(l)+2e^- \Longrightarrow ClO_3^-(aq)+2OH^-(aq)$ *	0.36
Cr	$Cr(OH)_3(s)+3e^- \Longrightarrow Cr(s)+3OH^-(aq)$ *	-1.48
	$CrO_4^{2-}(aq)+4H_2O(l)+3e^- \Longrightarrow Cr(OH)_3+5OH^-(aq)$ *	-0.13
Cu	$Cu_2O(s)+H_2O(l)+2e^- \Longrightarrow 2Cu(s)+2OH^-(aq)$ *	-0.360
Fe	$Fe(OH)_2(s)+2e^- \Longrightarrow Fe(s)+2OH^-(aq)$	-0.8914
	$Fe(OH)_3(s)+e^- \Longrightarrow Fe(OH)_2(s)+OH^-(aq)$ *	-0.56
H	$2H_2O(l)+2e^- \Longrightarrow H_2(g)+2OH^-(aq)$	-0.8277
Hg	$HgO(s)+H_2O(l)+2e^- \Longrightarrow Hg(s)+2OH^-(aq)$ *	0.0977
I	$IO^-(aq)+H_2O(l)+2e^- \Longrightarrow I^-(aq)+2OH^-(aq)$ *	0.485
	$2IO^-(aq)+2H_2O(l)+2e^- \Longrightarrow I_2(s)+4OH^-(aq)$	0.42

续表

元素	电 极 反 应	$\varphi^{\ominus}/V$
I	$IO_3^-(aq)+3H_2O(l)+6e^- \Longrightarrow I^-(aq)+6OH^-(aq)$ *	0.26
Mg	$Mg(OH)_2(s)+2e^- \Longrightarrow Mg(s)+2OH^-(aq)$ *	-2.69
Mn	$Mn(OH)_2(s)+2e^- \Longrightarrow Mn(s)+2OH^-(aq)$ *	-1.56
	$MnO_4^-(aq)+2H_2O(l)+3e^- \Longrightarrow MnO_2(s)+4OH^-(aq)$	0.595
	$MnO_4^{2-}(aq)+2H_2O(l)+2e^- \Longrightarrow MnO_2(s)+4OH^-(aq)$ *	0.60
N	$NO_3^-(aq)+H_2O(l)+2e^- \Longrightarrow NO_2^-(aq)+2OH^-(aq)$	0.01
O	$O_2(g)+2H_2O(l)+4e^- \Longrightarrow 4OH^-(aq)$	0.401
	$O_3(g)+H_2O(l)+2e^- \Longrightarrow O_2(g)+2OH^-(aq)$	1.246
Pb	$HPbO_2^-(aq)+H_2O(l)+2e^- \Longrightarrow Pb(s)+3OH^-(aq)$	-0.54
S	$S(s)+2e^- \Longrightarrow S^{2-}(aq)$ *	-0.455
	$SO_4^{2-}(aq)+H_2O(l)+2e^- \Longrightarrow SO_3^{2-}(aq)+2OH^-(aq)$ *	-0.93
	$2SO_3^{2-}(aq)+3H_2O(l)+4e^- \Longrightarrow S_2O_3^{2-}(aq)+6OH^-(aq)$ *	-0.571
Sb	$SbO_2^-(aq)+2H_2O(l)+3e^- \Longrightarrow Sb(s)+4OH^-(aq)$ *	-0.66
Zn	$Zn(OH)_2(s)+2e^- \Longrightarrow Zn(s)+2OH^-(aq)$	-1.246

注：数据摘自 Petrucci R H，Harwood W S，Herring F G. General Chemistry Principles and Modern Application. 8ed，2002，其中带 * 数据摘自 CRC Handbook of Chemistry and Physics. 82ed. 2001-2002。

附录八　常见配离子的稳定常数

配 离 子	$\beta_n^{\ominus}$	$\lg\beta_n^{\ominus}$	配 离 子	$\beta_n^{\ominus}$	$\lg\beta_n^{\ominus}$
1 : 1			$[Ag(CN)_3]^{2-}$	5×10^0	0.69
$[AgY]^{3-}$	2.0×10^7	7.30	$[Ni(en)_3]^{2+}$	3.9×10^{18}	18.59
$[CuY]^{2-}$	6.8×10^{18}	18.79	$[Al(C_2O_4)_3]^{3-}$	2.0×10^{16}	16.30
$[MgY]^{2-}$	4.9×10^8	8.69	$[Fe(C_2O_4)_3]^{3-}$	1.6×10^{20}	20.20
$[CaY]^{2-}$	3.7×10^{10}	10.56	1 : 4		
$[SrY]^{2-}$	4.2×10^8	8.62	$[Cu(NH_3)_4]^{2+}$	4.8×10^{12}	12.68
$[BaY]^{2-}$	6.0×10^7	7.77	$[Zn(NH_3)_4]^{2+}$	5×10^8	8.69
$[ZnY]^{2-}$	3.1×10^{16}	16.49	$[Cd(NH_3)_4]^{2+}$	3.6×10^6	6.55
$[CdY]^{2-}$	3.8×10^{16}	16.57	$[Zn(SCN)_4]^{2-}$	2.0×10^1	1.30
$[PbY]^{2-}$	1.0×10^{18}	18.00	$[Zn(CN)_4]^{2-}$	1.0×10^{16}	16.00
$[MnY]^{2-}$	1.0×10^{14}	14.00	$[Cd(SCN)_4]^{2-}$	1.0×10^3	3.00
$[FeY]^{2-}$	2.1×10^{14}	14.32	$[CdCl_4]^{2-}$	3.1×10^2	2.49
$[CoY]^{2-}$	1.6×10^{16}	16.20	$[CdI_4]^{2-}$	3.0×10^6	6.43
$[NiY]^{2-}$	4.1×10^{18}	18.61	$[Cd(CN)_4]^{2-}$	1.3×10^{18}	18.11
$[FeY]^-$	1.2×10^{25}	25.07	$[Hg(CN)_4]^{2-}$	3.1×10^{41}	41.51
$[CoY]^-$	1.0×10^{36}	36.00	$[Hg(SCN)_4]^{2-}$	7.7×10^{21}	21.88
1 : 2			$[HgCl_4]^{2-}$	1.6×10^{15}	15.20
$[Cu(NH_3)_2]^+$	7.4×10^{10}	10.87	$[HgI_4]^{2-}$	7.2×10^{20}	29.80
$[Cu(CN)_2]^-$	2.0×10^{18}	38.30	$[Co(SCN)_4]^{2-}$	3.8×10^2	2.58
$[Ag(NH_3)_2]^+$	1.7×10^7	7.24	$[Ni(CN)_4]^{2-}$	1×10^{22}	22.00
$[Ag(en)_2]^+$	7.0×10^7	7.84	1 : 6		
$[Ag(SCN)_2]^-$	4.0×10^8	8.60	$[Cd(NH_3)_6]^{2+}$	1.4×10^6	6.15
$[Ag(CN)_2]^-$	1.0×10^{21}	21.00	$[Co(NH_3)_6]^{2+}$	2.4×10^4	4.38
$[Au(CN)_2]^-$	2×10^{38}	38.30	$[Ni(NH_3)_6]^{2+}$	1.1×10^8	8.04
$[Cu(en)_2]^{2+}$	4.0×10^{19}	19.60	$[Co(NH_3)_6]^{3+}$	1.4×10^{35}	35.15
$[Ag(S_2O_3)_2]^{3-}$	1.6×10^{13}	13.20	$[AlF_6]^{3-}$	6.9×10^{19}	19.84
1 : 3			$[Fe(CN)_6]^{3-}$	1×10^{24}	24.00
$[Fe(SCN)_3]^-$	2.0×10^3	3.30	$[Fe(CN)_6]^{4-}$	1×10^{35}	35.00
$[CdI_3]^-$	1.2×10^1	1.07	$[Co(CN)_6]^{3-}$	1×10^{64}	64.00
$[Cd(CN)_3]^-$	1.1×10^4	4.04	$[FeF_6]^{3-}$	1.0×10^{16}	16.00

注：1. 表中 Y 表示 EDTA 的酸根，en 表示乙二胺。

2. 摘自 O.Ⅱ.KpaTHHA CnpaBoyHHKⅡ Xumhh 增订四版 (1974)。

附录九　滴定分析常用标准溶液的配制和标定

1. 直接配制的标准溶液

标准溶液名称	浓度 /mol·L^{-1}	配　制　方　法
碳酸钠	0.05	1.325g 基准 Na_2CO_3 溶于去 CO_2 的蒸馏水中,定容至 250mL
草酸钠	0.05	1.675g 基准 $Na_2C_2O_4$,用蒸馏水溶解,定容至 250mL
重铬酸钾	0.01	0.7355g 基准 $K_2Cr_2O_7$ 溶于蒸馏水中,定容至 250mL
溴酸钾	0.02	0.8350g 基准 $KBrO_3$ 溶于蒸馏水中,定容至 250mL
氯化钠	0.1	1.461g 基准 NaCl 溶于蒸馏水中,定容至 250mL
邻苯二甲酸氢钾	0.1	5.105g 基准邻苯二甲酸氢钾溶于蒸馏水中,定容至 250mL
氯化锌	0.01	0.1635g 基准锌,加少量稀盐酸(1:1)溶解后定量转移至 250mL 容量瓶中,稀释至刻度

2. 需要标定的标准溶液

标准溶液名称	浓度 /mol·L^{-1}	配　制　方　法	标　定　方　法
HCl 溶液	0.1	取浓 HCl 约 9mL 加入 1L 蒸馏水中	取 25mL 浓度为 0.05mol·L^{-1} 的 Na_2CO_3 标液,用本溶液滴定,指示剂为甲基橙,近终点时煮沸赶走 CO_2,冷却,滴定至终点
NaOH 溶液	0.1	5g 分析纯 NaOH 置于 250mL 烧杯中,用煮沸并冷却后的蒸馏水 5～10mL 迅速洗涤 2～3 次,余下的固体 NaOH 用水溶解后稀释至 1L	取 25mL 浓度为 0.1mol·L^{-1} 的邻苯二甲酸氢钾溶液,以酚酞作指示剂,用本溶液滴定
高锰酸钾	0.02	称取 $KMnO_4$ 固体 1.6g 溶于 500mL 水中,盖上表面皿,加热至沸并保持微沸状态 1 h,冷却后用微孔玻璃漏斗(G3 或 G4)过滤,标定其浓度	准确称取 0.15～0.20g 在 130℃烘过的 $Na_2C_2O_4$ 基准物质 3 份,分别置于 250mL 锥形瓶中,加水 60mL 使之溶解,加入 15mL 3mol·L^{-1} H_2SO_4 溶液。加热至 75～85℃,立即用待标定的 $KMnO_4$ 溶液滴定至溶液呈粉红色 30s 不褪色
硫代硫酸钠	0.1	25g $Na_2S_2O_3·5H_2O$,用煮沸并冷却后的蒸馏水 1L 溶解,加入 0.1g Na_2CO_3,贮存于棕色试剂瓶中,在暗处放置 3～5 天后标定	准确称取 0.12～0.15g 在 140～150℃ 干燥过的基准 $K_2Cr_2O_7$ 于碘量瓶中,加入 10～20mL 水使之溶解,再加入 20mL 10% KI 溶液和 5mL 6mol·L^{-1} HCl 溶液,混匀,塞上瓶塞,并以水封,置于暗处 5 min。然后加水 50mL 稀释,以待标定的硫代硫酸钠溶液滴定至黄绿色,加入 1% 淀粉溶液 1mL,继续滴定至蓝色变为绿色
硫氰酸铵	0.1	3.8g NH_4SCN 溶于 500mL 蒸馏水中	取 25.00mL 0.1mol·L^{-1} $AgNO_3$ 标准溶液于 250mL 锥形瓶中,加入 5mL(1:1) HNO_3,铁铵矾指示剂 1.0mL,用待标定的硫氰酸铵溶液滴定至淡红色
EDTA	0.01	3.8g $Na_2H_2Y·2H_2O$ 溶于 1000mL 水中	①以铬黑 T 为指示剂:取 25.00mL 0.01mol·L^{-1} Zn^{2+} 标准溶液,加 1 滴甲基红,用氨水(1:2)中和至溶液恰好变黄。加 20mL 水和 10mL 氨性缓冲液,加 3 滴铬黑 T 指示剂,用待标定的 EDTA 滴定至溶液由红色变为蓝紫色 ②以二甲酚橙为指示剂:取 25.00mL 0.01mol·L^{-1} Zn^{2+} 标准溶液,加 2 滴二甲酚橙指示剂,滴加 2g·L^{-1} 六亚甲基四胺至紫红色,再补加 5mL 六亚甲基四胺。用待标定的 EDTA 滴定至恰为黄色

附录十 常用指示剂

1. 常用酸碱指示剂

指示剂	变色范围 pH	颜色变化	pK_{HIn}	浓 度	用量/(滴/10mL 试液)
百里酚蓝	1.2～2.8	红～黄	1.62	0.1%的 20%乙醇溶液	1～2
甲基黄	2.9～4.0	红～黄	3.25	0.1%的 90%乙醇溶液	1
甲基橙	3.1～4.4	红～黄	3.45	0.1%的水溶液	1
溴酚蓝	3.0～4.6	黄～紫	4.1	0.1%的 20%乙醇溶液或其钠盐水溶液	1
溴甲酚绿	3.8～5.4	黄～蓝	4.9	0.1%的 20%乙醇溶液或其钠盐水溶液	1～3
甲基红	4.4～6.2	红～黄	5.0	0.1%的 60%乙醇溶液或其钠盐水溶液	1
溴百里酚蓝	6.0～7.6	黄～蓝	7.3	0.1%的 20%乙醇溶液或其钠盐水溶液	1
中性红	6.8～8.0	红～黄橙	7.4	0.1%的 60%乙醇溶液	1
酚酞	8.0～10.0	无～红	9.1	0.2%的 90%乙醇溶液	1～3
百里酚蓝	8.0～9.6	黄～蓝	8.9	0.1%的 20%乙醇溶液	1～4
百里酚酞	9.4～10.6	无～蓝	10.0	0.1%的 90%乙醇溶液	1～2

2. 酸碱混合指示剂

指示剂溶液的组成	变色点时 pH 值	颜色		终点附近指示剂的参考颜色
		酸色	碱色	
一份 0.1%甲基黄乙醇溶液 一份 0.1%亚甲基蓝乙醇溶液	3.25	蓝紫	绿	pH＝3.2 蓝紫色 pH＝3.4 绿色
一份 0.1%甲基橙水溶液 一份 0.25%靛蓝二磺酸水溶液	4.1	紫	黄绿	蓝
一份 0.1%溴甲酚绿钠盐水溶液 一份 0.2%甲基橙水溶液	4.3	橙	蓝绿	pH＝3.5 黄色 pH＝4.05 绿色 pH＝4.3 蓝绿色
一份 0.1%溴甲酚绿钠盐水溶液 一份 0.1%氯酚红钠盐水溶液	6.1	黄绿	蓝绿	pH＝5.4 蓝绿色 pH＝5.8 蓝 pH＝6.0 蓝带紫 pH＝6.2 蓝紫色
一份 0.1%中性红乙醇溶液 一份 0.1%亚甲基蓝乙醇溶液	7.0	蓝紫	绿	pH＝7.0 紫蓝
一份 0.1%甲酚红钠盐水溶液 三份 0.1%百里酚蓝钠盐水溶液	8.3	黄	紫	pH＝8.2 玫瑰红 pH＝8.4 清晰的紫色
一份 0.1%百里酚蓝 50%乙醇溶液 三份 0.1%酚酞 50%乙醇溶液	9.0	黄	紫	从黄到绿,再到紫
一份 0.1%酚酞乙醇溶液 一份 0.1%百里酚酞乙醇溶液	9.9	无	紫	pH＝9.6 玫瑰红 pH＝10 紫色

3. 金属离子指示剂

指示剂名称	解离平衡和颜色变化	溶液配制方法
铬黑 T(EBT)	$H_2In^- \xrightleftharpoons[]{pK_{a2}=6.3} HIn^{2-} \xrightleftharpoons[]{pK_{a3}=11.5} In^{3-}$ 紫红　　　　　　蓝　　　　　　橙	①5g·L^{-1}水溶液 ②与 NaCl 按 1∶100 质量比混合
二甲酚橙(XO)	$H_3In^{4-} \xrightleftharpoons[]{pK_a=6.3} H_2In^{5-}$ 黄　　　　　　红	2g·L^{-1}水溶液

续表

指示剂名称	解离平衡和颜色变化	溶液配制方法
K-B指示剂	$H_2In \underset{红}{\overset{pK_{a1}=8}{\rightleftharpoons}} HIn^- \underset{蓝}{\overset{pK_{a2}=13}{\rightleftharpoons}} In^{2-}$ 紫红 （酸性铬蓝K）	0.2g 酸性铬蓝 K 与 0.34g 萘酚绿 B 溶于 100mL 水中。配制后需调节 K-B 的比例，使终点变化明显
钙指示剂	$H_2In^- \underset{酒红}{\overset{pK_{a2}=7.4}{\rightleftharpoons}} HIn^{2-} \underset{蓝}{\overset{pK_{a3}=13.5}{\rightleftharpoons}} In^{3-}$ 酒红	$5g \cdot L^{-1}$ 的乙醇溶液
吡啶偶氮萘酚(PAN)	$H_2In^+ \underset{黄绿}{\overset{pK_{a1}=1.9}{\rightleftharpoons}} HIn \underset{黄}{\overset{pK_{a2}=12.2}{\rightleftharpoons}} In^-$ 淡红	$1g \cdot L^{-1}$ 或 $3g \cdot L^{-1}$ 的乙醇溶液
Cu-PAN (CuY-PAN 溶液)	$CuY + PAN + M^{n+} \rightleftharpoons MY + Cu\text{-}PAN$ 浅绿　　　　无色　　红色	取 $0.05mol \cdot L^{-1}$ Cu^{2+} 溶液 10mL，加 pH 为 5～6 的 HAc 缓冲溶液 5mL，1 滴 PAN 指示剂，加热至 333K 左右，用 EDTA 滴至绿色，得到约 $0.025mol \cdot L^{-1}$ 的 CuY 溶液。使用时取 2～3mL 于试液中，再加数滴 PAN 溶液
磺基水杨酸	$H_2In \underset{无色}{\overset{pK_{a1}=2.7}{\rightleftharpoons}} HIn^- \overset{pK_{a2}=13.1}{\rightleftharpoons} In^{2-}$	$10g \cdot L^{-1}$ 或 $100g \cdot L^{-1}$ 的水溶液
钙镁试剂(Calmagnite)	$H_2In^- \underset{红}{\overset{pK_{a2}=8.1}{\rightleftharpoons}} HIn^{2-} \underset{蓝}{\overset{pK_{a3}=12.4}{\rightleftharpoons}} In^{3-}$ 红橙	$5g \cdot L^{-1}$ 水溶液
紫脲酸铵	$H_4In^- \underset{红紫}{\overset{pK_{a2}=9.2}{\rightleftharpoons}} H_3In^{2-} \underset{紫}{\overset{pK_{a3}=10.9}{\rightleftharpoons}} H_2In^{3-}$ 蓝	与 NaCl 按 1∶100 质量比混合

4. 氧化还原法指示剂

指示剂名称	颜色变化		$\varphi^{\ominus}_{In}/V$ $c(H^+)=1mol \cdot L^{-1}$	配 制 方 法
	还原态	氧化态		
亚甲基蓝	无色	蓝色	0.53	质量分数为 0.05％的水溶液
二苯胺	无色	紫色	0.76	1％的浓 H_2SO_4 溶液
二苯胺磺酸钠	无色	紫红色	0.85	0.5g 指示剂加溶于 100mL 水中
N-邻苯氨基苯甲酸	无色	紫红色	1.08	0.1g 指示剂溶于 20mL $50g \cdot L^{-1}$ 的 Na_2CO_3 溶液中，用水稀释至 100mL，必要时过滤，保存在暗处
邻二氮菲-亚铁	红色	淡蓝色	1.06	1.49g 邻二氮菲及 0.7g $FeSO_4 \cdot 7H_2O$ 溶于水，稀释至 100mL

5. 吸附指示剂

名 称	被滴定离子	滴定剂	起点颜色	终点颜色	浓 度
荧光黄	Cl^-, Br^-, SCN^-	Ag^+	黄绿	玫瑰	0.1％乙醇溶液
	I^-			橙	
二氯(P)荧光黄	Cl^-, Br^-	Ag^+	红紫	蓝紫	0.1％ 乙醇(60％～70％)溶液
	SCN^-		玫瑰	红紫	
	I^-		黄绿	橙	
曙红	Br^-, I^-, SCN^-	Ag^+	橙	深红	0.5％水溶液
溴酚蓝	Cl^-, Br^-, SCN^-	Ag^+	黄	蓝	0.1％钠盐水溶液
	I^-		黄绿	蓝绿	

名　称	被滴定离子	滴定剂	起点颜色	终点颜色	浓　度
溴甲酚绿	Cl^-	Ag^+	紫	浅蓝绿	0.1% 乙醇溶液（酸性）
二甲酚橙	Cl^-	Ag^+	玫瑰	灰蓝	0.2%水溶液
	Br^-, I^-			灰绿	
罗丹明6G	Cl^-, Br^-	Ag^+	红紫	橙	0.1%水溶液
	Ag^+	Br^-	橙	红紫	

附录十一　某些离子和化合物的颜色

一、某些离子的颜色

离　子	颜色	离　子	颜　色	离　子	颜　色
Ac^-	无色	$[Co(NH_3)_4CO_3]^+$	红色	Mg^{2+}	无色
Ag^+	无色	$[Co(CN)_6]^{3-}$	紫色	$[Mn(NH_3)_6]^{2+}$	蓝色
Al^{3+}	无色	$[Co(SCN)_4]^{2-}$	蓝色	$[Mn(H_2O)_6]^{2+}$	肉色
AsO_3^{3-}	无色	$[Cr(H_2O)_6]^{2+}$	蓝色	MnO_4^{2-}	绿色
AsO_4^{3-}	无色	$[Cr(H_2O)_6]^{3+}$	紫色	MnO_4^-	紫红色
Ba^{2+}	无色	$[Cr(H_2O)_5Cl]^{2+}$	浅绿色	MoO_4^{2-}	无色
Bi^{3+}	无色	$[Cr(H_2O)_4Cl_2]^+$	暗绿色	Na^+	无色
$B(OH)_4^-$	无色	$[Cr(NH_3)_2(H_2O)_4]^{3+}$	紫红色	NH_4^+	无色
$B_4O_7^{2-}$	无色	$[Cr(NH_3)_3(H_2O)_3]^{3+}$	浅红色	$[Ni(H_2O)_6]^{2+}$	亮绿色
Br^-	无色	$[Cr(NH_3)_4(H_2O)_2]^{3+}$	橙红色	NO_2^-	无色
BrO_3^-	无色	$[Cr(NH_3)_5(H_2O)]^{3+}$	橙黄色	NO_3^-	无色
Ca^{2+}	无色	$[Cr(NH_3)_6]^{3+}$	黄色	Pb^{2+}	无色
Cd^{2+}	无色	CrO_2^-	绿色	PO_4^{3-}	无色
Cl^-	无色	CrO_4^{2-}	黄色	S^{2-}	无色
ClO_3^-	无色	$Cr_2O_7^{2-}$	橙色	$[SbCl_6]^{3-}$	无色
$[Cu(H_2O)_4]^{2+}$	浅蓝色	F^-	无色	$[SbCl_6]^-$	无色
$[CuCl_4]^{2-}$	黄色	$[Fe(H_2O)_6]^{2+}$	浅绿色	SCN^-	无色
$[Cu(NH_3)_4]^{2+}$	蓝色	$[Fe(H_2O)_6]^{3+}$	淡紫色	SiO_3^{2-}	无色
CO_3^{2-}	无色	$[Fe(CN)_6]^{4-}$	黄色	Sn^{2+}	无色
$C_2O_4^{2-}$	无色	$[Fe(CN)_6]^{3-}$	浅枯黄色	Sn^{4+}	无色
$[Co(H_2O)_6]^{2+}$	红色	$[Fe(NCS)_n]^{3-n}$	血红色	SO_3^{2-}	无色
$[Co(NH_3)_6]^{2+}$	黄色	Hg^{2+}	无色	SO_4^{2-}	无色
$[Co(NH_3)_6]^{3+}$	黄色	Hg_2^{2+}	无色	$S_2O_3^{2-}$	无色
$[CoCl(NH_3)_5]^{2+}$	紫色	I_3^-	浅棕黄色	Sr^{2+}	无色
$[Co(NH_3)_5(H_2O)]^{3+}$	红色	K^+	无色	Zn^{2+}	无色

二、某些化合物的颜色

1. 氧化物

化合物	颜色	化合物	颜色		
Ag_2O	暗棕色	MnO_2	棕褐色		
CdO	棕红色	MoO_2	铅灰色		
CoO	灰绿色	NiO	暗绿色		
Co_2O_3	黑色	Ni_2O_3	黑色		
CuO	黑色	PbO	黄色		
Cu_2O	暗红色	Pb_3O_4	红色		
Cr_2O_3	绿色	HgO	红色或黄色		
CrO_3	红色	Hg_2O	黑褐色		
FeO	黑色	TiO_2	白色		
Fe_2O_3	砖红色	ZnO	白色		
Fe_3O_4	黑色				

续表

2. 氢氧化物

化合物	颜色	化合物	颜色
$Al(OH)_3$	白色	$Mg(OH)_2$	白色
$Bi(OH)_3$	白色	$Mn(OH)_2$	白色
$Cd(OH)_2$	白色	$Ni(OH)_2$	浅绿色
$Co(OH)_2$	粉红色	$Ni(OH)_3$	黑色
$Co(OH)_3$	褐棕色	$Pb(OH)_2$	白色
$Cu(OH)$	黄色	$Sb(OH)_3$	白色
$Cu(OH)_2$	浅蓝色	$Sn(OH)_2$	白色
$Cr(OH)_3$	灰绿	$Sn(OH)_4$	白色
$Fe(OH)_2$	白色或苍绿色	$Zn(OH)_2$	白色
$Fe(OH)_3$	红棕色		

3. 氯化物

化合物	颜色	化合物	颜色
$AgCl$	白色	$CuCl_2$	棕色
$CoCl_2$	蓝色	$CuCl_2 \cdot 2H_2O$	蓝色
$CoCl_2 \cdot H_2O$	蓝紫色	$FeCl_3 \cdot 6H_2O$	黄棕色
$CoCl_2 \cdot 2H_2O$	紫红色	Hg_2Cl_2	白色
$CoCl_2 \cdot 6H_2O$	粉红色	$Hg(NH_2)Cl$	白色
$CuCl$	白色	$PbCl_2$	白色

4. 溴化物

化合物	颜色	化合物	颜色
$AgBr$	淡黄色	$CuBr_2$	黑紫色

5. 碘化物

化合物	颜色	化合物	颜色
AgI	黄色	Hg_2I_2	黄绿色
CuI	白色	PbI_2	黄色

6. 硫化物

化合物	颜色	化合物	颜色
Ag_2S	灰黑色	HgS	红色或黑色
As_2S_3	黄色	MnS	肉色
Bi_2S_3	黑褐色	NiS	黑色
CdS	黄色	PbS	黑色
CoS	黑色	Sb_2S_3	橙色
CuS	黑色	Sb_2S_5	橙红色
Cu_2S	黑色	SnS	褐色
FeS	棕黑色	SnS_2	金黄色
Fe_2S_3	黑色	ZnS	白色

7. 硫酸盐

化合物	颜色	化合物	颜色
Ag_2SO_4	白色	$Cu_2(SO_4)_3$	蓝色或红色
$BaSO_4$	白色	$Cu_2(SO_4)_3 \cdot 18H_2O$	蓝紫色
$CaSO_4 \cdot 2H_2O$	白色	$[Fe(NO)]SO_4$	深棕色
$Cu_2(OH)_2SO_4$	浅蓝色	Hg_2SO_4	白色
$CuSO_4 \cdot 5H_2O$	蓝色	$KCr(SO_4)_2 \cdot 12H_2O$	紫色
$CuSO_4 \cdot 7H_2O$	红色	$PbSO_4$	白色
$Cu_2(SO_4)_3 \cdot 6H_2O$	绿色	$SrSO_4$	白色

8. 碳酸盐

化合物	颜色	化合物	颜色
Ag_2CO_3	白色	$Cu_2(OH)_2CO_3$	暗绿色
$BaCO_3$	白色	$Hg_2(OH)_2CO_3$	红褐色
$Bi(OH)CO_3$	白色	$MnCO_3$	白色
$CaCO_3$	白色	$Ni_2(OH)_2CO_3$	浅绿色
$CdCO_3$	白色	$SrCO_3$	白色
$Co_2(OH)_2CO_3$	白色	$Zn_2(OH)_2CO_3$	白色

9. 磷酸盐

化合物	颜色	化合物	颜色
Ag_3PO_4	黄色	Ca_3PO_4	白色
$Ba_3(PO_4)$	白色	$FePO_4$	浅黄色
$CaHPO_3$	白色	NH_4MgPO_4	白色

10. 铬酸盐

化合物	颜色	化合物	颜色
Ag_2CrO_4	砖红色	$FeCrO_4 \cdot 2H_2O$	黄色
$BaCrO_4$	黄色	$PbCrO_4$	黄色

11. 草酸盐

化合物	颜色	化合物	颜色
$Ag_2C_2O_4$	白色	$FeC_2O_4 \cdot 2H_2O$	黄色
CaC_2O_4	白色		

12. 类卤化合物

化合物	颜色	化合物	颜色
$AgCN$	白色	$Cu(CN)_2$	浅棕黄色
$AgSCN$	白色	$Cu(SCN)_2$	黑绿色
$CuCN$	白色	$Ni(CN)_2$	浅绿色

13. 其他化合物

化合物	颜色	化合物	颜色
$Ag_3[Fe(CN)_6]$	橙色	$K_2[PtCl_6]$	黄色
$Ag_4[Fe(CN)_6]$	白色	$NaAc \cdot Zn(Ac)_2 \cdot 3[UO_2(Ac)_2] \cdot 9H_2O$	黄色
$Co_2[Fe(CN)_6]$	绿色	$Na[Fe(CN)_5NO] \cdot 2H_2O$	红色
$Cu_2[Fe(CN)_6]$	红褐色	$Na[Sb(OH)_6]$	白色
$Fe[Fe(CN)_6]_3 \cdot 2H_2O$	蓝色	$(NH_4)_2MoS_4$	血红色
$K_2Na[Co(NO_2)_6]$	黄色	$(NH_4)_2Na[Co(NO_2)_6]$	黄色
$K_3[Co(NO_2)_6]$	黄色	$Zn_2[Fe(CN)_6]$	白色
$KHC_4H_4O_6$	白色	$Zn_3[Fe(CN)_6]_2$	黄褐色
$\begin{bmatrix} O & \overset{Hg}{\underset{Hg}{\diagup}} NH_2 \end{bmatrix} I$	红棕色	$\begin{bmatrix} \overset{I-Hg}{\underset{I-Hg}{\diagup}} NH_2 \end{bmatrix} I$	深褐色或红棕色

参 考 文 献

［1］ 北京师范大学无机化学教研室等. 无机化学实验. 第 3 版. 北京：高等教育出版社，2001.

［2］ 周怀宁. 微型无机化学实验，北京：科学出版社，2000.

［3］ 大连理工大学无机化学教研室等. 无机化学实验，北京：高等教育出版社，1990.

［4］ 李铭岫等. 无机化学实验，北京：北京理工大学出版社，2002.

［5］ 大连理工大学无机化学教研室等. 无机化学实验，北京：高等教育出版社，1990.

［6］ 黄佩丽. 无机元素化学实验现象剖析. 北京：北京师范大学出版社，1990.

［7］ 河北大学无机教研组. 无机化学实验. 保定：河大科教图书有限公司，2007.

［8］ 申金山等. 化学实验，北京：化学工业出版社，2009.

［9］ 南京大学《无机及分析化学实验》编写组. 无机及分析化学实验. 北京：高等教育出版社，2006.

［10］ 武汉大学. 分析化学实验. 第 4 版. 北京：高等教育出版社，2001.

［11］ 华中师范大学，东北师范大学，陕西师范大学，北京师范大学. 分析化学实验. 第 3 版. 北京：高等教育出版社，2001.

［12］ 赵中一，李季，邱海鸥. 分析化学实验. 武汉：华中科技出版社，2009.

［13］ 余振宝，姜桂兰. 分析化学实验. 北京：化学工业出版社，2006.

［14］ 张明晓主编. 分析化学实验教程. 北京：科学出版社，2000.

［15］ 刘翠格，默丽萍. 分光光度法测定碘三离子的稳定常数. 化学通报，2003，（3）：213-214.

［16］ 孙立梅，游建南. 聚合硫酸铁制备新工艺中分析方法的研究，铀矿冶，2000，19（3）：199-204.

［17］ 张清一，庞翠玲，欧阳欢. 聚合硫酸铁合成及影响因素的研究. 四川有色金属，2007，（4）：53-56.

［18］ 曾昭琼，曾和平. 有机化学实验. 第 3 版. 北京：高等教育出版社，2000.

［19］ 李秋荣，肖海燕，陈蓉娜. 有机化学及实验. 北京：化学工业出版社，2009.

［20］ 高占先. 有机化学实验. 北京：高等教育出版社，2004.